JN232804

土壌汚染対策技術

実務者が書いた土壌汚染対策法と実用技術から最新技術まで

地盤環境技術研究会 編

日科技連

推薦のことば

　地盤環境技術研究会（会長：小池　豊氏）は，総合建設会社，環境コンサルタント，プラントメーカー等の技術者の有志による勉強会の名称である．現在は50名ほどの技術者が参加して活動し，その成果としてこの本が執筆された．

　本書は全体が3部に分けられ，第Ⅰ部は土壌汚染対策法と調査・措置，第Ⅱ部は浄化・修復技術の適用と最新技術，第Ⅲ部では欧米諸国にみる法規制と浄化・修復技術の技術展開で構成されている．以下に各章の構成を紹介する．

　平成15年2月に施工された土壌汚染対策法に基づいて（第1章），どのように土壌汚染の状況を調査，措置するかに触れている（第2章）．紙面の構成上，これに関する詳細については，土壌環境センター編：「土壌汚染対策法に基づく調査および措置の技術的手法の解説」，(社)土壌環境センター，2003年）を紹介している．土壌・地下水汚染が判ると，その地盤を浄化あるいは修復する種々の技術の解説に主眼をおいている．しかし，このような技術を知っていても，どのような地盤に適用できるかの疑問が生じる．この最も大切な各修復技術の適用条件についても本書では論述している（第3章）．

　第4章～第7章では各種の汚染物質（揮発性有機化合物（第4章），重金属等（第5章），石油類（第6章），ダイオキシン類（第7章））の浄化・修復技術について具体的に事例を示している．特に石油類に関しては土壌汚染対策法では対象としていないが，その修復技術に関して具体例を入れた説明がなされており，今後の対策にきわめて有益である．

　土壌掘削および現地外処分は，現在，最も多く実施されている処分工法であるが，地下水位の高いわが国で問題となる二次汚染の防止にどのように配慮するかについても説明している．また，汚染土壌の浄化事例についても触れている（第8章）．さらに，土壌や地下水がどの程度汚染しているかを正確に判定するのは公定法であるが，もっと簡易に汚染の程度や修復の程度が評価できれば便利である．第9章では，重金属類，ダイオキシン類，VOC，石油類につ

推薦のことば

いてのその簡易分析法の説明がある．また，一般的なモニタリングの例も示している（第9章）．一般に，土壌・地下水汚染の法規制や修復技術は，欧米諸国がわが国より進んでいるのでそれらについても紹介をし，欧米諸国の汚染の現状や電気的修復技術（Electro-remediation）等について解説している（第10章）．また，汚染した土壌を浄化する新しい技術として植物を用いた浄化技術（Phytoremediation）について，きわめて詳細に記述されている（第11章）．この方法は，時間がかかるが，自然を有効に利用した注目すべき手法であり，この種の浄化方法を和文で解説した最初の書であると思う．また，原位置で汚染土壌を高圧水で洗浄する方法等についても紹介している（第11章）．

土壌・地下水汚染は，人体に対してどのようなリスクがあるかによって環境基準が設定されている．このようにリスクを考えた浄化・修復措置についての説明も第11章の中で取り扱われており，これは，わが国において最も遅れている分野である．第12章でも同様のリスクに関してもコミュニケーションとマネジメントについての説明を行っている．この第11章と第12章がこの本の真骨頂であり，この本の啓蒙書としての根幹を成しているように考えられる．現在この分野の用語は，まだ未定義なものが多いため，本書を執筆することは，「解体新書」を刊行した杉田玄白らと同じような苦労があったのではないかと思われる．

上記のように本書は，汚染した土壌をどのように修復するかについて実務者の経験をベースに書かれており，初めて土壌・地下水汚染に携わる人々にとってきわめて良い図書である．また，大学で土壌・地下水汚染に関して講義する教官にとっても良き座右の書であり，講義のテキストとしても最高の書と言える．

平成15年　8月

岡山大学環境理工学部
教授　西垣　誠

はじめに

　近年，わが国では，産業構造の転換による遊休不動産の流動化，これに伴う外資系企業による欧米式の環境リスク評価法の導入などを契機に，市街地における土壌汚染問題および土壌汚染リスクへの社会的，経済的認識が高まりを見せている．また，土壌汚染問題は，市街地および市街地周辺の工場跡地等で発見されるケースがほとんどであり，円滑な不動産流通の阻害，開発事業の凍結，損害賠償の訴訟などのトラブルが表面化している．

　土壌は，水，大気とともに環境の重要な構成要素であり，地下水の浄化・かん養，農作物の生産，人をはじめとする生物の生存の基盤として，物質循環の要として重要な役割を担っている．しかし，土壌は，いったん汚染されると，土壌の組成が複雑なことから，その汚染の広がりは多様であり，その影響は長期にわたり持続，蓄積するという特徴をもっている．用地活用にあたっては，人の健康を保護し，生活環境を保全するためには，土壌汚染の有無を把握し，その対象地の地域環境，地形，地質，有害物質および汚染状況に鑑みた適切な浄化・修復対策が望まれる．

　平成15年2月15日に土壌汚染対策法（平成14年法律53号）が施行された．近年の市街地での土壌汚染問題，土壌汚染リスクの顕在化を背景に，新たに－市街地の土壌汚染対策を定める法律－として施行されたことは極めて意義のあることである．これを契機に事業者および土地所有者は，土壌汚染問題を社会責任，損害賠償，資産価値および企業リスクなど広い視野で捉えることが不可欠となった．

　本書では，こうした社会の要請をふまえて，わが国および欧米諸国の浄化・修復技術および関連事項について解説した．土壌汚染対策法の施行により，事業者および土地所有者は，これまでの事業を通して抱える汚染土壌の対策措置が迫られるとともに，地域住民等からの理解を獲得しながら，速やかに土壌汚染問題に対処することが望まれるところである．本書が，事業者および土地所

はじめに

有者の土壌汚染問題の改善策，解決策にいささかでも役立てば幸いである．

　本書は，土壌・地下水汚染調査・修復技術の研鑽組織である「地盤環境技術研究会」のメンバーが共同執筆した．ご多忙の中，ご尽力いただいた執筆各位および日科技連出版社の戸羽節文氏ならびに清水秋秀氏に感謝する次第です．また，作成にあたり，㈱インターリスク総研の木下弘志氏には原稿を丁寧に読んでいただき，法規確認を行っていただいた．この場を借りてお礼を申し上げます．

　平成15年　3月

　　　　　　　　　　　　　　　　　　　　　地盤環境技術研究会
　　　　　　　　　　　　　　　　　　　　　　会長　小　池　　　豊

目　次

推薦のことば………………………………………………………………… iii
はじめに……………………………………………………………………… v

第Ⅰ部
土壌汚染対策法と調査・措置

1　土壌汚染対策法　　3

1.1　土壌汚染対策法の概要　*3*
1.2　調査契機　*4*
1.3　対象物質と対象リスク　*5*
1.4　特定施設と特定有害物質　*6*
1.5　土壌汚染状況調査　*8*
1.6　指定区域と指定基準　*10*
1.7　措置　*11*
1.8　指定調査機関と指定支援法人　*13*
1.9　土壌汚染対策法における特例事項　*14*

2　土壌汚染状況調査と措置　　20

2.1　調査契機と土壌汚染状況調査　*20*
2.2　資料等調査　*20*
2.3　試料採取等　*29*
2.4　土壌汚染状況調査結果の報告　*38*
2.5　措置内容と措置の適用　*38*

目　次

2.6　直接摂取リスクに対する措置　42
2.7　地下水等の飲用リスクに対する措置　45
2.8　詳細調査　47
2.9　汚染土壌の外部搬出　48

第Ⅱ部
浄化・修復技術の適用と最新技術

3　浄化・修復技術の種類と適用条件　53

3.1　浄化・修復技術の種類　53
3.2　適応技術の選択方法　63

4　揮発性有機化合物による土壌・地下水汚染の浄化・修復技術　66

4.1　揚水法　66
4.2　土壌ガス吸引法　79
4.3　エアースパージング法　87
4.4　ホットソイル工法　94
4.5　低温加熱法　97
4.6　バイオレメディエーション　100
4.7　鉄粉を用いた有機塩素系化合物の浄化技術　111

5　重金属等による土壌・地下水汚染の浄化・修復技術　126

5.1　不溶化処理　126
5.2　土壌洗浄　140
5.3　その他の対策技術　147

6　石油類による土壌・地下水汚染の浄化・修復技術　158

目　次

- 6.1　バイオベンティング（Bioventing）　*158*
- 6.2　バイオスラーピング（Bioslurping）　*166*
- 6.3　バイオレメディエーション　*174*
- 6.4　土壌洗浄　*187*
- 6.5　加熱処理法　*192*

7　ダイオキシン類による土壌・地下水汚染の浄化・修復技術
198

- 7.1　溶融固化法　*198*
- 7.2　DCR 脱ハロゲン化工法によるダイオキシン類無害化処理　*205*
- 7.3　ダイオキシン類汚染水処理技術　*210*
- 7.4　PCB 汚染土壌処理技術　*214*

8　土壌掘削および現地外処分　***220***

- 8.1　土壌掘削工事　*220*
- 8.2　最終処分場　*235*
- 8.3　汚染土壌浄化施設　*237*
- 8.4　セメント工場　*239*

9　モニタリング技術　***244***

- 9.1　簡易分析　*244*
- 9.2　モニタリング全般　*268*

第Ⅲ部
欧米諸国にみる法規制と浄化・修復技術と今後の技術展開

10　欧米諸国の浄化・修復技術　***277***

- 10.1　欧米諸国の法規制の変遷と今後の技術動向　*277*

目　次

- 10.2　欧州における浄化・修復技術　*280*
- 10.3　米国における浄化・修復技術　*285*

11　新たな技術展開　*292*

- 11.1　現在開発途上の土壌・地下水浄化技術　*292*
- 11.2　原位置土壌洗浄法　*317*
- 11.3　リスク基準の浄化・修復措置　*324*

12　土壌汚染とリスクコミュニケーション，リスクマネジメント　*340*

- 12.1　リスクコミュニケーション　*340*
- 12.2　リスクマネジメントと企業経営　*345*

索引 ……………………………………………………… *355*
地盤環境技術研究会・執筆者紹介 ……………………… *361*

第 I 部

土壌汚染対策法と調査・措置

1 土壌汚染対策法

　平成15年2月15日に施行された土壌汚染対策法（以下，土対法）は，大気，水質などに比べて法規制が遅れていた土壌の汚染対策を促進するために制定された．有害物質の直接摂取リスクに対する規制や汚染された土地の公的管理（指定区域の指定）などこれまでの「土壌・地下水汚染に係る調査・対策指針」（以下，環境庁指針）では対象とされていなかった問題についても考慮され，土壌・地下水汚染の合理的な解決をめざした包括的な内容となっている．

　一方，長期に低迷するわが国の経済情勢下において，この法律の及ぼす影響は相当に大きいものがある．確かに，土対法による規制は土地取引の停滞を招くように思われる．しかし，これまで自主的に進められてきた土壌汚染対策に対して「人の健康被害を防止するために必要な調査と措置を行う」という明快な目標設定がなされたことは，試行錯誤の末に膨大な費用負担に苦慮してきた企業と，企業の進める措置に対して懐疑的であった地方自治体や地域住民との不協和音を解消し，地域環境を前向きに考え修復・保全していくうえで絶好の機会が与えられたと考えるべきである．

　ここでは，土対法の目的，創設の背景から調査・措置における留意点について概説した後，この法律に基づく調査と措置の進め方について解説する．

1.1 土壌汚染対策法の概要

　土対法の目的は「人の健康被害を防止する」ことにあって，健康被害防止のために必要となる調査と措置の適切な実施を促すことがその目標である．

　わが国における土壌汚染対策を規制する法体系は図1-1に示すとおりである．「土壌汚染発生の未然防止」についてはすでに水質汚濁防止法（以下，水濁法）[1]によって規制が行われており，土対法による「土壌汚染の状況把握」，「土壌汚染による健康被害の防止」が加わることで包括的な土壌汚染対策が整備さ

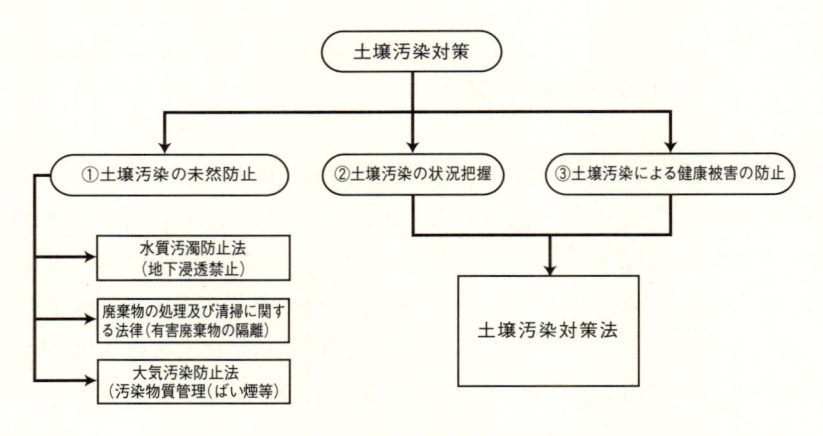

図1-1　土壌汚染対策の法体系

れたことになる．このように，土対法は発生した土壌汚染の把握とその措置の実施に重点が置かれた法律であり，同法に基づく調査と措置の流れは図1-2のようになる．

1.2　調査契機

土対法では次の2つの契機によって調査が実施される．
- 水濁法等に基づく特定施設を有する土地の使用廃止等に伴う調査（第3条調査）
- 健康被害を発生させる，あるいはそのおそれがある土地に対する調査（第4条調査）

第3条調査は水濁法に規定される特定施設[2]を対象とした調査で，該当する施設の廃止等を契機として事業者に「調査義務」を課すものである．これに対

---

1) 平成元年の水質汚濁防止法改正によって，地下水質の常時監視とともに有害物質の地下浸透禁止が定められている．
2) 水質汚濁防止法第2条第2項に規定される特定有害物質を「製造」，「使用」あるいは「処理」する施設を指す．

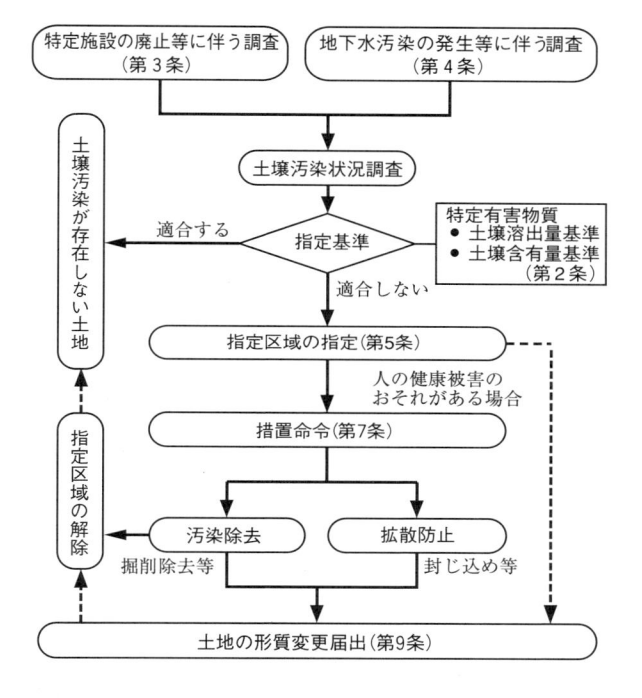

図1-2 土壌汚染対策法による調査・措置の概要

して，第4条調査は，おもに飲用井戸などにおいて地下水汚染が発生する，あるいはそのおそれがある場合に都道府県知事等が汚染源となり得る土地・施設に対して「調査命令」を出すもので，ここでは対象となる土地や施設に関する適用制限はない．このほか，工場・事業所が自主的に調査を行い，措置を行うケースがある（図1-3）．「自主調査」に位置づけられるこの種の調査は土対法の適用範囲外となるが，土地売買等が目的の場合"公的な証明"が求められることが多く，土対法に従った調査が必要になると思われる．

1.3 対象物質と対象リスク

土対法では，土壌環境基準と同様に揮発性有機化合物，重金属など25項目を

第Ⅰ部　土壌汚染対策法と調査・措置

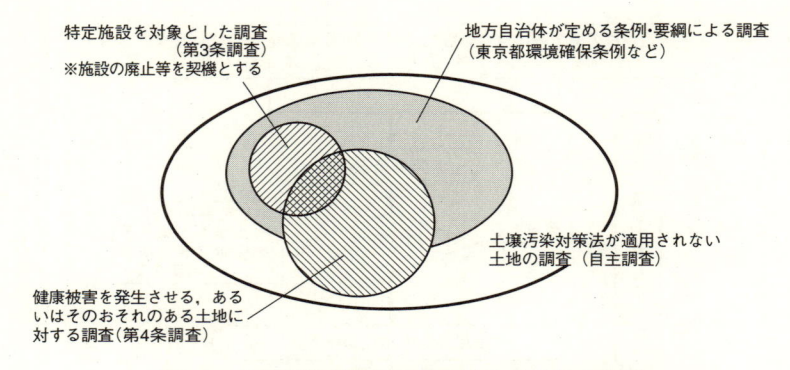

図1-3　土壌汚染対策法が適用される土地の範囲

特定有害物質として調査・措置の対象物質としている．ここで注目されるのは，中央環境審議会（以下，中環審）の答申[3]に基づいて汚染された土地への立ち入り等によって有害物質を直接摂取（摂食や皮膚接触・吸収）する可能性を想定した規制（以下，直接摂取リスク）が追加された点である．従来の土壌環境基準では地下水等の飲用リスクを想定した土壌溶出量（以下，飲用リスク）のみが規制対象であったが，答申に基づき重金属等の土壌含有量基準[4]を新たに追加することで直接摂取リスクに対応している．

対象となる有害物質は物質特性などによって第一種から第三種までの特定有害物質に分類されている（表1-1）．なお，ダイオキシン類に関しては「ダイオキシン類対策特別措置法」による対処がなされているため，ここでは対象外となっている．

1.4　特定施設と特定有害物質

土対法第3条によって調査対象となる有害物質使用特定施設とは，水濁法[5]

---

3) 中央環境審議会答申：『今後の土壌環境保全対策の在り方について』（平成14年1月）による．
4) これまでの環境庁指針では鉛など重金属4項目に対して「含有量参考値」が定められていたが，同値による法的規制はなく，土壌環境基準（溶出試験）を補足するものとして取り扱われていた．

第1章　土壌汚染対策法

表1-1　土壌汚染対策法による指定基準等

特定有害物質の種類	指定基準				地下水基準 (mg/L)	分類
	土壌溶出量基準 (mg/L)	地下水等の飲用リスク	土壌含有量基準 (mg/kg)	直接摂取リスク		
ジクロロメタン(別名:塩化メチレン)	0.02以下	○	−	−	0.02以下	第一種特定有害物質(揮発性有機化合物)
四塩化炭素	0.002以下	○	−	−	0.002以下	
1,2-ジクロロエタン	0.004以下	○	−	−	0.004以下	
1,1-ジクロロエチレン(別名:塩化ビニリデン)	0.02以下	○	−	−	0.02以下	
シス-1,2-ジクロロエチレン	0.04以下	○	−	−	0.04以下	
1,1,1-トリクロロエタン	1以下	○	−	−	1以下	
1,1,2-トリクロロエタン	0.006以下	○	−	−	0.006以下	
トリクロロエチレン	0.03以下	○	−	−	0.03以下	
テトラクロロエチレン	0.01以下	○	−	−	0.01以下	
ベンゼン	0.01以下	○	−	−	0.01以下	
1,3-ジクロロプロペン(別名:D-D)	0.002以下	○	−	−	0.002以下	
カドミウム及びその化合物	0.01以下	○	150以下	○	0.01以下	第二種特定有害物質(重金属等)
鉛及びその化合物	0.01以下	○	150以下	○	0.01以下	
六価クロム化合物	0.05以下	○	250以下	○	0.05以下	
ヒ素及びその化合物	0.01以下	○	150以下	○	0.01以下	
水銀及びその化合物	水銀が0.0005以下,かつアルキル水銀が検出されないこと	○	15以下	○	水銀が0.0005以下,かつアルキル水銀が検出されないこと	
セレン及びその化合物	0.01以下	○	150以下	○	0.01以下	
フッ素及びその化合物	0.8以下	○	4000以下	○	0.8以下	
ホウ素及びその化合物	1以下	○	4000以下	○	1以下	
シアン化合物	検出されないこと	○	50以下(遊離シアンとして)	○	検出されないこと	
ポリ塩化ビフェニル(別名:PCB)	検出されないこと	○	−	−	検出されないこと	第三種特定有害物質(農薬等)
テトラメチルチウラムジスルフィド(以下,「チウラム」とする)	0.006以下	○	−	−	0.006以下	
2-クロロ-4,6-ビス(エチルアミノ)-1,3,5-トリアジン(以下,「シマジン」とする)	0.003以下	○	−	−	0.003以下	
N・N-ジエチルオカルバミン酸S-クロロベンジル(以下,「チオベンカルブ」という.)	0.02以下	○	−	−	0.02以下	
有機燐化合物(ジエチルパラニトロフェニルチオホスフェイト(別名パラチオン),ジメチルパラニトロフェニルチオホスフェイト(別名:メチルパラチオン),ジメチルエチルメルカプトエチルチオホスフェイト(別名:メチルジメトン)及びエチルパラニトロフェニルチオベンゼンホスホライト(別名:EPN)に限る)	検出されないこと	○	−	−	検出されないこと	

注)　環境省:『土壌汚染対策法施行規則』,2002年,より作成.

に規定される特定有害物質を製造，使用あるいは処理を行う施設を指し，対象となる特定有害物質とは特定施設に関する届出書類において使用等が確認される物質となる．なお，テトラクロロエチレン等の物質は環境中において化学的あるいは生物化学的に他の有害物質に分解されることがあるため，その分解生成物までを調査対象とする必要がある．

このほか，特定有害物質に関する主な用途は表1-2に示すとおりで，主原料として使用されるほかに，添加，処理剤として特定有害物質が使用される場合がある．また，原材料中に不純物として含まれる場合もある．例えば，トリクロロエチレン洗浄液中には10%前後の不純物(例えば，テトラクロロエチレン)が含まれている場合がある．このように，特定施設の届出資料だけでは対象地における特定有害物質の使用履歴をすべて把握できない場合があることに留意しなければならない．

なお，土対法では意図的に特定有害物質を使用する施設を対象とするため，特定有害物質の処理を主目的としていない廃棄物処理施設や下水道終末処理施設などは同法の定める特定施設には該当しない．さらに，特定施設から公共水域への排水は水濁法の規制対象となり，下水道に排出する場合は下水道法の対象となるため，資料等調査ではこれらの法律に従った届出資料の確認が必要となる（詳細は2.2節）．

1.5 土壌汚染状況調査

土壌汚染状況調査は，特定施設届出書類等の事前確認（資料等調査）に従って調査対象区画，対象物質の設定を行い対象物質ごとに調査方法を選択し，対象地における土壌汚染の状況（指定基準への適・不適合）の確認するために実施される（詳細は2.3節）．

---

5) 水質汚濁防止法は昭和45年に制定された．当初はカドミウムなど9項目が規制対象であったが平成5年，同8年に改正され現在に至っている．特定有害物質および特定施設に関する規定は第2条第1項，同2項に規定されている．

第1章　土壌汚染対策法

表1-2　特定有害物質とそのおもな用途

項　目	主な用途（現在は禁止されている以前の用途を含む）
カドミウム	合金,電子工業,電池,鍍金,顔料,写真乳剤,塩化ビニル安定剤
鉛	合金,はんだ,活字,水道管,鉛ガラス,ゴム加硫,電池,防錆ペイント,顔料,殺虫剤,染料,塩化ビニル安定剤
六価クロム	酸化剤,鍍金,触媒,写真,魚網染色,皮なめし,石版印刷
ヒ素	半導体製造,殺虫剤,農薬,板ガラス消泡剤
総水銀	電解電極,金銀の抽出,水銀灯,計器,医薬,顔料,農薬,整流器,触媒
セレン	半導体,光電池,銅材の防食被覆,特殊ガラス,乾式複写機感光体,芳香族化合物の脱水素剤,浮遊選鉱の気泡剤,頭髪化粧水
全シアン	鍍金,試薬,触媒,有機合成,蛍光染料,冶金,鉱業,金属焼き入れ,写真薬,医薬
アルキル水銀	農薬（いもち病,種子消毒）,医薬,有機合成
PCB	熱媒,電気絶縁体,変圧器,コンデンサ,複写機,インキ溶剤,顔料,塗料,合成樹脂製造
ジクロロメタン	溶媒,冷媒,脱脂剤,抽出剤,消火剤,局所麻酔剤,不燃性フィルム溶剤
四塩化炭素	フロンガス原料,消火剤,溶剤,脱脂洗浄剤,ドライクリーニング
1,2-ジクロロエタン	塗料溶剤,洗剤,抽出,殺虫,塩化ビニル中間体
1,1-(シス-1,2-)ジクロロエチレン	溶剤（油脂,樹脂,ゴム,など）,医療（麻酔）
1,1,1-(1,1,2-)トリクロロエタン	溶剤,金属の常温洗浄,塩化ビニリデン原料
トリクロロエチレン	金属表面等の脱脂洗浄,羊毛の脱脂洗浄,香料抽出,塗料,殺虫剤
テトラクロロエチレン	ドライクリーニング溶剤,原毛洗浄,石けん溶剤,その他の溶剤
有機燐,1,3-ジクロロプロペン,チウラム,シマジン,チオベンカルブ	農薬（パラチオン,メチルパラチオン,メチルジメトン,EPN） 農薬（土壌くん蒸剤,殺菌剤,除草剤）
ベンゼン	各種有機合成原料,抽出,溶剤,燃料（混入）
フッ素	フッ化物原料,歯磨き粉,フッ素樹脂,光ファイバー,冷媒,ウラン濃縮,絶縁性気体,ガラス加工,特殊溶剤
ホウ素	冶金脱酸素剤,航空・宇宙構造材,ホウ素繊維,中性子制御,軟水剤,洗剤,特殊ガラス,熔接,上薬,エナメル,緩消毒剤

出典）インターリスク総研編：『地質汚染とその対策』, 2001年（主な原資料：中央労働災害防止協会編：『危険物便覧』, 馬渕久夫：『元素の辞典』, 朝倉書店）.

　土対法による土壌汚染状況調査と環境庁指針による調査との相違点を示すと図1-4のようになる．環境庁指針の場合，対象地資料調査（Phase I），対象地概況調査（Phase II）によって対象地の土壌汚染の可能性およびその有無を確認し，対象地詳細調査（Phase III）によって「対策」のための実態把握を行う手順であったが，土対法の場合は「土壌汚染状況調査」において対象地詳細調査の一部までを行うものとなっている．土対法における詳細調査は"浄化・修復措置の実施において必要とされる調査"と位置づけられている．主な調査内容は，①指定区域（土壌汚染範囲）の深度方向の汚染に関するもの，②措置の実施に必要なデータ取得（例えば，土木工事に必要な土質力学値や地下水理定

第Ⅰ部　土壌汚染対策法と調査・措置

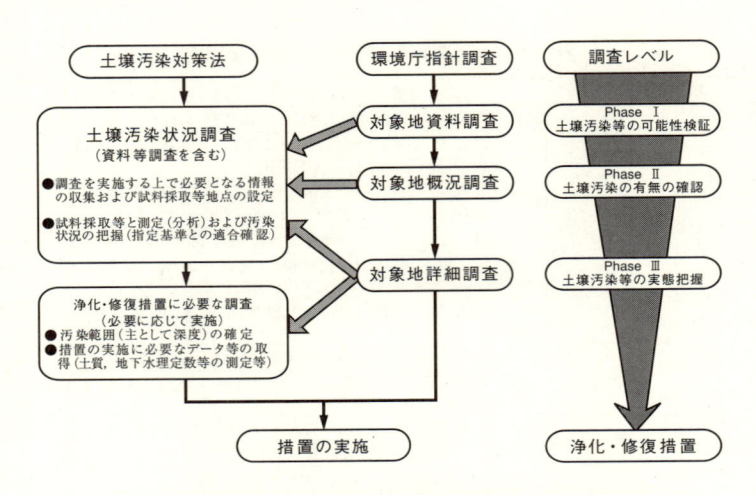

図1-4　土壌汚染対策法と環境庁指針調査との相違点

数等）に関するものである．なお，これらの情報を必要としない措置が適用される場合[6]は詳細調査を省略することができる（詳細は2.8節）．

1.6　指定区域と指定基準

　指定区域とは，土壌汚染に対する健康リスク管理を行うべき土地を指し，表1-1に示した指定区域の指定に係る基準（以下，指定基準）に適合しない土地がこれに該当する．土壌汚染状況調査の結果，対象地において指定基準に適合しない，すなわち土壌汚染が認められた場合には地方自治体に報告し指定区域に指定されることになる．指定区域に指定された土地では，健康被害の防止に向けた措置（あるいはそのための詳細調査）が求められる場合があるほか，自治体による公示と管理（台帳への記載とその公表）が行われる．
　指定基準については，以下に示す直接摂取リスクと地下水等の飲用リスクが

---

[6]　例えば，重金属等の汚染地において第2溶出基準を超過しない場合は，原則として覆土，封じ込め等の措置が適用されるため，ボーリング調査等による深度方向の汚染状況確認が省略される場合がある．

設定されている.

1.6.1 直接摂取リスク

直接摂取によるリスクは中環審答申に基づき,土壌中に含まれる特定有害物質の量を対象に「土壌含有量基準」として新たに設定された.ここで注意すべきは,土壌含有量基準が従来の「含有量参考値」とは分析方法,濃度値ともに異なる点である.これまでの土壌含有量試験は,金属類の全量を測る方法(アルカリ溶融法,ふっ酸混酸分解法等)を採用していたが,土対法では体内で摂取される状況(胃酸等で溶出される化合物形態)を想定した酸抽出法が採用されている.

1.6.2 地下水等の飲用リスク

地下水等の飲用リスクは,溶出した有害物質の飲用による健康影響を防止するため現行の土壌環境基準がそのまま適用され,「土壌溶出量基準」となっている.

1.7 措　　置

特定有害物質による土壌汚染によって人の健康にかかわる被害が生じる,あるいはそのおそれがある場合に当該地に対しては,都道府県知事等によって①措置範囲,②措置方法および③その実施期限を明示したうえで汚染除去等の措置命令が下される場合がある.具体的な措置方法は2章にて述べるものとし,ここでは土対法とこれ以外の評価基準に従った措置方法のあり方について示す.

1.7.1 措置と不動産鑑定評価

措置について検討する場合,汚染以前の清浄な状態に修復すること,すなわち土壌より特定有害物質を分離,分解するような措置を適用することが最も望

ましいが，こうした措置を実施するには多額の費用が必要であり，容易に実施できない．一方，土壌汚染は水質汚濁や大気汚染とは異なり，土壌汚染から人への暴露経路を遮断することで人の健康被害を比較的容易に防止・低減できるという特徴がある．そのため，土壌汚染のこうした特性を見込んだ指定区域への立入禁止，舗装，盛土，封じ込めといった暴露経路の遮断措置によるリスク管理が提唱されている．地下水等の飲用リスクについても同様である．土対法は，土壌汚染による健康被害を防止することが目的であり，経済的負担という企業側のリスクを低減するこれら一連の措置の適用は土壌汚染対策の促進にもつながり，法の求める目的とも合致している．

しかし，土壌汚染地の売買等を想定すると上記のようなリスク基準の措置が必ずしも合理的でない場合がある．不動産評価はその典型である．土壌汚染に対する措置は浄化・修復に要する具体的な費用と汚染地に対して発生するイメージ低下 (Stigma)[7] による減価として算定・評価される．土壌汚染と減価との関係を経験的に査定した事例を表1-3に示す．

表1-3 土壌汚染状況と減価

汚染および修復状況	減価の程度
●回復した汚染 　No Further Action Required Document	0 – 10%
●回復可能な汚染（確かな浄化・修復のメドがある汚染）	0 – 10%
●土壌・地下水汚染があって，土壌汚染については修復の見込みがある． ●地下水汚染については現在の技術水準でも十分修復可能であるが，モニタリング等の将来的な監視責任が継続する．	15 – 35%
●重大な土壌・地下水汚染があって，将来状況が不確実である．	25 – 50%
●深刻な土壌・地下水汚染が存在し，対象物質の種類，汚染規模・場所等が不明確である．	融資の対象外

出典） 廣田裕二他：「土壌汚染と不動産評価・売買」, 13. スティグマ, pp.189-190, 東洋経済新報社, 2003年 (一部加筆)，原典は J. Pearse Cashman 著 "Real Estate Market Reactions To Toxic Contamination Or What Is A Property Worth For Which There Is No Market?"

---

7) 汚染によって生じる減価のうち，浄化・修復費用などのような貨幣価値に換算できないものを指す．"Stigma (スティグマ)" とは法的リスクや毒物学的なリスクを回避したいと考える人の "心理的嫌悪感" に起因するもので，完全な浄化・修復を行った後もその影響が残る場合が多いとされている．

この経験的な査定では，土壌汚染の浄化・修復が完了しても最大10%の減価が生ずる可能性があることを示しており，深刻な汚染を放置した場合，土地自体が融資対象とならなくなることも示唆している．実際，一部銀行から土壌汚染地に対する査定を0円とするという発表もあり，健康被害の防止以上の措置を要望する社会的評価の方向性が示されたともいえる．

1.7.2 措置と指定区域の解除

都道府県知事等から措置命令を受けた場合，定められた内容に従って措置を完了させる必要がある．なお，汚染土壌の掘削除去など特定有害物質が対象地より完全に除去された場合は，対象地を指定区域から解除することができるが，これ以外の措置を実施した場合は指定区域の指定は解除されず，措置済みの指定区域として維持・管理が継続されることとなる．また，措置に関する維持・管理は土地所有者等の責務となる（詳細は2.5節）．

1.7.3 汚染土壌の処分と形質変更の制限

指定区域より汚染土壌を搬出する場合，環境大臣が定める方法により適正に処分等を行うことが義務づけられている．これは汚染土壌が不適切に処分されることによって新たな健康被害が発生することを防止するための処置である．

一方，適用した措置方法によっては土地利用方法が制限される場合がある．「形質変更の制限」は指定区域から，造成等に伴う地盤改変によって新たな人の健康被害が発生することを防止するためのもので，土地の形質変更を行う場合は，都道府県知事等に変更届を提出するとともに，適切な施工が義務づけられる．

1.8 指定調査機関と指定支援法人

土対法において対象地の土壌調査を行う場合，環境大臣の指定する指定調査機関[8]に委託して調査を行う必要がある．

このように調査を行う機関が指定される理由は，土壌汚染状況調査における調査結果の信頼性と公平性を確保する必要があるためで，調査機関は土対法施行規則等に定められた調査方法を確実に履行することで，これらを達成しなければならない．

また，土地所有者等が指定区域において汚染除去を行う際の助成，土壌汚染状況調査などへの助言，あるいは普及啓蒙等を行うための機関として指定支援法人がある．指定支援法人は環境大臣の指定を受け，国からの補助金と国以外からの出えん金を基に基金を創設し，中小事業場などが調査・措置を行う場合の支援業務を行うこととなっている．

1.9 土壌汚染対策法における特例事項

1.9.1 調査の猶予

土対法では第3条の調査義務が発生する土地のうち，下記の条件に該当するものについて調査を猶予する[9]規定があり，猶予を受けようとする場合は都道府県知事等に対して確認申請を行う必要がある．

① 引き続き同一の工場・事業場として利用される場合．
② 従業員等以外の者が立ち入りできない土地[10]として利用される場合．
③ 事業場と事業主の住居が同一の土地・建物に存在し，事業場の廃止後も事業主の居住として使用される場合．

---

8) 指定調査機関とは環境省が定める一定の規定・資格に従って指定を受けた調査機関であり，平成15年6月30日現在，884機関が指定を受けている．
9) 第3条調査における調査の猶予は当該用地（特定施設）が条件に該当しなくなった段階で調査を行う義務が発生する．したがって，調査が猶予される場合でも特定有害物質の使用実績等を記録・保管しておくことが望ましい．
10) 操業中の工場または事業場では一般人の立ち入りは原則としてなく，従業員についても労働安全衛生法等に従った安全・健康管理が実施されていると判断し，特定施設を廃止した後も汚染土壌の直接摂取による健康被害の可能性はないとしている．

上記③の条件は中小事業者に配慮した猶予処置であって，事業場に事業主が居住するケースが多く，工場，事業場の廃止後も居住用として利用される事例が多いことに配慮したものである．なお，工場，事業場の廃止後に当該建築物の大半を改築する場合や第三者に居住用として提供する場合は該当しない．なお，上記の条件に該当しても周辺地に地下水の飲用利用等があって，当該特定施設の操業状態から土壌汚染が発生している可能性が高く，当該地を汚染源（土壌汚染）とする地下水汚染が発生している可能性がある場合には，第4条の規定に従い調査命令が下される場合がある．

④　鉱山保安法の対象工場，事業場の敷地またはその跡地（鉱業権が消滅後5年以内のものに限る）である場合．

鉱山保安法の管理区域において土壌・地下水汚染が発生した場合，同法によって土対法と同様の対策が行われるため調査対象としていない．なお，鉱業権が消滅して5年以上が経過し，この間に鉱山保安法第26条の命令[11]がない場合には土対法の対象となる．

⑤　工場または事業場の敷地面積が300m²以下であり，周辺地において地下水の飲用利用等が行われていない場合．

上記に該当する小規模事業場については当分の間[12]地下水等の摂取の観点からの調査義務は猶予される．中環審答申の「中小企業者に対する配慮」において「狭小敷地の事業者が本制度に対する啓発や能力向上等の準備が必要である」と指摘されたことに配慮したものである．なお，「当分の間」とされる猶予期間において有害物質を使用する特定施設を廃止すればこの観点からの調査

---

11)　鉱山保安法第26条では，鉱業権の消滅後5年間までは鉱業権者に対して，鉱山事業によって生じた危害，鉱害を防止するために必要な措置を命令できるとされている．
12)　土壌汚染対策法施行規則が改正されるまでの期間とされる．

を行う必要がなく，施行規則改正後も新たな調査義務は発生しないという趣旨である．ただし，当該敷地が上記条件に該当するか否かの判断には，周辺地における地下水利用の状況確認が必要なため，該当する土地所有者等は都道府県知事等に対して確認を行うことが望ましい．なお，上記条件に該当する土地であっても直接摂取リスクに対する調査は行う必要がある．

1.9.2　土地所有権が移転する場合の留意事項

特定施設が廃止された土地において，調査の猶予が確認された後の土地所有権の移転[13]には制約はない．ただし，所有権の移転後に調査の猶予確認が取り消された場合は取り消し時点の土地所有者等が調査義務を負うこととなる．これ以外の場合は特定施設の使用等を廃止した時点の土地所有者に調査義務がある．

1.9.3　土壌汚染状況調査の省略と指定区域の指定

土壌汚染状況調査では，調査対象地を100m^{2}の単位で区分し，土壌汚染の可能性に応じた試料採取等区画を設定した上で調査を行う必要がある．しかし，調査の結果，土壌汚染の存在が明らかとなり，土地所有者がすべての試料採取等区画を調査せずに調査終了を希望する場合は，調査の効率化，調査費用の低減化の観点からその選択が認められる．この場合，未調査の試料採取等区画は土壌汚染が存在するとみなされ，指定区域に指定されるほか，都道府県知事等から指定される措置内容によっては改めて要措置範囲の確認調査（詳細調査）を行う必要がある．なお，詳細調査において指定区域の土壌汚染が指定基準に適合していることが確認された場合は，措置完了報告とともにその旨を報告することで指定区域の解除を行うことができる．

---

[13]　土地所有権の移転に関しては，土地所有者が土地に関する権利を譲渡あるいは相続，合併，分割（土地に関する権利を承継させるものに限る）があった場合，その権利を譲り受けた者または相続人，合併，分割後存続する法人（あるいは合併，分割によって設立された法人）は当該土地の所有者としての地位を承継するとされている．

1.9.4　土壌汚染対策法の施行前に実施された調査結果の利用

　土対法が施行される以前に実施された調査のうち，①土壌汚染対策法施行規則の規定を満たす調査内容であって，②調査後に新たな汚染が発生していないことが確認された場合は，その調査結果を利用する事ができる．環境庁指針等に基づく調査が行われた土地で，新たな汚染の発生がない場合がこれに該当する．

　なお，法施行前の調査結果の活用は土壌溶出量基準のみが対象であり，土壌含有量基準について該当しない．ただし，環境庁指針では含有量参考値との関係でカドミウム，鉛，ヒ素，総水銀の4項目が含有量試験（全量分析）の対象となっており，この分析結果について土壌含有量基準以下である場合には基準に適合したものと取り扱われる[14]．

1.9.5　自然的原因による土壌汚染

　重金属等の場合，自然的原因によって有害物質が蓄積され土壌汚染となる場合がある．自然的原因による重金属汚染は，九州の筑後川流域，大阪府の大阪層群，新潟県魚沼地方など火山活動あるいはその噴出物の地層堆積等によって引き起こされることが多い．また，臨海部の浚渫土砂による地盤造成なども土壌汚染を引き起こす要因となっている．土壌含有量（全量分析）による自然的原因の目安値は表1-4に示すとおりである．

　これまでに判明した自然的原因による土壌汚染と検出状況の例は表1-5に示すとおりである．自然的原因と判断される重金属汚染では鉛，ヒ素，水銀などが原因物質である場合が多く，各物質の土壌溶出量基準に対する検出濃度は概ね10倍以内である．

　自然的原因と判断された土壌汚染に対しては措置命令が発生しないが，土壌含有量試験（酸抽出法等）において表1-4に示す濃度レベルを超えた場合には

14）　環境庁指針による土壌含有量試験は全量分析法で行われているため，土壌汚染対策法で規定する土壌含有量測定方法（酸抽出法等）よりも大きい含有量値が検出されている可能性が高い（経験的に1.1～1.2倍程度検出濃度が高くなる）．そのため，安全側に評価がされていると解釈される．

表1-4 自然的原因とみなす含有量（全量分析）の上限値の目安 （単位：mg/kg）

物質名	ヒ素	鉛	フッ素	ホウ素	水銀	カドミウム	セレン
上限値の目安	39	140	700	100	1.4	1.4	2.0
土壌含有量基準(参考)	150	150	4,000	4,000	15	150	150

出典）㈳土壌環境センター：『土壌汚染対策法に基づく調査及び措置の技術的手法の解説』，2003年（一部加筆）．

表1-5 重金属等の自然的原因による土壌汚染事例

	東京都	大阪府	新潟県	千葉県	川崎市
自然的原因と判断された物質	鉛，ヒ素，フッ素	水銀，鉛，ヒ素，フッ素，ホウ素	カドミウム，鉛，ヒ素，フッ素，ホウ素	鉛，ヒ素	ヒ素，フッ素
土壌溶出量	基準値の数倍	基準値の3〜7倍程度	最大で9.3倍	基準値の1.1〜3倍程度	基準値の数倍
土壌含有量	含有量参考値以下				含有量参考値を上回る事例あり

注）㈳土壌環境センターアンケート調査資料より作成．

人為的原因による土壌汚染の可能性が高く，措置の対象となる場合がある．また，自然的原因による汚染土壌（浚渫土砂等）を用いて造成した場合や廃棄物等の埋め立てによる造成地[15]における土壌汚染は措置の対象外となるが，これらの土地から汚染土壌を搬出する場合は汚染土壌として適切に措置する必要がある．

1.9.6 汚染原因者と費用負担

土壌汚染対策法では，原則として土地所有者等に対して措置命令が出される．しかし，汚染原因者が明らかな場合はこれに措置が命じられる場合がある．

---

15) 海面埋め立て等にかかわる汚染原因行為に関しては「廃棄物の処理及び清掃に関する法律又は海洋汚染及び海上災害の防止に関する法律に規定する一定の基準に従って行われた廃棄物の埋め立て処分等については，これを適正に行えば土壌汚染を生じさせることはないことから，汚染原因行為には該当しない」とされている（土対法施行規則第21条）．

ただし，汚染原因者がすでに費用負担を行っている場合やその能力がない場合は除外される．

　汚染原因者の特定については，土壌汚染対策法施行通知[16]において汚染原因行為の有無について調査を行い特定するよう指示されている．汚染原因行為については「特定有害物質または特定有害物質を含む液体を埋め，飛散させ，流出させ，又は地下に浸透させる行為が該当する」としている[17]．なお，特定有害物質の地下浸透等を行った場合は意図的，非意図的な場合に関係なく原因行為とされる．また，汚染原因者が複数存在する場合は，各汚染原因者が汚染行為を行った程度（寄与度）に応じて措置内容，負担割合を定めると規定されている[18]．

---

16) 土壌汚染対策法施行通知第5.2（2）では「汚染原因者の特定は，水質汚濁防止法の届出記録等の特定有害物質の使用状況，当該工場・事業場等における事故記録等の汚染原因行為の有無等に関する情報の収集を行い，汚染原因者である可能性のある者を絞り込み，当該有害物質の土壌中での形態や土壌汚染の分布状況等から，その者が当該特定有害物質を取り扱っていた期間内に生じさせた土壌汚染の可能性について検証して行う」とされている．
17) 土壌汚染対策法施行令第7条1項において土壌汚染の原因行為が定義されている．
18) 土壌汚染対策法施行令第7条第2項において複数汚染原因者が存在する場合の寄与度について定義されている．

2　土壌汚染状況調査と措置

　ここでは，土対法に基づく土壌汚染状況調査[1]と，これに続く措置の実施について解説する．

2.1　調査契機と土壌汚染状況調査

　調査契機に基づき土壌汚染調査の形態を分類すると図2-1のようになる．同図は土対法から不動産売買に係る調査までを想定したもので，土壌汚染状況調査はこれら契機に基づいて第3条調査から自主調査(1)，(2)までの4つの調査タイプに分類される．

　なお，地下水汚染の発生等を契機とする第4条調査は都道府県知事等の命令によって発生するが，調査自体は第3条調査とほぼ同じ内容となるためここでは省略する．

　このうち，土対法に従って土壌汚染状況調査を行う場合は図2-2の太枠（☐）で示す各項目について調査を行い，その結果を都道府県知事等に報告しなければならない（詳細は2.4節）．

2.2　資料等調査

　資料等調査では，対象地内の特定施設に関する資料を中心に，①調査対象物質の選定と②調査対象区画の設定を行い，試料採取等および測定のための区画と分析方法を決定する．資料等調査において収集すべき資料は水濁法（あるいは下水道法）基づく特定施設の届出書類等である．届出書類の内容とその利用

---

[1]　土壌汚染対策法による調査・措置の詳細については，土壌環境センター編：『土壌汚染対策法に基づく調査及び措置の技術的手法の解説』，2003年，㈳土壌環境センター，が刊行されているのでこれを参照されたい．

第 2 章　土壌汚染状況調査と措置

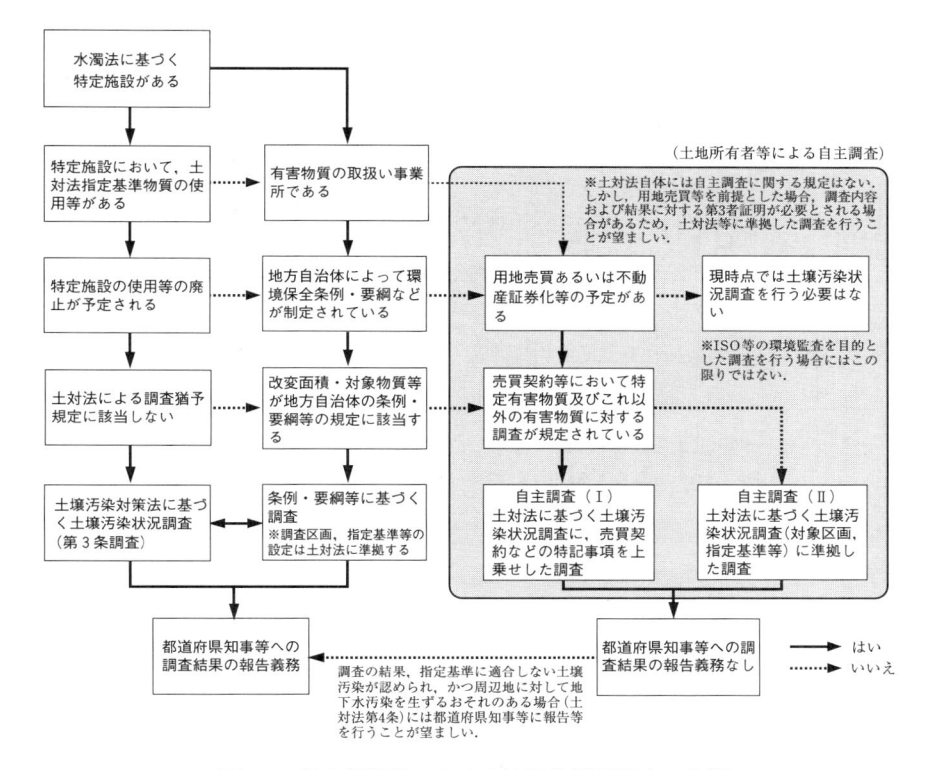

図2-1　調査契機等による土壌汚染状況調査の分類

表2-1　水質汚濁防止法に係る届出書類

届出書類		調査対象区画の設定に有効な情報	調査対象物質の選定に際して必要な書類
名　称	様式		
特定施設設置（使用，変更）届出書	第1	○	○
特定施設の構造等変更届出書	第3	△	
特定施設使用廃止届出書	第6	○	○
水質測定記録表	第8	△	○

出典）　(社)土壌環境センター編：『土壌汚染対策法に基づく調査及び措置の技術的解説』，2003年．

第Ⅰ部 土壌汚染対策法と調査・措置

範囲については表2-1および表2-2に示すとおりである．
　これらの届出書類をもとに①施設配置図（および排水系路図，配管図）と②特定有害物質の使用場所（および運搬経路，保管・廃棄場所）について確認を行う場合には，①の施設配置図等より特定施設およびこれに接続する配管，地

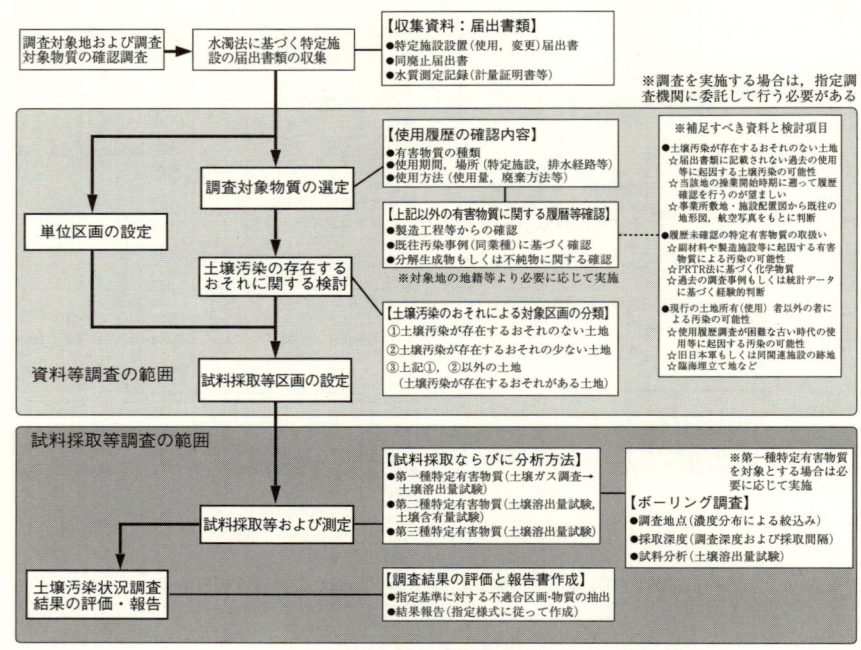

図2-2　土壌汚染状況調査の流れ

表2-2　下水道法に係る届出書類

届出書類		調査対象区画の設定に有効な情報	調査対象物質の選定に際して必要な書類
名　称	様式		
公共下水道使用開始（変更）届	第4	○	○
公共下水道使用開始届	第5	○	○
特定施設設置届出書	第6	○	○
特定施設使用届出書	第7	○	○
特定施設の構造等変更届出書	第8	○	
特定施設使用廃止届出書	第11	○	

出典）㈳土壌環境センター編：『土壌汚染対策法に基づく調査及び措置の技術的解説』，2003年．

下ピット，排水マス等の構造や配置について確認し，②の特定有害物質の使用場所等より有害物質の取扱いおよび廃棄状況等について確認する必要がある．また，特定施設に関する届出書類だけでは確認できない事項（特定施設以外における使用履歴や事故履歴など）については，施設管理者，作業従事者あるいは退職者(OB)などを対象にヒアリング調査を行い，実態を把握しておくべきである．

2.2.1　調査対象物質の選定

調査対象物質の選定は，原則として特定施設等の資料解析から行われるが，特定施設の内容や特定有害物質の使用履歴などが十分把握されない場合には，既往の調査事例（例えば，表1-5「特定有害物質とそのおもな用途」など）を参考に調査対象物質の選定を行うことも有効である[2]．また，表2-3は環境省の公表資料をもとに産業別物質別の土壌汚染実態についてとりまとめたもので，特定有害物質に対する主な産業の土壌環境基準超過状況が示されているので，調査対象物質の選定に困った場合などに参考になる．

2.2.2　単位区画の設定

試料採取等のための基準となる区画（単位区画）は，原則として図2-3に示すように調査対象地の北端を起点とした東西南北方向に10m（もしくは30m）間隔の格子をもって設定する必要がある．

ただし，図2-4に示すように対象地の敷地形状や建物，通路等の配置との関係でこの単位区画の設定が合理的な配置とならない場合は「起点」を中心に格子座標を回転させ，単位区画が最小となるよう配置することが認められている．

また，敷地縁辺部に100m²以下の区画が生じる場合には図2-5に示すような

---

[2]　土壌汚染対策法第3条では，原則として特定施設において使用等が確認された特定有害物質を調査対象物質に選定することになる．しかし，土壌汚染の原因となる有害物質の地下浸透の多くは水濁法等による地下浸透の規制以前に起因するものが大半のため，使用履歴調査は事業所等の操業開始時点まで遡って行う方が良いとされている．

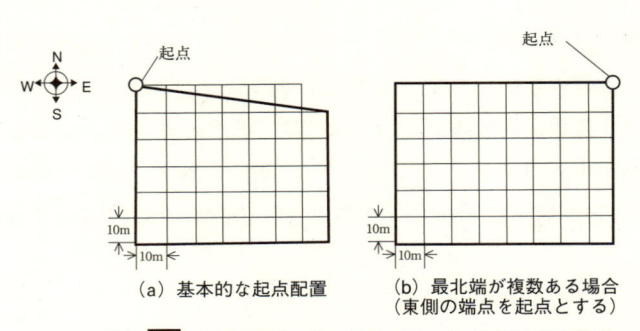

第Ⅰ部 土壌汚染対策法と調査・措置

（a）基本的な起点配置　（b）最北端が複数ある場合
（東側の端点を起点とする）

注）　▨：調査対象地，〇：起点，□：10m間隔の直交格子

図2-3　基本的な単位区画の設定方法

表2-3　おもな産業の有害物質別の環境基準超過事例

（上段：環境基準超過事例数／下段：同超過率）

産業分類		重金属類						揮発性有機化合物						その他有害物質の超過数	目超過数	全環境基準項目超過数
大分類	中分類	カドミウム	全シアン	鉛	六価クロム	ヒ素	総水銀	ジクロロエチレン	シス-1,2-ジクロロエチレン	トリクロロエチレン	テトラクロロエチレン	ベンゼン				
化学	化学工業	3 10%	6 50%	17 37%	8 42%	21 51%	17 35%	0 0%	4 21%	3 27%		5 83%	18 21%	102 32%
	ゴム製品				0 0%	1 50%		1 100%	2 67%	0 0%	0 0%		4 100%	8 57%
	プラスチック製品	0 0%		1 33%	0 0%	1 50%	0 0%	3 100%	4 80%	1 50%	0 0%		3 19%	13 34%
鉄鋼	鉄鋼	1 7%	1 33%	8 40%	7 64%	11 58%	1 7%	2 50%	3 60%	1 50%	1 100%		6 17%	42 32%
	非鉄金属	4 17%	0 0%	17 46%	1 14%	4 17%	1 8%	7 64%	11 58%	9 53%			2 3%	56 26%
	金属製品	5 19%	12 48%	17 44%	33 60%	8 40%	5 26%	9 53%	15 28%	8 40%	1 50%		8 10%	121 34%
機械	一般機械	0 0%	3 75%	7 50%	11 79%	5 42%	3 33%	10 83%	19 61%	13 57%	1 33%		12 23%	84 46%
	電気機械	5 31%	6 75%	15 47%	6 60%	5 36%	5 38%	37 70%	46 49%	25 45%	0 0%		23 20%	173 42%
	輸送機械	1 10%	5 83%	7 44%	4 50%	6 46%	3 30%	9 64%	15 38%	9 43%	0 0%		8 17%	67 36%
その他	食料品	0 0%		2 67%		1 25%							0 0%	3 20%
	繊維	1 50%	1 100%	4 67%	2 33%	7 100%	3 100%	1 50%	7 88%	5 71%	0 0%		1 25%	31 70%
	木材・木製品	0 0%		0 0%	0 0%	3 43%							0 0%	3 14%
	パルプ・紙加工	0 0%	1 100%	1 100%		1 100%	1 100%	0 0%	1 50%	0 0%			0 0%	5 26%
	出版・印刷	0 0%	1 100%	0 0%	2 100%	1 33%	1 25%						0 0%	5 23%
	窯業・土石	0 0%	0 0%	3 33%	1 20%	8 73%	0 0%		2 29%	3 75%			3 21%	20 31%
物質別に見た基準超過数および基準超過率		20 13%	36 57%	99 42%	74 53%	82 47%	41 28%	79 63%	129 45%	77 46%	8 40%		88 16%	733 36%

注）『平成12年度土壌汚染調査・対策事例及び対応状況に関する調査結果概要』（環境省水環境部）より作成．

第 2 章　土壌汚染状況調査と措置

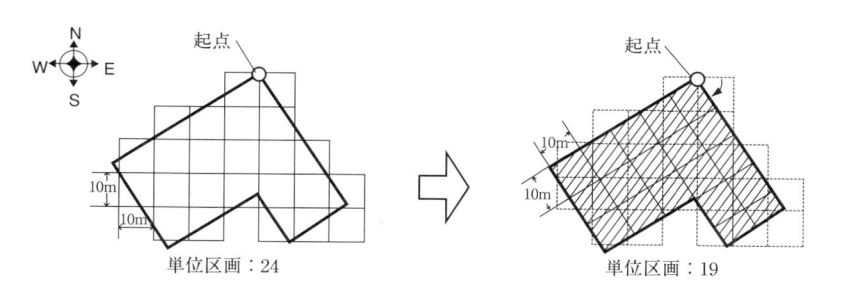

注）☐：調査対象地，▨：単位区画，⌷：回転前の単位区画，○：起点

図2-4　敷地形状あるいは建物配置に合わせた単位区画の設定方法

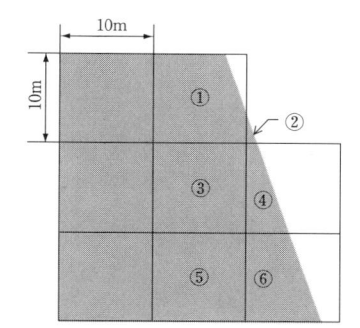

【区画統合に関する可否事例】

元区画 統合する区画	可否	理由
①+②	可	隣接かつ130m²以下
③+④	可	隣接かつ130m²以下
⑤+⑥	否	統合面積が130m²以上
④+⑥	可	隣接かつ130m²以下
②+③	否	隣接していない
⑥+②+④	否	統合した区画の長軸の長さが20m以上

出典）㈳土壌環境センター編：『土壌汚染対策法に基づく調査及び措置の技術的手法の解説』，2003年（一部加筆）．

図2-5　敷地縁辺部における区画の統合条件

条件に従い隣接する区画への統合が認められている．

2.2.3　土壌汚染の存在するおそれに関する検討

　土壌汚染の存在するおそれに関する検討では，特定施設の有無などといった土地利用の実態に基づいて図2-6に示す3つの土地区画に分類する必要がある．

　①の「土壌汚染の存在するおそれのない土地」の例は以下に示すとおりで，事務所棟やグランドなど当該工場・事業場の操業開始以来特定有害物質の使用等が認められない施設・土地がこれに該当し，土対法では調査対象外となる．

第I部　土壌汚染対策法と調査・措置

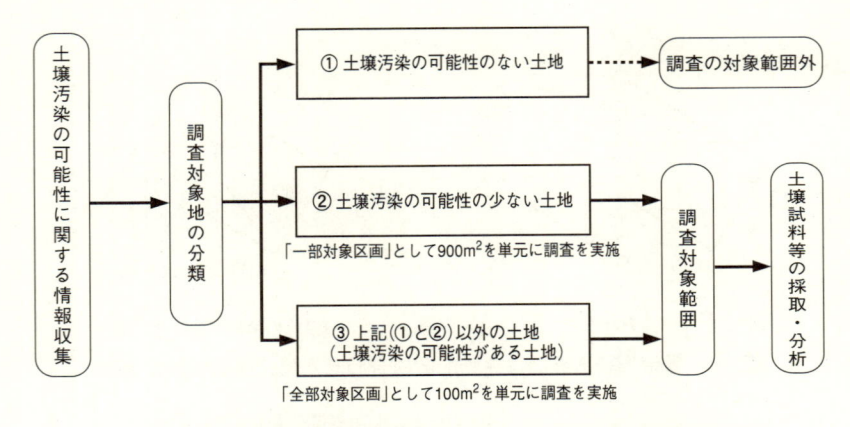

図2-6　土壌汚染の存在するおそれによる土地の分類

土壌汚染の可能性に関する情報収集 → 調査対象地の分類
- ① 土壌汚染の可能性のない土地 ┈→ 調査の対象範囲外
- ② 土壌汚染の可能性の少ない土地（「一部対象区画」として900m²を単元に調査を実施）
- ③ 上記（①と②）以外の土地（土壌汚染の可能性がある土地）（「全部対象区画」として100m²を単元に調査を実施）

→ 調査対象範囲 → 土壌試料等の採取・分析

- 事務所棟（主に事務，管理用に利用される建物に限る）
- 従業員宿舎
- グランド，体育館（武道場，講堂を含む）
- 従業員用駐車場（作業用は除く）
- 一般倉庫（特定有害物質の使用等の履歴がないものに限る）
- 緩衝緑地，山林，未利用地など

②の「土壌汚染の存在するおそれの少ない土地」とは，直接特定有害物質の使用等を行っている建物（用地）ではないものの，操業等の関係で特定施設との結び付きがあるものが対象となる．

③の「土壌汚染の存在するおそれのある土地」は上記①，②に分類される土地以外の土地が該当する．「土壌汚染の存在するおそれのある土地」の具体的な土地利用形態を示すと次のようになる．

- 特定施設とこれを設置している建物（用地）
- 特定有害物質を保管する倉庫
- 特定有害物質の使用等が認められる作業場
- 特定施設と接続する配管（主として排水経路）など
- 特定施設と配管等でつながる施設および建物

2.2.4 試料採取等区画の設定

試料採取等を行うための区画の設定は，前述の調査対象区画と土壌汚染の存在するおそれに関する検討の結果から図2-7に示すように設定される．ここで，「土壌汚染の存在するおそれのある土地」に分類された区画は「全部対象区画」と呼ばれ，10m格子によって区分される範囲（面積：100m^2）が調査単元となる．また，「土壌汚染の存在するおそれの少ない土地」に分類された区画は「一部対象区画」と呼ばれ，30m格子の区画（面積：900m^2）が調査単元となる．

また，設定された調査対象区画内における試料採取等地点は原則として区画中央に設定されるべきであるが，図2-8に示すように区画内に特定施設等が存在する場合は施設直下，あるいはその側方に試料採取等地点を設定する必要がある．

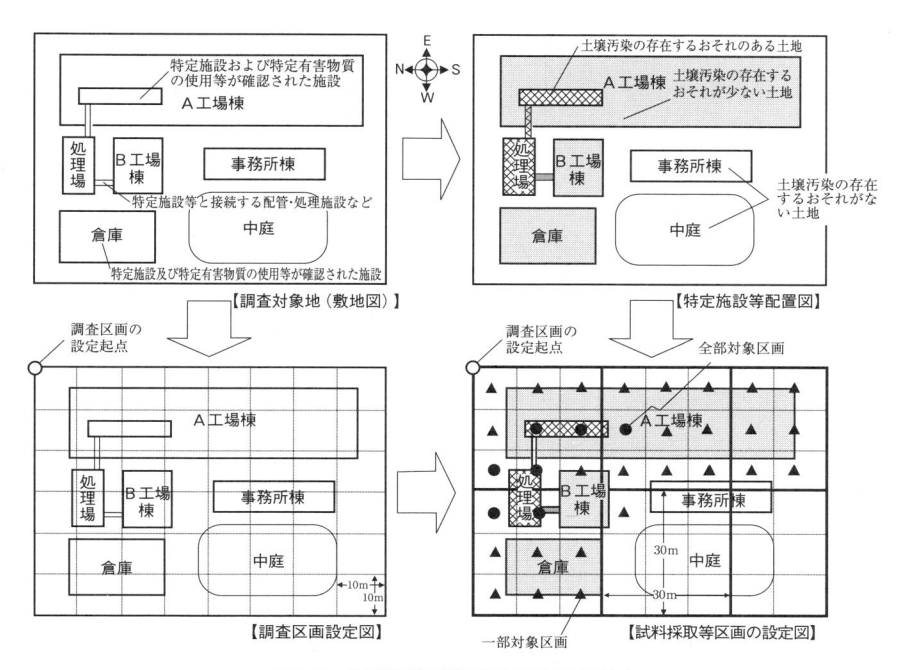

図2-7 試料採取等区画の設定の流れ

第Ⅰ部　土壌汚染対策法と調査・措置

なお，試料採取等地点は特定有害物質の種類によって調査方法等が異なるため，調査対象物質の種類に応じて表2-4に示すような指定がある．

（1）　第一種特定有害物質（揮発性有機化合物）

第一種特定有害物質に対する試料採取等区画の設定は図2-9に示すとおりで，「全部対象区画」については該当区画のすべてが試料採取等の対象となり，

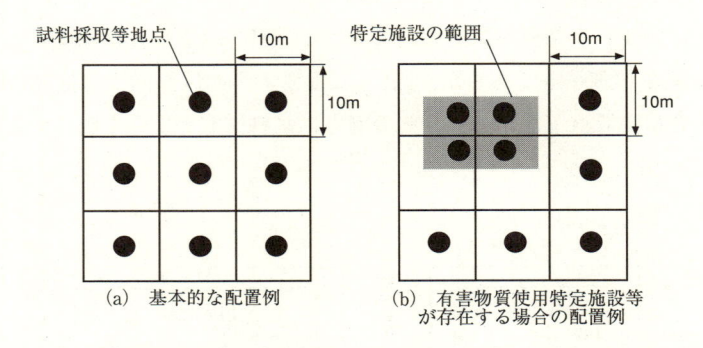

(a) 基本的な配置例

(b) 有害物質使用特定施設等が存在する場合の配置例

図2-8　特定施設が存在する区画における試料採取等地点の設定

表2-4　特定有害物質の種類と試料採取等の方法

特定有害物質の種類		第一種特定有害物質 （揮発性有機化合物）	第二種特定有害物質 （重金属等）	第三種特定有害物質 （農薬等）
試料採取の考え方	土壌汚染が存在するおそれのある土地	全部対象区画(10m格子)内より1地点		
	土壌汚染が存在するおそれの少ない土地	一部対象区画を含む30m格子内より1地点を選定(原則は中心区画)して試料採取	30m格子内の一部対象区画(最大5区画)から試料採取等を行い,複数試料均等混合法で分析試料を作成	
	土壌汚染が存在するおそれのない土地	調査の必要なし		
調査・試験方法		土壌ガス調査 ↓ 土壌溶出量試験 (ボーリング調査による)	土壌溶出量試験 土壌含有量試験	土壌溶出量試験

出典）　㈳土壌環境センター編：『土壌汚染対策法に基づく調査及び措置の技術的手法の解説』，2003年（一部加筆）．

「一部対象区画」については該当区画を含む30m格子の中心区画が試料採取等の対象となる．ただし，一部対象区画を含む30m格子の中心区画が調査対象外となる場合には30m格子内の一部対象区画より任意に試料採取等区画を設定する．なお，すべての区画が「全部対象区画」あるいは「一部対象区画」に該当しない場合は試料採取等の対象外となる（第二種，第三種特定有害物質の場合も同じ）．

（2） 第二種特定有害物質（重金属等）および第三種特定有害物質（農薬等）

第二種特定有害物質と第三種特定有害物質に対する試料採取等区画の設定は図2-10に示すとおりである．第一種特定有害物質と同様に「全部対象区画」については該当区画のすべてが試料採取等の対象となるが，「一部対象区画」については30m格子から最大5区画を選定して「複数地点均等混合法」による試料採取等を行うことになるが，30m格子内の一部対象区画の数が5区画以下の場合はすべての一部対象区画がその対象となる．

2.3　試料採取等

2.3.1　第一種特定有害物質（揮発性有機化合物）

第一種特定有害物質（揮発性有機化合物）は水に溶解することで地下水汚染を引き起こすことが多い[3]．このため，土対法では第一種特定有害物質を原因とする地下水等の飲用リスクを想定した土壌溶出量試験による評価を義務づけている．なお，第一種特定有害物質が揮発性物質であることを利用した土壌ガス調査は簡便かつ安価な費用で土壌汚染状況の確認が可能なため，その適用が推奨されている．

図2-11は第一種特定有害物質を対象とした土壌汚染状況調査の流れを示した

---

[3] 第一種特定有害物質の多くは粘性が低いため液状物質として土壌中に浸透する．また，土壌への吸着が少ないため，緊密な粘性土層（難透水層）などが存在しない場合は容易に地下水面に到達し，地下水汚染を発生させることが多い．

第Ⅰ部　土壌汚染対策法と調査・措置

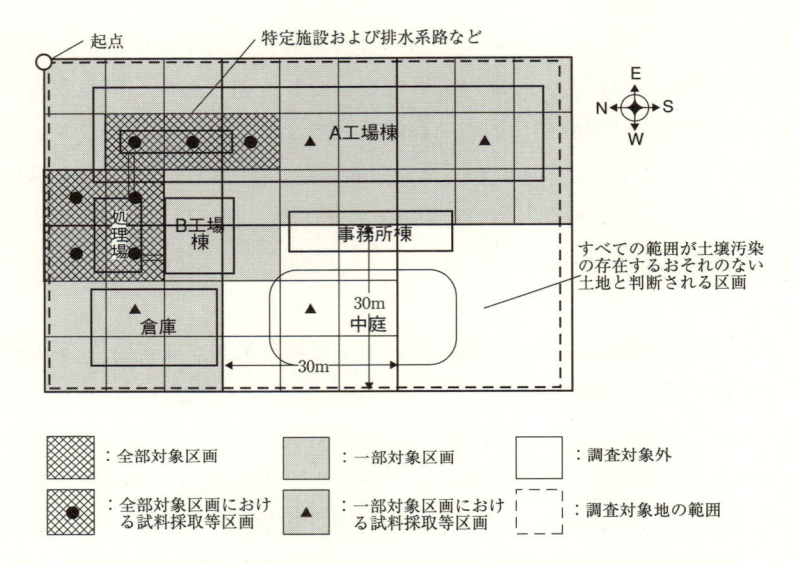

図2-9　第一種特定有害物質を対象とした試料採取等地点の設定方法

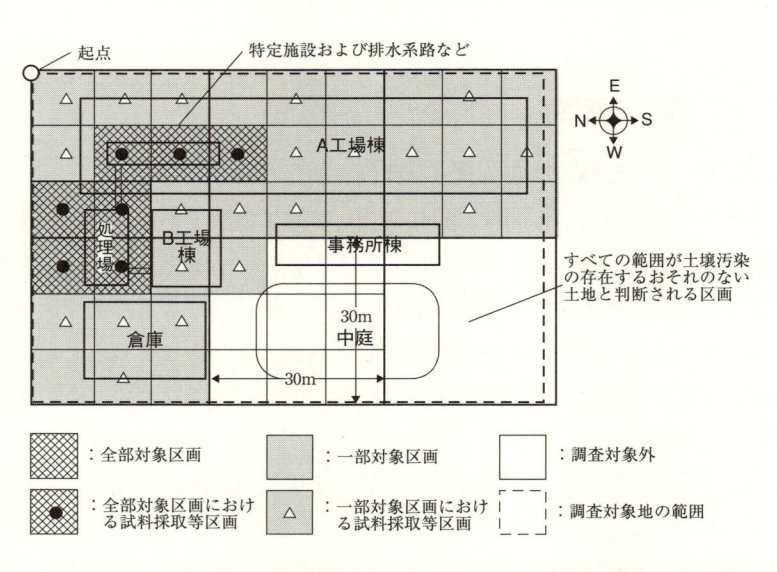

図2-10　第二種，第三種特定有害物質を対象とした試料採取等地点の設定方法

第2章 土壌汚染状況調査と措置

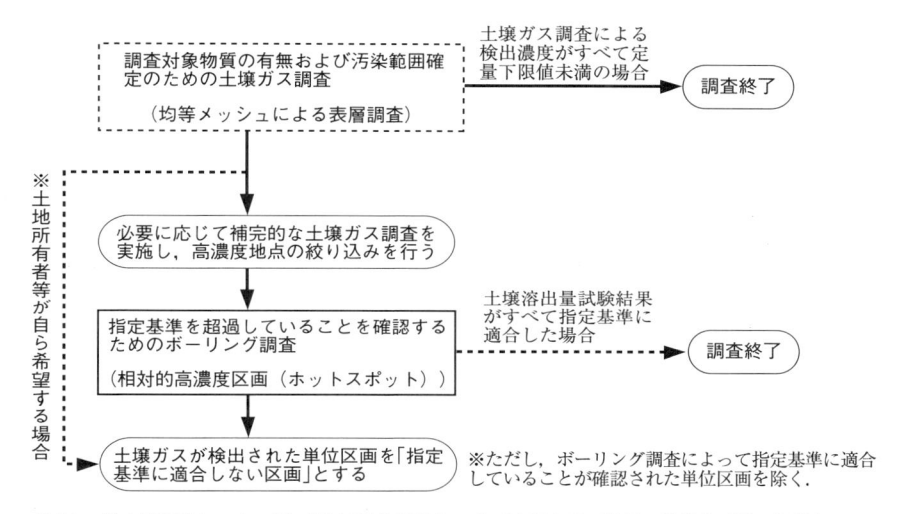

出典）㈳土壌環境センター編：『土壌汚染対策法に基づく調査及び措置の技術的手法の解説』, 2003年（一部加筆）.

図2-11 第一種特定有害物質に対する土壌汚染状況調査の流れ

もので，通常は土壌ガス調査によって土壌汚染の有無を確認し，調査対象物質が検出された場合には相対的な高濃度地点（以下，ホットスポット）の絞込みを行いボーリング調査による土壌試料採取を行う．

（1）土壌ガス調査

土壌ガス調査による試料採取等の実施方法は図2-12に示すとおりである．

揮発性をもつ第一種特定有害物質の場合，大気との直接的な交流のない地表面下0.8m〜1.0mの深度[4]から試料（ガス）採取を行うことで調査精度を均質に保つ必要がある．なお，土壌ガス採取にはさまざまな方法[5]が提唱されている

---

[4] 試料採取地点に特定施設等の地下構造物がある場合は，施設床面より0.8m〜1.0m深から試料採取を行うことが望ましい．しかし，安全上の問題などで施設内への立ち入りができない場合には施設側面など可能な限り施設に近い場所にて試料採取を行う必要がある．
[5] 土壌ガスの採取および分析の詳細については，㈳土壌環境センター編：『土壌汚染対策法に基づく調査及び措置の技術的手法の解説』, 2003年に詳しい解説がある．

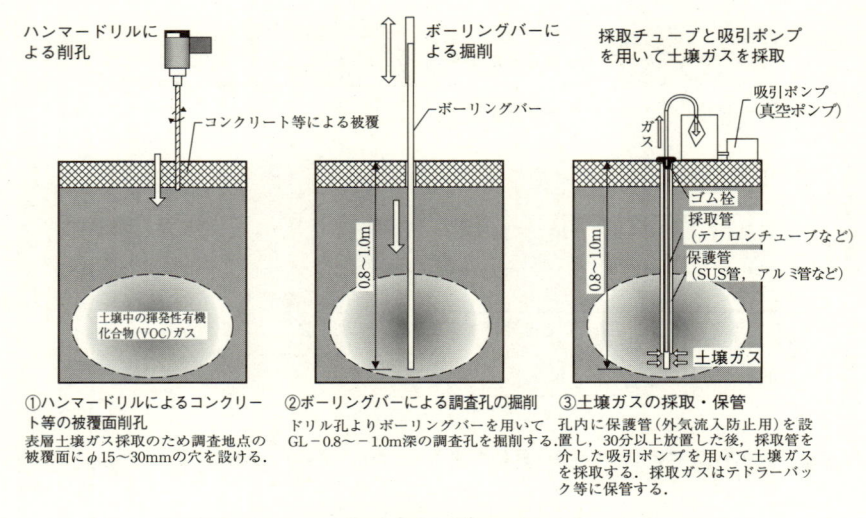

図2-12　土壌ガス調査における試料採取方法

が，試料採取の容易な試料バック法が最も用いられている．

　土壌ガス分析法については表2-5に示す分析機器を用いた方法が指定されている．調査の際は，これら分析機器の中から試料中に含まれる調査対象物質濃度の定量が可能で，かつ0.1volppm以下（ベンゼンのみ0.05volppm以下）の検出下限値を確保可能な方法を採用する必要がある．なお，測定場所については上記の分析精度が確保できる環境であれば屋内外のいずれにおいて実施してもよい．

（2）　土壌ガス採取が困難な場合の地下水調査

　調査対象地の地下水位が地表面下1.0mよりも浅く土壌ガス採取が行えない場合は，地表面下1.0mまでの掘削（採水が困難な場合，最大2.0m深まで）を行い，地下水等を採取・分析することで土壌ガス調査に代えることができる．地下水等の試料・分析については平成15年3月環境省告示第17号[6]に指定され

---

[6] 地下水試料の採取・分析については，㈳土壌環境センター編：『土壌汚染対策法に基づく調査及び措置の技術的手法の解説』，2003年，に詳しい解説がある．

第 2 章　土壌汚染状況調査と措置

表2-5　土壌ガス調査における分析機器と測定可能物質との関係

物　質 \ 分析器	GC-PID[1] 10.2eV	GC-PID[1] 11.7eV	GC-FID[2]	GC-ECD[3]	GC-ELCD[4]	GC-MS[5]
四塩化炭素	×	○	○	○	○	○
1,2-ジクロロエタン	×	○	○	○	○	○
1,1-ジクロロエチレン	○	○	○	○	○	○
シス-1,2-ジクロロエチレン	○	○	○	○	○	○
1,3-ジクロロプロペン	○	○	○	○	○	○
ジクロロメタン	×	○	○	○	○	○
テトラクロロエチレン	○	○	○	○	○	○
1,1,1-トリクロロエタン	×	○	○	○	○	○
1,1,2-トリクロロエタン	×	○	○	○	○	○
トリクロロエチレン	○	○	○	○	○	○
ベンゼン	○	○	○	×	×	○

注 1)　GC-PID：光イオン化検出器(UVランプ)を用いるガスクロマトグラフ法(UVランプの種類はこれ以外にもあり種類によって測定可能物質が異なる).
　 2)　GC-FID：水素イオン化検出器を用いるガスクロマトグラフ法
　 3)　GC-ECD：電子捕獲型検出器を用いるガスクロマトグラフ法
　 4)　GC-ELCD：電子伝導度検出器を用いるガスクロマトグラフ法
　 5)　GC-MS：ガスクロマトグラフ質量分析法
出典）　土壌環境センター編：『土壌汚染対策法に基づく調査及び措置の技術的手法の解説』，2003年（一部加筆）.

る方法によって行い，地下水環境基準に従って評価する必要がある．なお，地下水等の調査は土壌ガス調査が実施できない地点に限って行うため，調査対象地内に土壌ガス調査地点と地下水調査地点が混在しても問題はない．

（3）　ボーリング調査

　土壌ガス調査の結果，いずれかの試料採取等区画において土壌ガスが検出された場合（地下水試料の分析において地下水基準を超過した場合も同じ）には，ホットスポットを特定したうえでボーリング調査[7]を行うものとする．ホットスポットの判別を確実で容易に行うためには土壌ガス濃度区分図（区画単位の

---

7)　土地所有者等が土壌ガス調査結果のみで調査を終了することを自ら希望する場合は以降の調査を省略することができる．

濃度別階級区分）や等濃度線図（コンター図）を作成するとよい．判別の結果，ホットスポットが複数ある場合はそれらすべての地点においてボーリング調査を行う必要が生じる．土対法によるボーリング調査の仕様と調査時の留意点は表2-6に示すとおりである．

　ボーリング調査によって得られた土壌試料を分析する場合は，土壌溶出量試験によって行う必要がある．分析の結果，ボーリング調査を実施したすべての地点において調査対象物質の土壌溶出量値が指定基準に適合している場合には，当該調査対象地のすべての土地が当該特定有害物質については指定基準に適合したものとみなされる．一方，ボーリング調査を行った地点のいずれか1

表2-6　ボーリング調査仕様と調査時の留意点

項　目	仕　様	留意点など
調査深度	●原則として地表面下10mまで ※10m以浅に最初の帯水層底面（難透水層の上端）が確認された場合は同深度まで	地下水汚染が懸念される場合にはボーリング孔を使って観測井戸を設置する方がよい．
掘削方法	●ロータリーボーリング機あるいはこれと同等以上の掘削能力をもつ機材（例えば，SCSC，ジオプローブなど） ●原則として，無水掘り（地下水面より上位）もしくは清水掘り（同下位）とするが，掘削孔の保持等のためやむを得ない場合は泥水掘削を採用する．	土壌分析に必要な試料の量が十分に確保可能であること，土壌試料へのコンタミネーションを防止できる機材（あるいはサンプラーを装着可能なもの）を採用すること．
掘削口径	●通常φ40mm以上の掘削口径が必要 ※例えば，デニソンサンプラー（二重管式），トリプルサンプラー（三重管式），コアパック式サンプラーなど	上記と同様の理由で，試料をなるべく乱さないで採取可能なサンプリングチューブを採用すること．
試料採取および保管	●表層（5cm），0.5m，1m…10mまでの12深度より試料を採取する． ※10m以浅に帯水層底面が出現する場合は同面深度までを採取対象とする． ●採取試料はJIS K 0094の試料容器及び洗浄に準拠した容器を使用し，容器中にできるだけ空間を生じないよう試料を封入する． ●試料容器には地点名，採取深度，採取日時等の必要事項を記入し，0〜4℃を保持するよう保冷箱等を用いて保管・運搬を行う．	試料採取時にボーリングコアの観察を行い，帯水層底面(あるいは難透水層）の確認を行うこと． 保管・運搬時に試料を凍結させないこと
分析方法	●平成5年3月環境省告示第18号に規定される分析方法（土壌溶出量試験）	「土壌汚染対策法に基づく調査及び措置の技術的手法の解説」，Appendix-6を参照

地点でも指定基準に適合しない場合には，土壌ガスが検出された単位区画のすべてが指定基準に適合しない土地とみなされる．ただし，ボーリング調査による土壌溶出量試験の結果が指定基準に適合した単位区画については，指定基準に適合した土地とみなされる．

また，ホットスポットが複数認められ，いずれかの地点において指定基準に適合しなかった場合には，不適合となった時点で確認されている土壌ガスの検出区画のすべてを指定基準に適合しないとみなして，残りの地点のボーリング調査を省略することができる．ただし，土壌ガス調査は簡易調査であり，上記のような土壌ガス検出によって指定基準に適合しない土地とみなされた場合であっても，実際には土壌汚染が存在しない場合がある．そのため，ボーリング調査結果によらず指定基準に適合しない土地とみなした単位区画については，措置の実施に合わせて詳細調査（ボーリング調査）を行い，改めて指定基準に対する適合確認を行うべきである．

2.3.2　第二種特定有害物質（重金属等）および第三種特定有害物質（農薬等）

第二種，第三種特定有害物質を対象とした土壌汚染状況調査のフローは図2-13に示すとおりで，土壌調査による試料採取と分析（土壌溶出量試験と土壌含有量試験）を行うことで調査対象区画の指定基準への適合を確認する．なお，第三種特定有害物質を対象とする調査では，土壌分析の対象が土壌溶出量試験のみとなる．

（1）　土壌調査

第二種，第三種特定有害物質を対象とした土壌調査を行う場合，図2-14に示すように地表面（コンクリート等の被覆部分を除く）から5cmまでと地表面下5cm〜50cmまでの2区間より土壌試料を採取して等量（重量）ずつ混合する方法で試料採取を行うこととなる．

また，一部対象区画については30m格子を単位区画として調査を行うた

第Ⅰ部　土壌汚染対策法と調査・措置

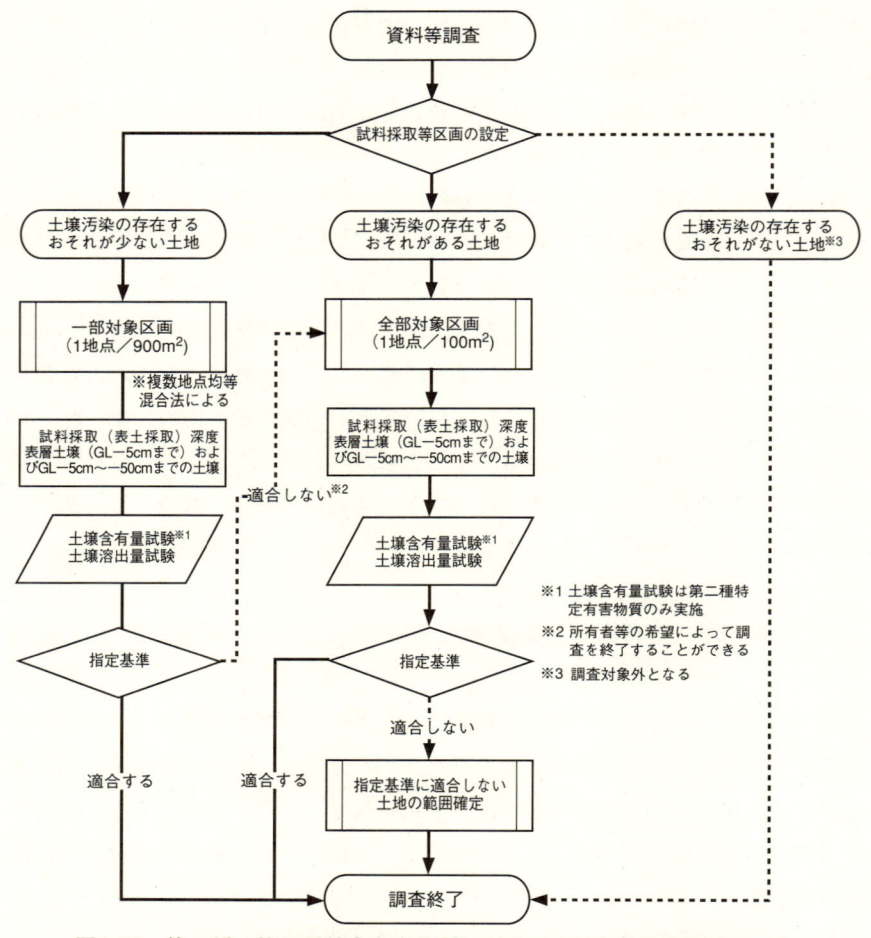

図2-13　第二種，第三種特定有害物質に対する土壌汚染状況調査の流れ

め，30m格子区画の中に複数の試料採取等地点が存在する場合がある．この場合，同一区画内の複数地点（最大5地点）より土壌試料を採取して「試料均等混合法」による試料作成[8]を行う必要がある．なお，試料作成にあたっては

---

8) 土壌調査における表土試料採取方法については，㈳土壌環境センター編：『土壌汚染対策法に基づく調査及び措置の技術的手法の解説』，2003年，に詳しい解説がある．

第 2 章　土壌汚染状況調査と措置

図2-14　土壌調査における試料採取方法

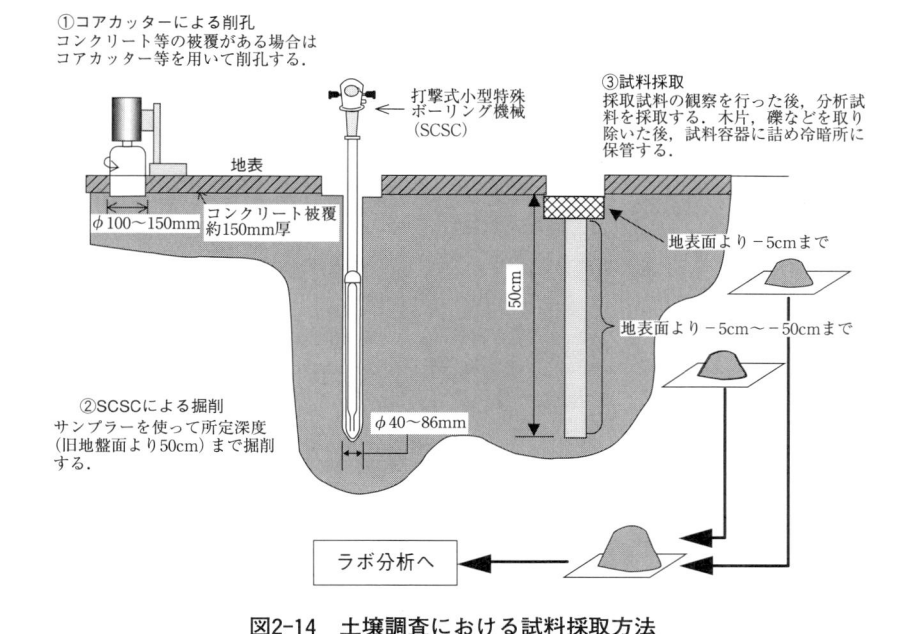

風乾後，2mm目の非金属製ふるいを使って木片や中小レキなどを取り除き，各試料を等量混合して1試料としなければならない．

（2）　土壌分析

前述のように，土壌試料分析は，土壌溶出量試験（第二種，第三種特定有害物質）と土壌含有量試験（第二種特定有害物質のみ）について行う必要がある．

土壌分析の結果，指定基準に適合しない単位区画が1つ以上確認された段階において土地所有者等が自ら希望する場合には，未調査の全部対象区画と一部対象区画のすべてを指定基準に適合しない単位区画とみなして，これら区画の調査を行わず調査を終了することができる．ただし，土壌分析によって指定基準に適合することがすでに確認されている単位区画については指定基準に適合した土地として「指定基準に適合しない土地」より除外することができる．

2.4　土壌汚染状況調査結果の報告

2.4.1　報告義務と時期

　土対法に基づく土壌汚染状況調査を行った場合，調査対象地の所有者等は後述の指定様式に従って調査結果報告を作成し，指定された期間内（第3条調査の場合，原則として特定施設の廃止等から120日以内）に都道府県知事等に報告する義務がある．また，自主調査として行われた調査の結果についても所有者等の判断に基づき任意に報告することができるが，この場合は土対法に従った調査が行われている必要がある．

　なお，自主調査において指定基準等に適合しない土壌汚染が確認され，かつ周辺地に対して地下水汚染を生ずるおそれのある場合（第4条に該当する場合）には都道府県知事等にその旨を報告することが望ましい．

2.4.2　報告内容

　土壌汚染状況調査の結果報告書には，表2-7に示した氏名，所在地，特定施設関係の届出事項記載事項などについて記載しておく必要がある．

2.4.3　指定区域と措置

　土壌汚染状況調査の結果に基づき，都道府県知事等が当該地の土壌が指定基準に適合しないと認めた場合，当該土地は指定区域に指定されるとともに汚染防止のために必要な措置の実施が求められる場合がある．

2.5　措置内容と措置の適用

2.5.1　措置命令と実施手順

　指定区域において汚染除去等の措置を実施する場合，措置命令を受けて実施する場合と，これを受けないで実施する場合[9]とがある．ここでは，措置命令を受けた場合の措置の実施に係る手順に従って解説を行う．措置命令を受けた

表2-7 土壌汚染状況調査結果報告書の作成例

様式第一（第一条第三項関係）

土壌汚染状況調査結果報告書

平成15年×月×日

　〇〇県知事　〇〇　〇〇　殿

報告者　〇〇県〇〇市〇〇町〇-〇-〇
〇〇株式会社
代表取締役社長　〇〇〇〇　印

　土壌汚染対策法第3条第1項本文の規定による調査を行ったので，同項の規定に基づき，次のとおり報告します．

工場または事業場の名称	〇〇株式会社〇〇工場
工場または事業場の敷地であった土地の所在地	〇〇県〇〇市〇〇町〇-〇-〇
使用が廃止された有害物質使用特定施設	
施設の種類	26-イ　洗浄施設 26-ロ　ろ過施設
施設の設置場所	別紙（1）に示すとおり
廃止年月日	平成15年〇〇月〇〇日
製造，使用または処理されていた特定有害物質の種類	鉛およびヒ素
土壌汚染状況調査の結果	別紙（2）に示すとおり
土壌汚染状況調査を行った指定調査機関の氏名または名称	△△株式会社 代表取締役社長　△△　△△

出典）㈳土壌環境センター編：『土壌汚染対策法に基づく調査及び措置の技術的手法の解説』，Appendix　12，2003年．

場合の措置の実施手順は図2-15に示すとおりである．

（1） 措置内容の決定

措置命令により措置を行う場合，施行規則第23条〜第26条に規定される措置を適用することが原則となる．措置内容の選択では，土壌汚染の状況に応じて技術的に適用可能な措置の中から必要以上に土地利用を制限せず，かつ必要以上に費用を要さないことに注意して行う必要がある．ただし，措置後の土地利用において形質変更等が頻繁に発生すると予想される場合には，これに応じた措置内容（例えば，汚染土壌の除去措置など）を選択するべきである．この際，都道府県知事等は措置実施者（汚染原因者および土地所有者等）から措置命令に関するヒアリングを行い，その希望等を確認した上で対象となる土地の汚染状況に技術的に適応可能な措置内容を決定することができる．

なお，措置命令を受けずに措置を行う場合は，措置実施者が技術的に適用可能な措置方法の中から適用する措置内容を決定することができる．

（2） 措置の実施期限

措置命令により措置を行う場合の実施期限は，措置の対象となる土地の面積，土壌汚染の状況，措置内容，措置実施者の費用負担能力および技術的能力を勘案したうえで設定される．

（3） 措置の実施

措置実施者は措置の実施に先立ち，必要に応じて土壌汚染範囲等の詳細確認を目的とした詳細調査を行うことができる．この場合，詳細調査の結果を含めた措置内容の再検討が必要となり，場合によっては措置方法の変更もあり得る．一方，措置内容に対する理解が不十分であり，誤った解釈に基づいて措置を実施した場合には措置の完了段階においてやり直しが求められる場合があ

---

9) 指定区域において措置命令を受けずに措置を実施する場合，土対法第9条に基づく形質変更の届け出が必要となる場合がある．

第2章 土壌汚染状況調査と措置

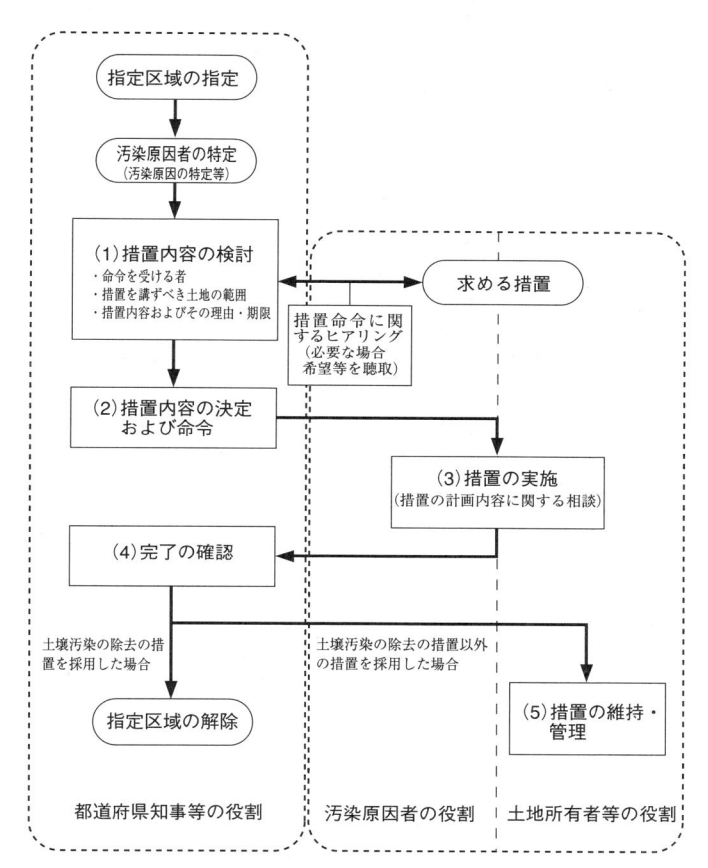

```
     ┌─────────────────┐
     │  指定区域の指定  │
     └─────────────────┘
              ↓
     ┌─────────────────┐
     │  汚染原因者の特定 │
     │  (汚染原因の特定等)│
     └─────────────────┘
              ↓
  ┌──────────────────┐        ┌──────────────┐
  │(1)措置内容の検討  │        │  求める措置   │
  │ ・命令を受ける者  │←──→    └──────────────┘
  │ ・措置を講ずべき土地の範囲│ 措置命令に関
  │ ・措置内容およびその理由・期限│ するヒアリング
  └──────────────────┘         (必要な場合
              ↓                 希望等を聴取)
  ┌──────────────────┐
  │(2)措置内容の決定  │─────────────┐
  │   および命令     │              │
  └──────────────────┘              ↓
              │            ┌──────────────────┐
              │            │ (3)措置の実施     │
              │            │ (措置の計画内容に関する相談)│
              │            └──────────────────┘
              ↓                     │
  ┌──────────────────┐              │
  │ (4)完了の確認    │←─────────────┘
  └──────────────────┘
       │         │
 土壌汚染の除去の措置  土壌汚染の除去の措置以外
 を採用した場合         の措置を採用した場合
       ↓         ↓               ↓
  ┌──────────┐              ┌──────────────┐
  │指定区域の解除│              │(5)措置の維持・│
  └──────────┘              │    管理      │
                             └──────────────┘

  都道府県知事等の役割   汚染原因者の役割   土地所有者等の役割
```

出典) ㈳土壌環境センター編：『土壌汚染対策法に基づく調査及び措置の
技術的手法の解説』，2003年．

図2-15 措置命令を行う場合の措置の実施手順

る．こうした事態を回避するためには，指定調査機関等の専門技術者の指導を受け措置に係る実施計画書を策定したうえで，都道府県知事等に相談・助言を求めることが望ましい．実施計画書には次の項目が記載されている必要がある．

- 土壌汚染状況調査の結果
- 詳細調査の結果（必要な場合）

- 措置の実施方法の詳細とその工程　※指定区域内から汚染土壌を搬出する場合は，環境大臣の定める方法によること
- 措置の実施中における管理方法
- 周辺環境の保全方法（周辺地への汚染拡散防止策など）
- 措置完了の確認方法
- 措置に係る記録の保管方法
- その他必要な事項

措置の実施において内容確認を行う場合は，表2-8に示すチェックリストを使用すると便利である．

（4）　措置の完了確認

措置実施者は，措置が完了した段階で完了報告書を作成し都道府県知事等に報告するべきである．また，完了報告書は措置内容の確認が可能な内容とし，計画に対する変更事項が生じた場合は，その理由についても記載しておくほうがよい．完了報告書の作成例を表2-9に示した．

（5）　汚染土壌の除去以外の措置を実施した土地の維持・管理

土壌汚染の除去措置を実施した場合は，完了報告後に都道府県知事等による措置完了確認が行われ指定区域より解除される．ただし，除去以外の措置を実施した場合は完了報告書に加えて措置効果の維持・管理のためのマニュアルを作成し，マニュアルに従って措置効果の維持・管理を継続して行うことで，自然災害等による不測の事態に備えておく方がよい．

2.6　直接摂取リスクに対する措置

直接摂取リスクとは，汚染土壌を直接的摂取することによって生ずる人の健康被害であり，「土壌含有量基準」に適合しない土地が措置の対象となる．直接摂取リスクを低減するための措置内容を大別すると次のようになる．

第2章　土壌汚染状況調査と措置

表2-8　措置の実施内容に関するチェックリスト

| 措置(工事)名： | | 措置工事実施期間： | | 措置実施者： | | 施工業者： | |

- (該当項目欄)では，該当となる項目に○を記入し，該当外の項目は×を記入する．
- (チェックリスト欄)では，書類もしくは現場等で確認した年月日，およびその内容がOKであれば□に✓を，不備がある場合には×を記入する．また，不備がある場合は指摘事項欄に指示した事項を記載する．
- 指摘事項に対して実施した措置に対して是正状況の確認を行った場合には，是正状況の確認欄に確認事項を記載する．

点検項目	点検内容(チェックの時期・回数)	該当事項	チェックリスト欄	指摘事項	是正状況の確認	備考
調査結果の確認	土壌汚染状況調査の結果は適切な内容となっているか．措置に係る調査の結果は適切な内容となっているか．		□ 年 月 日 □ 年 月 日	□ 年 月 日	□ 年 月 日	
措置内容	掘削しての現地内での浄化では汚染物質が分離・分解され指定基準以下となったものであるか．不溶化土壌でないことを確認したか．		□ 年 月 日	□ 年 月 日	□ 年 月 日	
	措置の実施計画書に毒物・劇物の使用を原則禁ずることを明記しているか．また，措置の実施中に計画書に記載のない毒物・劇物を使用していないことを確認したか．		□ 年 月 日	□ 年 月 日	□ 年 月 日	
	地下水観測井戸を設置した場所が指定区域内であることを確認したか．		□ 年 月 日	□ 年 月 日	□ 年 月 日	
	汚染土壌を搬出する場合には，書類を以て搬出先が搬出許可条件に適合しているかを確認したか．		□ 年 月 日	□ 年 月 日	□ 年 月 日	
	環境大臣の定める方法の処分先であるか．また，環境大臣の定める方法で確認がされているか(汚染土壌管理票の運用)．		□ 年 月 日	□ 年 月 日	□ 年 月 日	
工事工程	工事管理は適切か．		□ 年 月 日	□ 年 月 日	□ 年 月 日	
周辺環境保全方法	周辺環境への汚染の拡散防止方法は適切な内容となっているか．		□ 年 月 日	□ 年 月 日	□ 年 月 日	
措置完了確認方法	ボーリング調査等によって汚染土壌の範囲(平面，深度方向)を確認したか．		□ 年 月 日	□ 年 月 日	□ 年 月 日	
	汚染土壌の掘削除去が確実に行われたかを確認できる工事図面，分析結果証明書(濃度計量証明書)，現地立ち入り確認書類等があるか．		□ 年 月 日	□ 年 月 日	□ 年 月 日	
	指定区域に設置した観測井戸を対象に，環境大臣が定める方法によって年4回以上の定期モニタリングが実施され，地下水汚染のない状況が2年間継続しているか(ただし，指定基準以下の段階で掘削除去を実施した場合は年1回の地下水質モニタリング実施で可)．		□ 年 月 日	□ 年 月 日	□ 年 月 日	
	掘削土壌が「汚染土壌の適正な処分法」に定められた施設以外に搬出されていないことが確認できるか．		□ 年 月 日	□ 年 月 日	□ 年 月 日	
	汚染土壌搬出の際，「汚染土壌の適切な処分方法」に定められた周辺環境への配慮が実施され，これを確認する工事図面，写真，処理報告書，汚染土管理表，分析結果証明書(濃度計量証明書)，現地立ち入り確認書類等があるか．		□ 年 月 日	□ 年 月 日	□ 年 月 日	
措置記録の保管方法	措置に係る記録の保管方法は適切な内容となっているか．		□ 年 月 日	□ 年 月 日	□ 年 月 日	
その他必要な事項			□ 年 月 日	□ 年 月 日	□ 年 月 日	

出典)　土壌環境センター編：『土壌汚染対策法に基づく調査及び措置の技術的手法の解説』，Appendix-11「確認表」，2003年（一部加筆）．

表2-9　措置完了報告書の作成例

措置完了報告書

平成　年　月　日

都道府県知事（市長）　殿

　　　　　報告者　氏名または名称および住所ならびに
　　　　　　　　　法人にあってはその代表者の氏名　　　　印

土壌汚染対策法の規定により，措置を完了しましたので下記のとおり報告いたします．

記

工場または事業場の名称			
工場または事業場の敷地であった所在地（指定区域台帳番号）			（　　　　）
措置対策の開始日および終了日			開始日：平成　　年　月　日 終了日：平成　　年　月　日
対策の概要			
対策対象の汚染土壌の状況			別紙1　（詳細調査の結果，平面図，断面図，対策を実施した土壌量）
措置完了の確認調査結果	浄化措置	□掘削除去	添付資料1　掘削除去後の底面，側面の分析結果の一覧と濃度計量証明書 添付資料2　モニタリング結果
		□原位置浄化	添付資料1　措置済みの土壌分析結果の一覧と濃度計量証明書 添付資料2　モニタリング結果
	浄化措置以外	□覆土・盛土・封じ込め等	添付資料1　覆土・盛土・封じ込め等を行う構造物の設計が，計画に従った強度および機能を有することを証明するための資料 添付資料2　モニタリング結果〔封じ込め〕
		□立入禁止	添付資料1　写真，図面
		□不溶化	添付資料1　措置済み土壌の分析結果の一覧と濃度計量証明書 添付資料2　モニタリング結果
対策期間中の周辺環境保全対策			別紙2　実際に実施した環境対策と，大気の分析等により周辺への汚染土壌の飛散の有無について確認調査等を行った場合はその結果
その他の資料			◎現場写真等 ◎指定区域外に汚染土壌の搬出があった場合には，環境大臣が定める方法による汚染土管理票と処分先での処理報告書あるいは産業廃棄物があった場合には産業廃棄物マニフェスト

出典）　土壌環境センター編：『土壌汚染対策法に基づく調査及び措置の技術的手法の解説』，Appendix 12，2003年．

- 暴露管理（人が汚染土壌に接触する機会の抑制）
- 暴露経路遮断（汚染土壌あるいは土壌中の特定有害物質の移動抑制）
- 土壌汚染除去（汚染土壌からの特定有害物質の分離・分解）

表2-10 直接摂取リスクに対する措置方法の適用

措置グループ	具体的措置	措置に対する土地利用方法	具体的ケース	命令が行われる場合
立入禁止	同左	当面土地利用をしない場合	未利用地（遊休地）	措置実施者が希望する場合（当該措置による費用が盛土その他の措置による費用を超えない場合に限る）にこの措置が命じられる．
舗装	舗装あるいは土以外で覆う措置	全面舗装が可能な駐車場，商業用地などの場合	全面舗装型道路，駐車場，商用地など	
盛土	同左	都市公園，戸建て住宅など土壌露出の多い土地利用の場合	都市公園，戸建て住宅，マンション，運動場，学校用地など	通常，直接摂取リスクに対する措置方法としてこの措置が命じられる．
土壌入換え（指定区域内外）	同左	現状において，住宅として供用されている建築物があり，地表面を50cm高くすることによって日常の生活に著しい支障を及ぼすおそれがあると認められる場合		左記の場合，あるいは汚染原因者および土地所有者等がともに希望する場合に盛土に代えてこの措置が命じられる．
汚染土壌除去	掘削除去 原位置浄化	遊園地など乳幼児等が利用する遊戯施設であって，土地の形質の変更が頻繁に行われることによって盛土や土壌入換え措置による効果の確保に問題があると判断される場合		左記の場合，あるいは汚染原因者および土地所有者等がともに希望する場合に盛土，土壌入れ替えなどの措置に代えてこの措置が命じられる．

　直接摂取リスクに対して原則的に適用される措置は暴露経路遮断を目的とした「盛土」となる．しかし，調査時点において土壌含有量基準のみが指定基準を超過している汚染土壌であっても，土壌環境の変化（例えばpH変化）によって土壌溶出量基準を超過する可能性がある場合には，将来的な土壌環境の変化を考慮した措置方法の選択が望ましい．また，高濃度の土壌汚染が存在している場合も盛土の損壊によって周辺環境に著しい影響を及ぼす可能性があるため同様な配慮が必要である．このほか，対象となる土壌汚染が土壌含有量基準のほか土壌溶出量基準についても適合しない場合は，地下水等の飲用リスクに対する措置との併用が必要となる場合がある．これら直接摂取リスクに対する措置の適用についてまとめると表2-10のようになる．

2.7　地下水等の飲用リスクに対する措置

　地下水等の飲用リスクに対する措置とは，土壌溶出量基準に適合しない汚染土壌に対して行う措置であり，土壌汚染に起因する地下水汚染によって地下水

等の飲用リスクが生じることを防止することがその目的となる．したがって，汚染土壌からの特定有害物質の溶出防止，あるいはすでに発生している地下水汚染の拡散防止など，汚染水の飲用などにつながる暴露経路が遮断可能な措置がその対象となる．なお，現時点において対象地の土壌汚染に起因する地下水汚染が認められない場合は，原則として「地下水質の測定」が措置方法として適用される．地下水等の飲用リスクに対する措置方法には次のような方法が指定されている．

- 不溶化措置
- 原位置封じ込め措置
- 遮水工封じ込め措置
- 遮断工封じ込め措置（第一種特定有害物質には適用不可）
- 原位置不溶化措置（第二種特定有害物質に限る）
- 不溶化埋め戻し措置（第二種特定有害物質に限る）
- 掘削除去措置
- 原位置浄化措置

このうち，原位置封じ込め措置，遮水工封じ込め措置，原位置不溶化措置および不溶化埋め戻し措置を適用する場合は当該汚染土壌が第二溶出量基準（環境庁指針における溶出基準Ⅱ）に適合していることが条件となる．地下水等の摂取リスクに対する措置方法についてまとめると表2-11のようになる．

なお，同表に示した措置方法には対象地，周辺地の地質・地下水状況などによって適用が制限される場合がある．例えば，汚染土壌の原位置封じ込め措置を行う場合の難透水層の問題（出現深度や層厚）などである．そのため，措置方法の選択を行う場合は各措置の技術基準と適用条件についてあらかじめ確認し，技術的，経済的な有効性について検証しておく必要がある．

表2-11　地下水等の摂取リスクに対する措置方法の適用[1]

特定有害物質の種類 適用する措置	第一種特定有害物質 (揮発性有機化合物) 第二溶出量基準[2]		第二種特定有害物質 (重金属等) 第二溶出量基準[2]		第三種特定有害物質 (農薬等) 第二溶出量基準[2]	
	適合	不適合	適合	不適合	適合	不適合
原位置不溶化・不溶化後埋め戻し	×	×	●	×	×	×
原位置封じ込め	◎	×	◎	◎[3]	◎	×
遮水工封じ込め	○	×	○	○[3]	○	×
遮断工封じ込め	×	×	○	○	○	◎
汚染土壌の掘削除去	○	◎	○	◎	○	◎

注1)　表中記号の凡例は次のとおり．◎：原則として命ずる措置／○：土地所有者と汚染原因者の双方が希望する場合に命ずることができる措置／●：土地所有者が希望した場合に命ずることができる措置／×：技術的に適用不可能な措置
　2)　「第二溶出基準」とは，土壌溶出量基準の10～30倍に相当するものである（施行規則第24条および同別表第4）．
　3)　汚染土壌を不溶化することで第二溶出量基準に適合させたうえで実施することが必要となる．
出典)　㈳土壌環境センター編：『土壌汚染対策法に基づく調査及び措置の技術的手法の解説』，2003年．

2.8　詳細調査

　措置方法の検討あるいは措置計画の策定に際して，措置命令を受けた土地における詳細調査を行い汚染土壌の存在する範囲を確認することが必要な場合がある．土対法では，こうした措置の計画・実施にかかわる調査を「詳細調査」と呼んでいる．

　土壌汚染状況調査は，原則として10m格子で区分された単位区画ごとに汚染状況を確認するため，指定区域もこの単位区画ごとに指定される．したがって，土地所有者等の選択によって試料採取等を実施せずに指定区域に指定されている場合などを除き，詳細調査では汚染土壌の平面方向の分布に対して新たな調査を行う必要はない．

　措置方法と詳細調査における深度方向調査との関係は表2-12に示すとおりで，同表にも示したように地下水等の飲用リスク防止に対する措置と汚染土壌

表2-12 措置方法別リスク別に見た深度方向調査の必要性

措　置	直接摂取リスク	地下水等の飲用リスク
地下水の水質測定	―	×
土壌汚染の除去	○	○
原位置封じ込め	―	△（汚染の確認と不透水層の確認）
遮水工封じ込め	―	○
原位置不溶化	―	○
不溶化埋め戻し	―	○
遮断工封じ込め	―	○
指定区域内土壌入替え	△（一定量の非汚染土壌の確保）	―
指定区域外土壌入れ替え	×	―
盛土	×	―
舗装	×	―
立入禁止	×	―

注）○：必要，△：場合により必要，×：不必要，―：適用外
出典）㈳土壌環境センター編：『土壌汚染対策法に基づく調査及び措置の技術的手法の解説』，2003年．

の掘削除去措置を行う場合には，ボーリング調査等による深度方向の汚染状況の確認が必要である．

なお，原位置封じ込め措置を行う場合，すでに難透水層の深度・層厚が確認され，汚染土壌が第二溶出量基準に適合していることが確認されている場合は深度方向に対する調査は不要となる．

2．9　汚染土壌の外部搬出

汚染土壌の掘削除去措置あるいは土地の形質変更などによって汚染土壌を指定区域外に持ち出す場合は，環境大臣が定める汚染土壌の処分方法に従って適切に処分しなければならない．なお，不溶化等の措置において一時的に指定区域外に持ち出し，処理後埋め戻す場合はその限りではない．

実際に汚染土壌を外部搬出する場合は，当該汚染土壌の区分を表2-13に示す搬出する汚染土壌の処分方法[10]から選択し，図2-16に示す汚染土管理票システム[11]に示される手順に従って処分を行い，「搬出汚染土壌確認報告書」を用いて適切に処分された旨を都道府県知事等に報告する必要がある．

なお，汚染土管理票ならびに搬出汚染土壌確認報告書は当該処分が終了した日より5年間保管しなければならない．また，汚染土管理票の作成から90日以

表2-13 搬出する汚染土壌の処分方法

		処分場[1]			埋立場所[2]			汚染土壌浄化施設での処理[1]	セメント等の原材料として利用
		遮断型	管理型(一般・産業廃棄物)	安定型[3]	遮断型	管理型処分場相当[3]	安定型[3]		
第一種特定有害物質	第二溶出基準不適合	×	×	×	×	×	×	都道府県知事等が認めたもの	都道府県知事等が認めたセメント製造施設等
	第二溶出基準適合土壌溶出基準不適合	×	○	×	○	○	×		
第二種特定有害物質	第二溶出基準不適合	○	×	×	○	×	×		
	第二溶出基準適合土壌溶出基準不適合	○	○	×	○	○	×		
	土壌溶出基準適合土壌含有量基準不適合	○	○	○	○	○	○		
	第二溶出基準適合[4]海洋汚染防止法判定基準不適合	○	○[5]	×	×	×	×		
第三種特定有害物質	第二溶出基準不適合	×	○	×	○	○	×		
	第二溶出基準適合土壌溶出基準不適合	×	○	×	○	○	×		

注1) 「処分場」は廃棄物処理法の最終処分場を指す．
 2) 「埋立場所」は海洋汚染防止法の埋立場所を指す．
 3) 「安定型」，「管理型処分場相当」は処分場・埋立場所の所在地・区域を管轄する都道府県知事等が認めたものに限る．
 4) 「海洋汚染防止法判定基準」は海洋汚染防止法施行令第5条第1項に規定する埋立場所等に排出しようとする金属等を含む廃棄物に係る判定基準を定める省令．
 5) 海洋汚染防止法の埋立場所を除く．
出典) ㈳日本土木工業協会編：『汚染土壌の取り扱いについて』，2003年（一部加筆）．

---

10) 汚染土壌の区分，処分方法の詳細については「搬出する汚染土壌の処分方法」（平成15年3月，環境省告示第20号）を参照．
11) 汚染土管理票の記載事項および同票管理等に関する規定の詳細については「搬出する汚染土壌の処分に係る確認方法」（平成15年3月，環境省告示第21号）および「搬出土壌管理票制度の運用について」（平成15年5月，環水土発第030514002号）を参照．

内に汚染土壌の処分が終了しない場合は，30日以内に運搬あるいは処分が終了していない旨を指定様式に従って作成したうえで都道府県知事等に報告しなければならない．

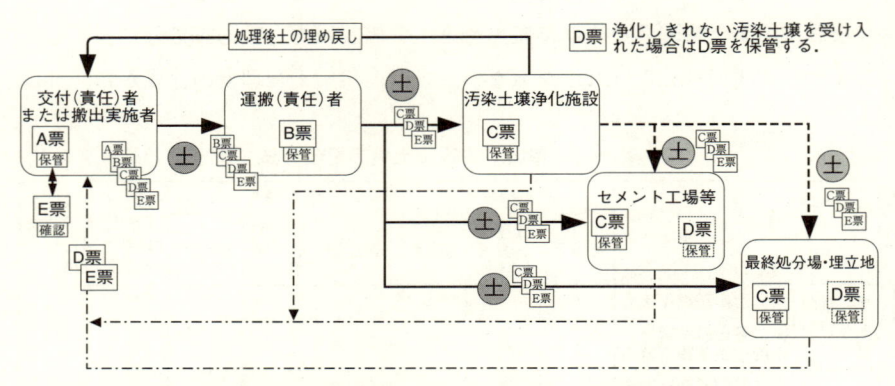

出典）環境省：『搬出汚染土壌管理票のしくみ』，2003年（一部簡略化）．

図2-16 汚染土管理票システムによる汚染土壌処分の流れ

第 II 部

浄化・修復技術の適用と最新技術

3　浄化・修復技術の種類と適用条件

　第Ⅱ部では浄化・修復技術に関して現在普及している個別の技術を紹介する．しかし，現状ではあまりにも多くの技術開発がなされており，派生した技術やハイブリッド技術などを考えると，どの技術を採用すべきであるのが明確にならない．

　そこで3章では，多くの技術を「汚染物質」，「汚染状況」および「用地環境」の3つの視点から鳥瞰し，浄化・修復技術の選択の道筋をつけようとするものである．当然ながら3つの視点から分類された技術は三次元的なマトリックスとなり，これに費用や対策にかかる時間，行政や地域住民などとの関係などを考慮すると，かなりむずかしい選択を強いられることは容易に予測される．本章が汚染対策にあたっての技術的な判断基準のよりどころ，あるいは判断の道筋の案内書になれば幸いである．

3.1　浄化・修復技術の種類

3.1.1　汚染物質の種類による区分

　「何が汚染物質か？」は重要な問題である．狭義には環境基準の定められた27項目とダイオキシン類となるが，この他にも石油類なども汚染物質として対策が取られる例は多い．欧米では石油類やこれに含まれる多環芳香族化合物（PAH）が規制対象物質となっており，今のところ日本のみが石油類の規制を行っていない．

　汚染物質は図3-1のように分類することができる．物理化学的性質からは大きく無機物と有機物に2別される．無機物は揮発性物質と不揮発性物質，水溶性物質と難水溶性物質などに分類することができる．ただし，重金属などではイオンの価数や他の物質との反応（共沈殿など）により性質が変わることがある．有機物は揮発性物質と不揮発性物質，難生物分解性物質と易生物分解性物

第Ⅱ部　浄化・修復技術の適用と最新技術

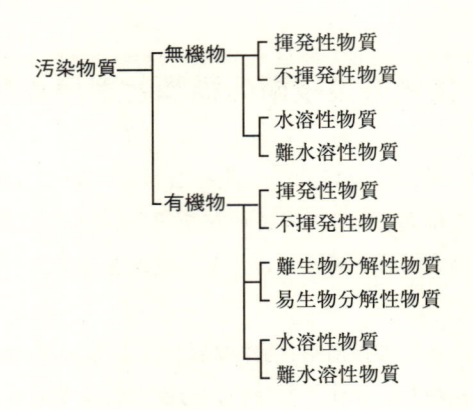

```
汚染物質─┬─無機物─┬─揮発性物質
        │        └─不揮発性物質
        │        ┌─水溶性物質
        │        └─難水溶性物質
        └─有機物─┬─揮発性物質
                 ├─不揮発性物質
                 ├─難生物分解性物質
                 ├─易生物分解性物質
                 ├─水溶性物質
                 └─難水溶性物質
```

図3-1　汚染物質の物理化学的性質による分類例

質，水溶性物質と難水溶性物質などに分類することができる．これらの分類は浄化・修復技術の選択のみならず，調査・分析においても重要な性質が反映されている．

この他，物質の用途によって農薬，有機溶媒などに分類することもできるが，調査や対策の面からはあまり有効性を認めない．

（1）　無機物に対する浄化・修復技術

無機物は主に重金属などの金属類とシアンである．大きな特徴としてシアン以外は，どんな処理をしても分解しないことが挙げられる．したがって，対策としては封じ込め，除去（または回収），固化しかない．いずれにせよ汚染物質をまとめて移動し保管するか，環境影響のない状態にして監視するしか方法がないのである．水銀や砒素は還元して気化させる方法があるが，大気放出して無限希釈するわけにはいかない．また，六価クロムのように価数を変えてしまえば，毒性のなくなる物質もあるが，いつまでも無毒なまま存在する保証はなく，やはり監視が不可欠となる．シアンは唯一，微生物分解される物質であり，*Pseudomonas* 属細菌などによりアンモニアを経て無毒化される．

封じ込めの技術の1つは汚染土壌のうえに十分な（50cm以上）盛り土を行

う方法である．日本での適応例は意外と古く，足尾銅山問題のときに汚染水田に適応されている．不溶化も封じ込めの代表的な技術である．酸化・還元反応や吸着単体（ゼオライトなど）を用いて，金属を水に溶けない状態にする．しかし，封じ込めには，「再溶出するのでは？」という不安がつきまとう．完璧な施工はもちろんであるが，新法にもあるように定期的な監視（モニタリング）を行うことが不可欠である．

　除去の技術は主に鉱山の精錬技術の応用である．酸化・還元反応を利用した金属のイオン化（溶解）と選択的沈殿を組み合わせて土壌や排水より目的の金属を取り除く．その他にも，金属が土壌粒子や石の表面に吸着していることに着目した洗浄と分級の組み合わせ技術や金属イオンが電気的性質を有することを利用して，直流電流による移動を応用した電気泳動法もある．しかし，物理化学的な反応速度は目的物質の濃度に依存するため，一般的に低濃度になるほど効率は低下する．低濃度の金属を除去する方法としてはイオン交換樹脂のような新素材を使う方法や植物の根の吸収能力を利用したファイトレメディエーションなどがある．

　固化法は不溶化法と同様な技術思想であるが，固めて他の場所に保管する点がやや異なる．高電圧により土壌を融解してガラス化してしまう方法やセメントなどで固化する方法がある．汚染が集中して存在する場合には有効であるが，広範囲にわたって汚染が分散している場合には費用が増加することが予想される．また，固化した土壌などをどこで保管するのかも問題となる．

（2）　有機物に対する浄化・修復技術

　有機物は無機物と異なり最終的には二酸化炭素，水などに完全無機化，無毒化することができる．無論，封じ込め，除去（または回収），固化の各方法も利用することができる（封じ込めと固化技術は基本的に無機物のものと同様なので，ここでは省略するが，一点だけ有機物の封じ込めには活性炭が有効であることをここに記しておく）．

　汚染物質が液体状態であるのであれば，直接汲み上げて回収するのが最も手

軽な方法である．しかし，最終的には土壌に吸着した分は回収できなくなるので，他の方法に頼らざるを得ない．

　有機物の除去は主に抽出（洗浄）と揮発（ガス化）である．目的物質が揮発性物質である場合には，熱やバブリングあるいは真空状態により揮発させて除去し，活性炭などの吸着担体を用いて回収することができる．主に地下水中の揮発性有機化合物を対象として技術開発がなされており，効率を高めるための多くの工夫が見られる．除去－回収した汚染物質は別の方法で無毒化するか，保管する必要があるのはいうまでもない．

　目的物質が不揮発性物質である場合には，溶解しやすい溶媒（有機溶媒あるいは水）で土壌を洗浄し，目的物質を除去－回収することができる．原理的には地下水などにも応用が可能であるが，液－液抽出は効率が低く，乳化してしまうなどの問題点があり，実用的ではないと考えられる．

　一般的に有機物は水よりも有機溶媒に溶けやすいため，洗浄液としては有機溶媒が選択される．このため洗浄後の土壌などには有機溶媒が残存することになる．用いる有機溶媒を吟味しないと新たな汚染を生じさせる結果にもなりかねないので，十分な注意が必要である．海外では重質油の汚染を軽油で洗浄した例などがある．これは重質油よりも軽油の方が生物分解されやすく，総合的な環境負荷が低減できると考えるためである．ただし，引火性の強い溶媒などを扱う場合には作業の安全性にも注意が必要である．

　水を溶媒としてわずかながらでも溶解する有機物を回収しようとする方法もある．溶媒に無毒な水を用いる点が優れた方法であるが，抽出効率が低いため対策に長時間を費やす欠点がある．揮発性有機化合物などで適応例があるが，浄化よりも汚染の拡大防止に重点を置いた対策のように思われる．

　水を溶媒として乳化剤（界面活性剤）を添加して土壌洗浄を行うことも提案されている．どのような乳化剤（界面活性剤）を用いるのかが重要であり，洗浄効率，後処理（水処理）への影響，残存する乳化剤（界面活性剤）の環境影響などを考慮する必要がある．

　有機物は熱や化学反応（酸化，還元，分解，水和など）により完全分解され，

無毒化される．最も手軽なのは焼却（熱分解）であり，基本的には水と二酸化炭素にまで無機化される．セメントキルンを用いた汚染土壌の燃焼処理は高温で熱分解し，残渣をセメントクリンカとして再利用する方法である．ただし，目的物質の濃度が低いと燃焼効率が悪くなり，補助燃料や触媒の添加が必要となる．触媒を用いた熱分解はダイオキシン類やPCB類に適応されている．移動式（車載式）のロータリーキルンなども海外では提案されているが，日本での稼動には道路交通法や消防法などへの対応や市街地で高温を出すことへの理解など解決すべき問題がある．

紫外線や過酸化物（過酸化水素やオゾンなど）を用いた酸化反応もPCB類などに適応されている．これらの技術単独で完全分解することはむずかしいようであるが，目的物質を部分的に分解し，その後の微生物処理などの反応速度を早くする効果が期待できる．ただし，大量の汚染土壌などに対しては装置構成が大きくなり，費用が増大する可能性もある．

還元反応を用いた浄化方法に鉄粉を用いた揮発性有機化合物の分解がある．これは単体の鉄が酸化される際に揮発性有機化合物を還元して，脱塩素反応が起こることを利用している．順次脱塩素されて生じる最終産物は微生物的に完全分解されると考えられている．

有機物の多くは生物分解（主に微生物分解）を受けることが知られている．ダイオキシン類やPCB類でも条件さえ整えば微生物分解が起こる．しかし，一方で生物毒性を有する物質も多く，生物毒性と生物分解性のバランスで難生物分解性物質と易生物分解性物質が決定される．また，生物反応（酵素反応）は反応速度が単純に物質濃度に依存しない．図3-2のように低濃度域では反応速度は物質濃度に依存するが，高濃度域では反応速度が頭打ちになり，場合によっては反応速度が低下する（反応が阻害される）．したがって，同じ物質でも高濃度の場合と低濃度の場合では異なる性質を有するようになる．一般的には低濃度の場合，生物分解は速やかに進行し，高濃度になると分解反応が遅くなる傾向にある．

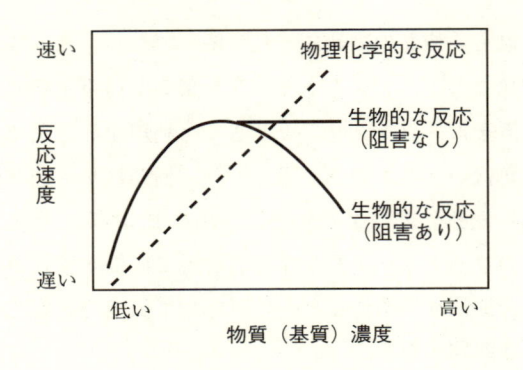

図3-2　生物的な反応と物質濃度

3.1.2　汚染状況による区分

　汚染状況は汚染物質の「濃度」と「分布」で決定される．分布には「広い－狭い」，「浅い－深い」，「掘削可能場所－掘削不可能場所」が考えられる．
　「高濃度－低濃度」や「広い－狭い」はあくまでも定性的なものであり，汚染物質の種類などでその具体的な値は変わってくる．例えば高濃度と低濃度の境界は生物処理が可能か否かで決定され，広範囲の汚染と狭い範囲の汚染の境界線は処理費用で決定される．
　一般的には，汚染濃度が高い場合には物理化学的な方法が有効である．物理化学的な方法では反応速度が単純に濃度に依存するからである．逆に濃度が低い場合には封じ込めや不溶化あるいは生物処理（バイオレメディエーションやファイトレメディエーション）が費用対効果（コストパフォーマンス）に優れた方法である．

（1）　高濃度で狭い汚染に対する浄化・修復技術

　最も汚染濃度が高い場合は汚染物質が溜まっている状態であるから，直接汲み上げるのが最も簡単で有効な方法である．土壌等に汚染物質が吸着している場合でも，濃度が高く汚染範囲が狭い（汚染土壌量が少ない）ならば抽出や燃焼などの方法が有効である．

高濃度汚染の場合は，汚染の拡大を防ぐために応急処置をなるべく速やかに行うことが重要である．封じ込めや不溶化は高濃度汚染の場合は不溶化剤を大量に用いる必要や再溶出の危険性が考えられるが，汚染範囲が狭い場合には，応急処置として有効である．この際にも完璧な施工と十分な監視が必要なのはいうまでもない．

（2） 低濃度で広い汚染に対する浄化・修復技術

一般的に物理化学的な方法は汚染範囲が広くなる（汚染土壌量が増加する）と，ほぼ比例して費用が増加する傾向がある．さらに目的物質の濃度が低くなると効率が下がるため低濃度で広い汚染には不向きである．この点，生物処理は薬品や機器をほとんど使わないことや，むしろ低濃度で反応速度が速いことなどの理由から優れた方法といえる．ただし，絶対的な反応速度は決して速くないので，浄化に時間がかかる点は注意すべきである．また，温度や反応阻害物質の存在などの影響を受けやすい点も普及が進まない要因の1つである．

封じ込めや不溶化も汚染範囲が広くなる（汚染土壌量が増加する）と，ほぼ比例して費用が増加する傾向があるが，他の方法と比べて基本単価が安価なため広範囲に及ぶ汚染でも十分に魅力ある方法である．特に汚染濃度が低い場合には再溶出の可能性も低く，不溶化剤などの添加量も少なくて済むなどの利点がある．

（3） 高濃度で広い汚染あるいは低濃度で狭い汚染に対する浄化・修復技術

高濃度で広い汚染においては封じ込めや不溶化あるいは生物処理が適応できない．したがって，物理化学的な方法を選択するしかない．費用が増大するが，スケールメリットで処理単価を安くするように努力するしかない．

低濃度で狭い汚染については，いかなる方法であってもあまり効果や費用の差がでないと考えられる．対策の緊急性や用地利用などの他の要因が対策方法選択の根拠となる．

(4) 特殊な場所の汚染に対する浄化・修復技術

いかなる方法であっても汚染土壌や地下水を掘り上げて処理することが望ましい．特に焼却や抽出などの物理化学的方法では掘削が不可欠である．しかし，極めて深い汚染や建物の下にある汚染など，掘削が不可能な場合も少なくない．また，掘削は可能であるが，地域住民などの関係で掘削できない場合もあり得る．このような場合には，汚染濃度や汚染範囲にかかわらず，掘削なしで施工可能な方法を選択せざるを得ない．掘削しない（汚染物質を移動させない）で行う浄化・修復技術を原位置処理法と呼ぶ．

掘削をしないで汚染を浄化・修復するには①汚染物質をその場所で分解する，あるいは②汚染物質を気体あるいは液体として汲み上げて処理する，の2つの方法が考えられる．①はまさしく原位置処理法であるが，②は厳密な意味では原位置処理法ではない，むしろ現場処理法である．

汚染物質をその場所で分解する方法には生物処理や反応薬品を注入する方法がある．地下深部での有機塩素系化合物による汚染の対策に適応例がある．生物処理の場合の酸素（空気）や栄養塩，反応薬品（鉄粉や過酸化物など）を汚染物質のある場所にいかに注入するかに多くの工夫がなされている．建物の下などの場合には水平井戸を用いた方法なども試みられている．生物処理の場合，酸素（空気）の供給が困難であることが多く，嫌気状態（酸素のない状態）で分解反応を行う微生物の利用も行われている．

汚染物質を気体あるいは液体として汲み上げることができれば，他の多くの方法との組み合わせが可能となるが，問題は汲み上げの効率である．地下水を汲み上げる方法が一般的で，主に揮発性の高い汚染物質に試みられているが，効率が良くなく浄化に長い期間がかかることが多い．建物の下などの場合には水平井戸を用いた方法なども試みられている．

3.1.3 用地環境による区分

用地環境には「現状の用地環境」と「将来（浄化後）の用地環境」の2つの観点がある．また，用地環境には土地の利用方法や人の立ち入り頻度などを考

慮した分類が必要であるが，ここでは単純化するために「市街地」，「農地」，「工業地域」，「山林」に区分する．市街地は多くの人が生活する場所であり，不特定多数の人が立ち入る可能性がある．ここでは商業地も市街地に含めることとする．農地は食糧生産の場所あり，比較的限られた特定の人が立ち入る地域である．工業地域は多くの化学物質を扱う場所であり，化学物質に関する情報や知識を有する比較的限られた特定の人が立ち入る地域である．山林は食糧生産の場ではなく，極めて限られた特定の人が立ち入る地域である．

(1) 現状の用地環境を考慮した浄化・修復技術

多くの場合，汚染は工業地域で発生する．これは汚染の原因となる化学物質を大量に扱う場所であるためと考えられる．しかし，市街地に隣接した工場などもあり，市街地で汚染が発生することもある．農地や山林で発生する汚染は，不法投棄や自然由来の汚染の表面化など特殊なものが考えられる．

浄化・修復技術を選択するにあたっては，まずその方法が周辺環境や地域住民にどのような影響を与えるのかを検討することが必要である．騒音，臭気，振動なども考慮すべき点であるが，外からの無関係な人の侵入（故意，偶然にかかわらず）にも配慮が必要である．無関係な人の侵入が事故を招くこともあり得るからである．一般的には問題となる土地にどのような人がどの程度の人数立ち入る（生活する）か等に留意すべきである．

市街地は多くの人が生活する場所であり，不特定多数の人が立ち入る可能性があり，特に十分な配慮が必要となる．わずかな振動や騒音などでも長期間にわたって生活する地域住民にとってはたいへんな苦痛になることがある．また，土壌汚染などに関する十分な知識がない場合には予想外に強い不安と不信を抱くことも多い．対策に入る前には，特に十分なリスクコミュニケーション（12章参照）が不可欠である．

市街地の場合，浄化のための機器や重機，トラックなどの搬入にも配慮が必要となる．特に土壌を搬出する場合には，周辺の道路状況を考慮して1日当り（1時間当り）の走行トラック数を決定する必要がある．

工業地域は多くの化学物質を扱う場所であり，化学物質に関する情報や知識を有する比較的限られた特定の人が立ち入る地域と考えられる．周辺の道路状況もトラックなどの大型車が日常的に通行するように配慮されていることが多い．振動や騒音も市街地に比べてバックグランド値が高く，一般に夜間人口は少ないので市街地ほどの注意は不要である．また，市街地に比べて立ち入る人は化学物質や汚染に関する知識や情報を有していることも予想される．

工業地域の多くは過去の埋立て地であったり，工場跡地であったりする場合が多い．このような場合には，現所有者が取り扱っていない物質による汚染が残っている場合もあり，汚染調査においては注意することが必要である．

農地や山林は比較的限られた特定の人が立ち入る地域である．特に山林は場所によっては人跡未踏に近い場合もある．振動や騒音，外からの無関係な人の侵入など人に起因する問題は起こりにくいが，浄化のための機器や重機，トラックなどを搬入する道路が整備されていないことが多い．また，電気，水道などのユーティリティーがない場合も多く，浄化装置によっては十分な時間稼動できないこともあり得る．

（2） 将来（浄化後）の用地環境を考慮した浄化・修復技術

浄化終了後の用地環境（土地の用途）は浄化対策の方法を選択するうえで極めて重要である．

市街地になる場合は最も慎重な対応が必要となる．市街地は多くの人が生活し不特定多数の人が立ち入るため，浄化対策に不備があった場合には健康被害が広範囲に及ぶからである．さらに公園や庭などの土壌がそのまま剥き出しになっている場所も多く，土壌の直接摂取（皮膚からの摂取や粉塵としての吸引など）の可能性も高くなる．また，市街地の土地は資産価値も高く，土壌汚染によって価値が下がる可能性もある．新法では，封じ込め対策をとっても指定地域の指定が外れない．指定地域であることは土地取引上の重要案件であるので，対策方法の選択にあたってはこの点も十分に考慮する必要がある．

以上のような観点から市街地になる土地の浄化・修復には十分な盛り土やコ

ンクリート被覆を用いた封じ込めや汚染物質の除去あるいは分解を行うことが望ましい．

　農地になる場合は土地のほとんどが剥き出しになっており，土壌の直接摂取の可能性は極めて高くなる．さらに食糧生産を通じて汚染が一般消費者に拡大する可能性もある．封じ込めや不溶化の場合には耕作する土壌深さの検討や作物による金属類の積極的な取り込みなども考慮すべきである．

　工業地域になる場合は建物の建設やコンクリートやアスファルト舗装などにより剥き出しの土地は少なくなることが予想され，土壌の直接摂取の可能性は低くなる．また，人の工業地域での滞在時間も市街地などよりは少ないため，暴露時間も短くなる．しかし，予期せぬ掘削や工事で地下深くの土壌が露出することも考えられるため，封じ込めや不溶化の場合には，その施工の状態を土地所有者に十分に説明する必要がある．また，市街地と同様に土壌汚染によって土地の資産価値が下がる可能性もある．対策方法の選択にあたってはこの点についても考慮する必要がある．

　山林は極めて限られた特定の人が立ち入る地域である．したがって，汚染が移動・拡散しなければ封じ込めや不溶化を行い，十分な監視を続ける対策がもっとも経済的であると考えられる．しかし，場合によっては水源地に影響するようなこともあり，この場合には十分な対策（除去，分解を含む）が必要となる．

3.2　適応技術の選択方法

　以上述べたように適応技術を選択するプロセスにはたいへん複雑な要因が絡み合っている．すべての要因を満足する解答はおそらく存在しない．しかし，いくつかの方針を挙げることは可能である．

3.2.1　環境リスクの最小化
　汚染対策の第一方針はやはり「環境リスクの最小化」に置くことが望ましい．

前述したように，現代では「法律さえ守れば」という立場はすでに時代遅れであり，「より進んだ環境対策」を企業活動の1つの柱とすべき時代である．

この観点に立つと比較的容易に浄化方針を立案することができる．複合汚染に対しても「最も深刻な（リスクの大きい）汚染」に標準を定めることで，対策方法を選択することが容易になる．また，この観点に立つことで，むやみに掘削除去をせずに封じ込めを行うという選択が可能となり，結果として費用も削減することになるのである．例えば，工業地域で環境基準の2倍の鉛が地下3メートルの場所で発見された場合を考えよう．浄化後の跡地はマンションで地下はコンクリート被覆の車庫，地上部分にはわずかな公園を残すのみの計画であれば，封じ込めで十分である．どう考えてもマンション住民が将来にわたって地下3メートルまで土壌を掘削する可能性は皆無に近い．汚染土壌を掘削して場外搬出する場合の作業員に対する直接摂取のリスクや輸送中の事故などで汚染土壌が拡散するリスクなどを考慮すると封じ込めの方が「環境リスクが小さい」と考えられるのである．

3.2.2 費用の最小化

企業の使命が「利益の追求」である以上，また，資本主義社会である以上，汚染対策も経済活動の1つである．したがって，費用対効果（コストパフォーマンス）を最大にする努力は必要である．

しかし，なすべき対策を怠って費用を軽減することは問題外である．汚染状況（汚染濃度，汚染土壌量など）を正確に把握し，最適な方法を選択することによって費用対効果を最大にすべきである．このためには，十分な汚染調査と対策技術に対する十分な理解が不可欠である．汚染調査会社，汚染対策会社あるいは環境コンサルタント会社などに丸投げの状態では費用対効果を最大にすることは不可能である．汚染原因者が最初から最後まで責任をもって関係者と協議し，対処することが望まれる．

3.2.3　関係者との協議と合意

　汚染原因者が「環境リスクの最小化」と考えた方法でも他者から見れば間違っていることも十分に考えられる．前述したように適応技術を選択するプロセスにはたいへん複雑な要因が絡み合っており，すべての要因を満足する解答はおそらく存在しないからである．企業も社会の一員であり，良き市民でなくてはならない．この観点に立つとやはり関係者（行政および地域住民）と汚染原因者である企業が汚染対策工事に入る前から情報を交換し合い，対策方針について協議し合意を得るプロセスが重要となる．詳細は12章に譲るが，些細なことで地域住民の反対にあい浄化対策ができなくなる可能性も否定できない．一度かけ違えたボタンは，かけ直すのに多大な労力と時間と費用を払わなければならない．「費用対効果の最大」の観点からもリスクコミュニケーションは重要である．

【参考文献】

[１]　A. N. Glazer, H. Nikaido（斎藤日向ら共訳）:『微生物バイオテクノロジー』，培風館，1996年，417-418ページ．

4　揮発性有機化合物による土壌・地下水汚染の浄化・修復技術

4.1　揚水法

4.1.1　揚水曝気法

（1）揚水曝気法の概要

　揚水曝気法は汚染地下水を揚水し，揚水した汚染地下水から曝気処理により揮発性有機化合物(VOC)を除去，回収する方法である．地下水の揚水曝気法の概要図を図4-1に示す．

　揚水曝気法は揮発性有機化合物による汚染地下水の浄化方法として，設備が簡易でメンテナンスが容易であるので，早い時期から多くの汚染サイトで採用されてきた経緯がある．また，揚水法は浄化だけでなく汚染地下水の下流側への拡散を防止するバリアとして実施されることも多い．

　一般的に揚水曝気法といわれる方法の揚水法は，飽和帯の地下水を揚水する

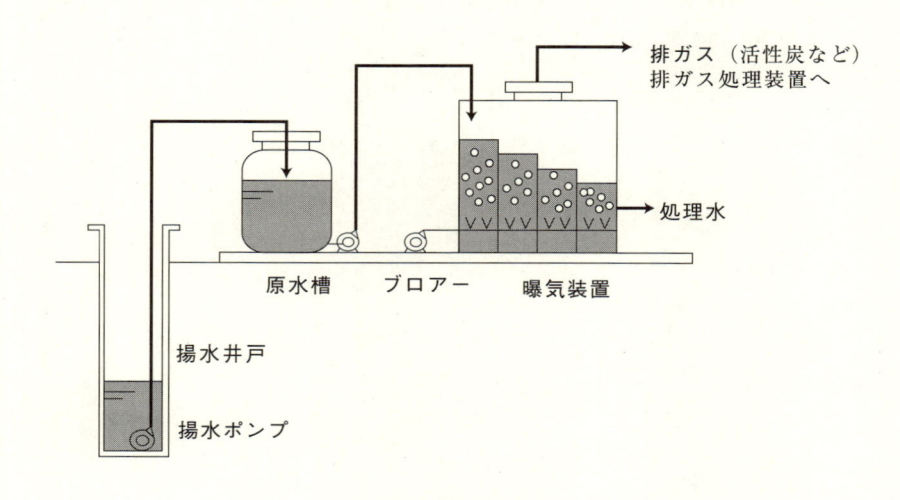

図4-1　地下水揚水曝気法

ための垂直の井戸を設置し，井戸に集まる地下水を揚水ポンプによって地上に揚水することである．曝気法は汚染地下水から揮発性有機化合物を除去するために，地下水を曝気して揮発性有機化合物を揮発させて気相中に分離する方法である．揚水曝気の目的が浄化用またはバリア用であるかにより，井戸の配置，揚水量の設計は異なる．地上の曝気処理法は，空気吹き込み式，充填塔式，段塔式などがあるが，原理的には同じである．気相中に分離された揮発性有機化合物は活性炭に吸着させることにより処理されることが多い．

（2） 揚水曝気法の適用範囲

揚水曝気法には次のような特徴があり，その特徴を考慮して，汚染サイトへの適用可否を決定する必要である．

① 対象地盤は飽和帯(土粒子の間が地下水で満たされている土壌帯)である．
② 対象物は揮発性有機化合物汚染地下水であり，土壌に対しての浄化効果は限定的である．
③ 浄化深度は揚水井戸と揚水ポンプが設置可能であれば制限はない．
④ 汚染濃度は特に制限はないが，低い濃度では回収効率が低く，汚染濃度がある程度高い地下水への適用が効率的である．特に地下水環境基準基準に近づくと濃度低下は極めて遅い．
⑤ 周囲状況は揚水井戸や揚水ポンプの設置に問題がなければ制限はない．大量の地下水を汲み上げる場合には，地盤沈下や下流側の地下水位低下による影響を注意する必要がある．
⑥ 浄化期間は一般的には長くなり短期間（数年以内）で地下水環境基準までの浄化は困難である．

（3） 揚水井戸の配置設計

汚染地下水の挙動のシミュレーションは種々のものが提案されているが，それらの予測法を利用して，実汚染サイトでの汚染地下水の挙動を予測すると，シュミレーション結果と実際の挙動が一致しない場合も多くある．その理由

は，土質や地下水流の不均一性，土粒子と汚染物質の相互作用，汚染物質の物性，気相と液相間の物質移動などがモデル式に十分反映できないためと思われる．

しかし，実際に揚水曝気法により汚染浄化や汚染の敷地外流出防止を行う場合には，汚染地下水の流動に関するモデル式に基づく予測によって井戸の配置や揚水量を決定することになる．そのため，現地の土質，地下水流向流速などの調査を十分に行い，予測精度を向上させることが重要である．さらに，予測と実際の挙動を比較監視するために地下水中や土壌中の汚染物質のモニタリングを行い，実際の挙動と予測が異なる場合には井戸の配置や揚水量を修正する必要がある．

揮発性有機化合物汚染地下水を揚水法によって浄化している実施例は多くあるが，この方法のみで地下水環境基準まで浄化が完了した例は少ないと思われる．その理由は，揚水曝気法では，高濃度の間は汚染物質の量的回収効率が高いが，濃度が低下してくると量的回収効率が低下し，浄化期間が現実的でなくなるからである．

揚水井戸は汚染の垂直分布を考慮してストレーナの開口部を決定し，開口部以外の非汚染域への地下水移動が起こらないようにシーリングを完全に行っておく必要がある．揚水井戸の代わりに，地下水位低下のために使われるウェルポイント工法（地下水位の低下を図るためウェルポイントと呼ばれる集水装置を揚水管とともに地下水面下に打込み，真空ポンプで地下水を吸引する方法（土木用語大事典））によって揚水を行い，地上に揚水した汚染地下水を曝気処理している例もある．この方法では，ウェルポイント工法により高濃度の汚染を短期間で他の浄化工法を適用できる汚染濃度まで下げることに成功している．

（4） 揚水曝気法の改良と適用事例

揚水曝気法では，地盤中からの量的回収効率向上させるために最適化が行われており，揚水井戸の配置や運転パターンが検討されている．揚水曝気法は単独では，不飽和帯の浄化ができないうえ，地下水環境基準までの浄化がむずか

しい場合も多いので，エアースパージング法（詳細は4．3節）など他の工法と組み合わせるなどの工夫が行われている．また，曝気処理についても曝気する気泡を小さくするなど装置の改良が行われている．

1) CAT工法の概要

揚水曝気法を改良した方法での実汚染サイト適用事例に沿って，実際の揚水曝気法の浄化工事概要を述べる．揚水曝気法の改良工法のCAT工法(Carbonic Acid Treatment)は土壌中に炭酸水（炭酸濃度500～2000ppm）を通水することにより原位置で揮発性有機化合物の回収効率を高める工法として開発された．汚染された地盤に注水井戸と揚水井戸を配置し，注水井戸から炭酸水または水を注水し，同時に揚水井戸から地下水の揚水を行う．炭酸水（炭酸濃度500～2000ppm）が有効な理由として，

① 炭酸が土壌表面をわずかに浸食して揮発性有機化合物を土粒子から脱離しやすくする．
② 疎水性の物質である揮発性有機化合物が炭酸の気泡に付着し，地盤中を移動しやすくする

が挙げられる．

施工方法として炭酸水と水を交互に注水する方法（パルス法）を採用し，実際の汚染サイトで炭酸水と水の注水時間の比率を換えることで，最適なVOC除去促進効果を示す炭酸水添加条件について検討を行った．

2) サイトの概要

某工場敷地内で，テトラクロロエチレン(PCE)，トリクロロエチレン(TCE)，シス-1，2-ジクロロエチレン(cis-1，2-DCE)，1，1-ジクロロエチレン(1，1-DCE)による汚染が判明した．調査の結果，当該地質はGL-0～-4mがローム層で，GL-4～-14mが粘土と砂の互層（第一帯水層），GL-14～-24mが砂層（第二帯水層），GL-24m以深が粘土層（難透水層）を形成しており，地下水位はGL-4mであった．汚染は土壌・地下水ともにGL

－4～－24mの地下水位以深の飽和層に広範に分布している．地下水および土壌ボーリングによる，TCEとPCEの地下水濃度および溶出量値の調査結果をそれぞれ表4-1，表4-2に示す．土壌，地下水汚染ともに敷地内に広範に分布していることが判明した．

工事は操業中の工場内で限られた工期内に浄化しなければならないという制約条件のため，建屋等が支障となり，掘削等大規模な対策を講じることはできない．そこで，オンサイトで土地の形質の変更を必要としない揚水曝気法の改良法であるCAT工法を適用した．サイトの平面図と揚・注水井戸配置を図4-2に示す．

CAT工法は揚・注水井戸および曝気槽，砂ろ過槽，活性炭吸着槽からなる水処理設備で構成されている．井戸配置は，対象エリアの周囲に注水井戸（ϕ＝350または50㎜，L＝25m）を設け，内側は効果的に浄化するために，ほぼ10～20mピッチで揚・注水兼用井戸（ϕ＝350㎜，L＝25m）と注水井戸（ϕ＝50㎜，L＝25m）を千鳥に配置した．水処理設備は2系統からなり，最大処理水量は6800m^3/日である．

表4-1 地下水濃度調査結果

ストレーナー深度	ブロック	Aブロック		Bブロック		Cブロック	
GL－4m ～－24m	TCE	2.43mg/L	基準の81倍	1.4mg/L	基準の47倍	0.72mg/L	基準の24倍
	PCE	0.7mg/L	基準の71倍	0.61mg/L	基準の61倍	0.27mg/L	基準の27倍

表4-2 土壌溶出量値調査結果

深度	土質	ブロック	Aブロック		Bブロック		Cブロック	
GL－0m ～－4m	ローム	TCE	0.03mg/L	基準の1倍	0.16mg/L	基準の5倍	0.04mg/L	基準の1倍
		PCE	0mg/L	－	0mg/L	－	0mg/L	－
GL－4m ～－14m	粘土・砂の互層	TCE	0.82mg/L	基準の27倍	0.34mg/L	基準の11倍	0.24mg/L	基準の8倍
		PCE	0.13mg/L	基準の13倍	2.06mg/L	基準の206倍	0.13mg/L	基準の13倍
GL－14m ～－24m	砂	TCE	0.46mg/L	基準の15倍	0.21mg/L	基準の7倍	0.38mg/L	基準の13倍
		PCE	0.14mg/L	基準の14倍	0.21mg/L	基準の21倍	0mg/L	－

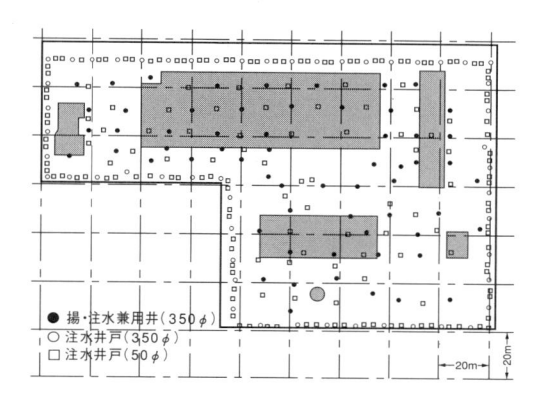

第4章　揮発性有機化合物による土壌・地下水汚染の浄化・修復技術

図4-2　サイトの概要

3）　炭酸水添加条件

　炭酸水添加時の初期全炭酸濃度は2000mg/Lとした．炭酸水の添加パターンは施工期間中，試行錯誤的に変更し，表4-3の5ケースについて実施した．添加パターン①では炭酸水を使用せず，水のみで運転を行った．その後，添加パターン②～⑤では炭酸水と水を表4-3に示す条件に切り換えて運転を行った．

4）　揚水された汚染地下水の汚染濃度変化

　プラント1日当たりの揚水量（＝処理水量）は日々の変動はあるものの，全期間を通じて平均約3200m³/dayであった．図4-3にTCEおよびPCEの積算回収量を示す．最終的には，TCEが累計約500kg，PCEが約180kg回収された．

表4-3　炭酸水添加パターン

添加パターン	添加日数	パルス			1日当りの炭酸水添加時間	1日当りのパルス回数
		炭酸水	水	炭酸水：水		
①	15	0 hr	24hr	0：1	0 hr/day	0
②	33	24hr	24hr	1：1	12hr/day	0.5
③	13	6 hr	6 hr	1：1	12hr/day	2
④	15	3 hr	3 hr	1：1	12hr/day	4
⑤	29	3 hr	9 hr	1：3	6 hr/day	2

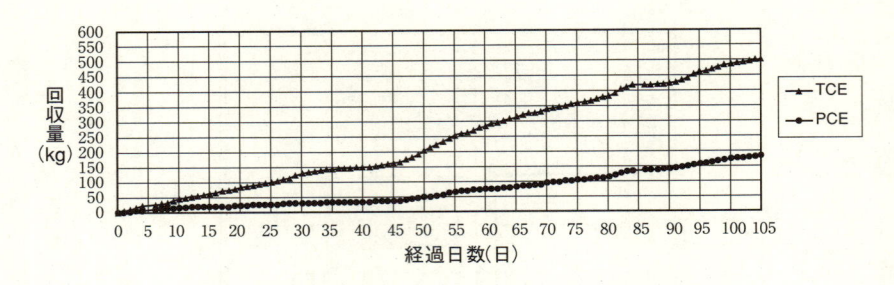

第Ⅱ部　浄化・修復技術の適用と最新技術

図4-3　TCE および PCE 積算回収量の経日変化

また，添加パターン②から③への切り換え後では回収量が増加している．

5)　添加パターンと原水 VOC 濃度の関係

添加パターン①〜⑤の原水中の VOC 濃度の平均値と標準誤差を表4-4に示す．ここで，各物質ごとに一元配置分散分析を行った結果，すべての物質に対してパルス法による CAT 工法の VOC 除去促進効果が確認された（$p<0.01$）（表4-4）．図4-4に添加パターン①の原水濃度を基準としたときの原水濃度比の累積グラフを示す．

図4-4に添加パターン①の原水濃度を基準としたときの原水濃度比の累積グラフを示す．添加パターン①の各物質の平均濃度を C①とし，他の添加パターンでの各物質平均濃度を C として，その濃度比を比較した．

表4-4　各添加パターン毎の各物質の原水濃度（平均値±標準誤差）

添加パターン	1,1-DCE 平均値	標準誤差	cis-1,2-DCE 平均値	標準誤差	TCE 平均値	標準誤差	PCE 平均値	標準誤差
①	0.05	±0.009	0.41	±0.030	1.12	±0.109	0.32	±0.032
②	0.05	±0.005	0.39	±0.014	1.17	±0.073	0.22	±0.015
③	0.13	±0.016	0.57	±0.046	2.08	±0.155	0.64	±0.078
④	0.06	±0.006	0.38	±0.024	1.37	±0.132	0.60	±0.071
⑤	0.05	±0.005	0.38	±0.033	1.65	±0.141	0.93	±0.079
一元配置分散分析結果	**		**		**		**	

注）　*：$p<0.05$，**$p<0.01$

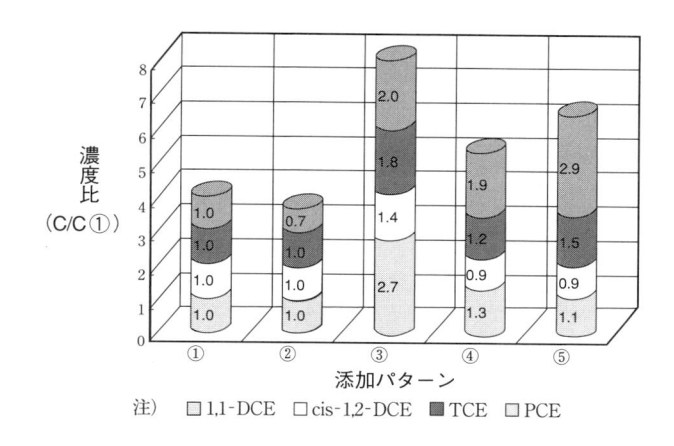

第4章 揮発性有機化合物による土壌・地下水汚染の浄化・修復技術

図4-4 添加パターン①を基準とした原水濃度比の累積グラフ

炭酸水のパルス法による効果としては，
① 添加パターン③，④，⑤ではパルス法によるVOC除去促進効果が見られた．
② 添加パターン③の場合は，対照（パターン①）に比べ，累積合計は約2倍の効果があった．
③ 添加パターン②では，対照（パターン①）と比べて効果は認められなかった．

この適用事例では炭酸水と水を交互に注水するパルス法によるVOCの除去促進効果が認められた．それぞれの添加パターンが同一の条件下で行われたものではないため，定量的にパルス回数，炭酸水添加時間，物質毎の効果について結論を下すことはできない．ただし，サイト毎の個別の条件にはよるものの，パルス回数や炭酸水の添加時間によって最適な炭酸水添加条件の存在が示唆され，一概にパルス回数や炭酸水の添加時間を増やせばより効果的であるとは言えないことがわかった．当初，対象エリアは環境基準の25倍以上の汚染で大半が占められていたが，CAT工法施工後，そのほとんどが10倍以下の低濃度の汚染範囲となった．

CAT工法運転期間中（0～105日）の濃度変化を詳細に見ると，運転開始後，VOC濃度はいったん上昇する傾向にあり，揚水および炭酸水の効果により土壌に吸着したVOCが洗い出され，土壌から地下水へと汚染が供給され，地下水のVOC濃度が上昇したものと推定される．その後VOCは地下水へと供給され続けるが，ある時点で供給量が減少し，場所によっては濃度低下が始まったと推定される．

　また，本適用例のように非常に広範な範囲におそらくホットスポットが点在し，広く汚染が拡散しているサイトでは，現実的には土壌中の汚染状況を完全に把握することはむずかしい．揚水曝気法においては，ホットスポットが多く点在し，その位置が明確でない場合には，地下水の汚染物質濃度低下に長期間を要し，浄化期間の予測が成り立たない．しかし，工期の制約条件がなければ，揚水曝気法実施中に汚染状況の変化を把握し，揚水井戸の配置や揚水量を修正し，浄化を継続することも可能である．したがって，揚水曝気法を施工する場合には，汚染状況の変化に応じて運転のパターンを変更できるように工期的な余裕をもって施工する必要がある．

4.1.2　水平井戸対策
（1）技術の概要

　揮発性有機化合物（VOC）は機械部品等の油脂洗浄剤や原料として使用されており，現在も操業中の工場建屋下などの土壌や地下水から検出される場合が多い．このため，工場設備が障害となって，最適な位置でのボーリング調査や揚水井戸の設置ができない場合がある．こうした，問題を解決する方法として，水平井戸設置技術がある．水平井戸設置技術とは，地下埋設管設置技術を利用して，地上から斜めに掘削を進め，必要な深度において掘削方向を水平に変換し，任意の位置に水平井戸を設置するという技術である．

　なお，地すべり地の水抜き用管を設置するときに用いる横ボーリングを用いても水平井戸の設置は可能であるが，掘進中に掘進角度を変えることができないので，機械を設置するために水平区間深度までの立坑が必要となる．

第4章　揮発性有機化合物による土壌・地下水汚染の浄化・修復技術

　浄化用の水平井戸は従来の垂直井戸に比べて以下の特徴があり，浄化効果が高いとされている．

① 　工場建屋やタンク直下の土壌・地下水汚染に対して，生産ラインを止めることなく建屋やタンクの外から汚染ゾーンに対策井を設置することができる．
② 　揮発性有機化合物は帯水層中で難透水層上面の形状（傾き等）や地下水の流れに沿って帯状に拡がる場合が多いが，そういった帯状に拡がった汚染に対し，従来の井戸よりも効率的にスクリーンを配置することができる．
③ 　1カ所の孔口から多方向への井戸を設置する事ができる．
④ 　揚水に伴う水位低下についてもスクリーンに沿って平均的に水位低下することが見込めるので，揚水対策に伴って生じるおそれのある地盤沈下等の地下水障害に対しても対応が容易である．

　図4-5に水平井戸設置技術を用いて土壌ガス吸引井戸と地下水揚水井戸を設置した際の浄化システム概況図を示す．土壌ガス吸引井戸は地下水面より上の不飽和部の土壌汚染浄化を目的とし，揚水井戸は汚染源地下水の回収による浄化および水理操作による周辺への拡散防止を目的としている．

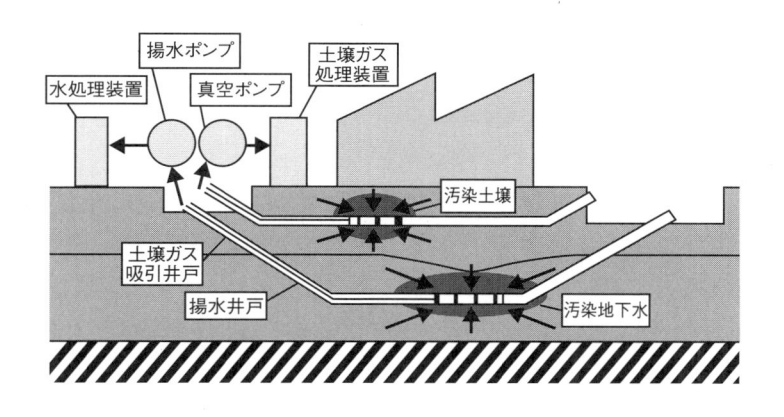

図4-5　水平井戸を用いた浄化の概念図

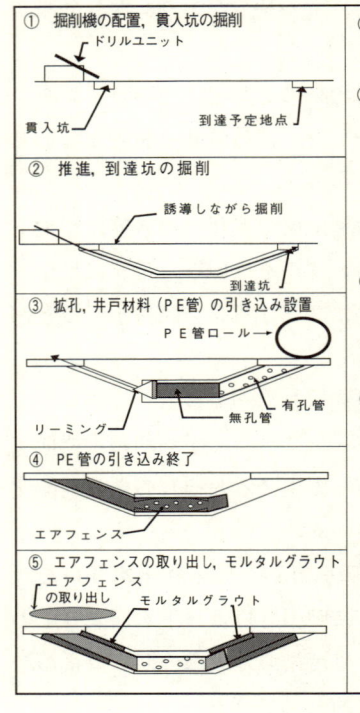

第Ⅱ部　浄化・修復技術の適用と最新技術

① 掘削機の配置，貫入坑の掘削 ドリルユニット 貫入坑　　　到達予定地点	① 掘削機を掘削予定ライン方向に配置し，発進坑を掘削する．
② 推進，到達坑の掘削 誘導しながら掘削 到達坑	② 発進坑よりドリルヘッドを地中に貫入して斜めに掘進し，スクリーン設置予定深度に達した時点で掘削方向を水平に修正する．スクリーン管設置区間を水平に掘進し，目的区間の掘進終了後，ドリルヘッドの方向を上向きに修正し，掘進する．到達坑は到達点に到達後，Walkoverタイプの探査でドリルヘッド位置を確認してから掘削する．
③ 拡孔，井戸材料（PE管）の引き込み設置 PE管ロール→ リーミング　無孔管　有孔管	③ 到達坑側で，ドリルヘッドをはずし，ロッドにリーマー（φ300mm）を装着し，リーマーを引き込みながら，リーマーのビットおよびリーマーから噴出する高圧水にて掘削し，掘削孔を拡孔する．
④ PE管の引き込み終了 エアフェンス	④ 2回程度のリーミングを行った後に，井戸材料（φ100mm）を孔内に引き込む． ＊井戸材料引き込み時にスクリーン部分からのスライムが井戸内に浸入するのを防ぐ目的で，スクリーン区間の内側に風船状のエアフェンスを利用する場合もある．
⑤ エアフェンスの取り出し，モルタルグラウト エアフェンス の取り出し　モルタルグラウト	⑤ エアフェンスを取り出した後に，井戸両端の無孔管部分を閉塞するため，注入ガイドパイプを挿入し，パイプを引き抜きながらPE管と孔壁との間をモルタルで充填を行う．

図4-6　水平井戸の設置手順の実例

水平井戸の設置手順の実例を図4-6に示す．

（2）事例

ここでは，地表からローム層中に浸透したトリクロロエチレン（以下，TCE）によって生じた土壌・地下水汚染に対して，水平井戸を用いて土壌ガス吸引および地下水揚水による浄化対策を行った事例を紹介する．

1）対策サイトの状況

この事例で紹介する対象地周辺の地形は大きく台地と沖積低地に区分される．台地部では，上位より，黒ボク土層，ローム層，凝灰質粘土層，砂レキ層，

第4章　揮発性有機化合物による土壌・地下水汚染の浄化・修復技術

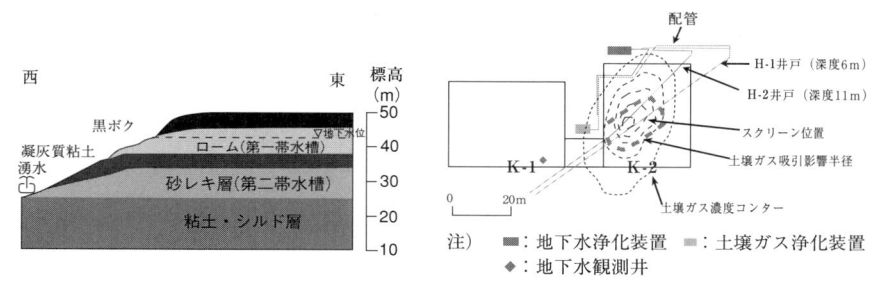

図4-7　水文地質断面概念図

図4-8　水平井戸配置平面図

粘土・シルト層と続き，ローム層中と砂レキ層中に帯水層が確認されている．また，台地の崖線沿いには，湧水が見られる（図4-7）．

工場建屋内の使用場所周辺のTCE等による土壌と地下水の汚染が確認されている．表層土壌ガスの最高濃度は200ppm（検知管法）となっており，土壌汚染はボーリング調査（図4-8中のK-2地点で実施）により黒ボク土層，ローム層および凝灰質粘土層の上部までの区間に見られ，深度15mまで確認された．深度8～10m付近（地下水変動域に相当する）および深度14m～14.5mの凝灰質粘土層の上部にTCEの濃度の高まりが見られ，高まりが見られる深度における土壌中のTCEの溶出濃度は土壌環境基準（0.03mg/L）の10倍～100倍程度のレベルであった．地下水濃度については，TCEで1～10mg/Lが検出された．

2）　水平井戸を用いた浄化の概要

図4-9に示すように，不飽和帯（地下水面より上の地層）の汚染物質を回収するための水平井戸（H-1井戸：深度6m）と地下水位変動域付近の汚染地下水の揚水を目的とした水平井戸（H-2：深度11m）を設置した．なお，H-2井戸は揚水による水位操作によって，汚染地下水の拡散を防止する効果もねらっている．設置箇所はH-1井戸，H-2井戸ともに図4-8に示すように土壌ガス濃度の高まりの中心を通る区間にスクリーンを設定した．

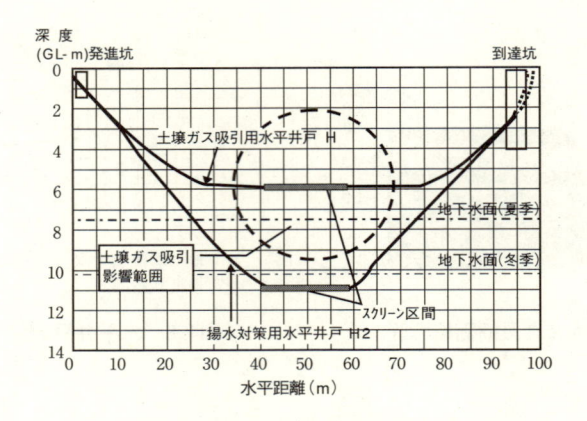

図4-9 水平井戸配置断面図

3) 土壌ガス吸引状況

スクリーンを不飽和帯に設置した H-1 井戸(スクリーン:深度6m,延長距離15m,径100mm)を土壌ガス吸引井として用いて浄化を行った.土壌ガス吸引装置の吸引圧を2000mmH_2O とした時の影響半径(ここでは負圧1 mmH_2O の範囲)は,土壌ガスモニタリング井戸の負圧測定結果から深度6mの水平方向では4.9m,垂直方向では3.9mの結果が得られている.このときの吸引風量は,2000L/min である.

吸引ガス中の TCE 濃度は,開始後,30ppm v 程度を示しているが,その後,5 ppm v まで低下の傾向を示した.なお,吸引土壌ガスは活性炭による吸着処理を行った後,大気に放出している.

なお,8m以浅の不飽和部については,すでに検証調査(チェックボーリング)により浄化終了を確認している.

4) 地下水揚水処理

スクリーンを第一帯水層中に設置した H-2 井戸(スクリーン:深度11m,延長距離15m,径100mm)から汚染地下水の揚水を行った.揚水ポンプは,深井戸用のダブルジェットポンプを用いた.また,運転は,水位の変動やタイマーによる制御で揚水ポンプの自動運転(間欠運転)が可能となるようにした.

揚水中の地下水濃度は，揚水開始から1年経過した時点で概ね1〜5 mg/Lの間で推移している．なお，揚水した汚染地下水は多段式曝気装置で浄化し，排ガスは活性炭による吸着処理を行った後，大気に放出している．

4.2 土壌ガス吸引法

4.2.1 技術の概要

土壌ガス吸引法は，真空ポンプやブロアポンプなどで不飽和帯に設置した土壌ガス吸引井戸（以下，吸引井戸）等から土壌ガスを吸引する事によって不飽和帯に負圧を発生させ，液状，土壌粒子に吸着した状態，土壌間隙水に溶存した状態の3形態で存在する揮発性有機化合物を気体（土壌ガス）に移行させて回収する原位置土壌浄化手法である．吸引した土壌ガスは，気液分離装置でミストやダストを除去した後に汚染物質を活性炭等に吸着させて回収し，清浄なガスとして大気中に放出する（図4-10参照）．活性炭吸着による回収以外にも紫外線等で酸化分解し無害化する方法もある．

土壌汚染が帯水層まで及んでいる場合には，地下水の揚水を併用して水位を低下させ，本工法を適用する場合もある．汚染が地下の浅いところ（深度6〜7m以浅）にある場合には，真空ポンプにより土壌ガスと地下水を同時に吸

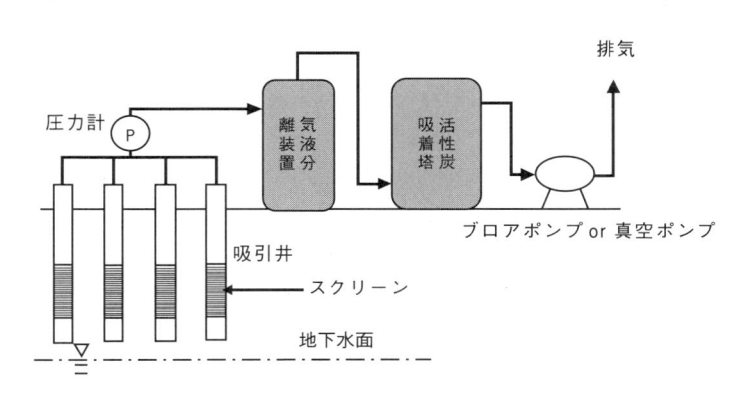

図4-10　真空吸引処理の概念フロー図

引・揚水する方法もある．

また，回収効率を上げることを目的として，吸引井戸に水平井戸を用いる場合もある（図4-5参照）．

4.2.2　適用範囲

本工法は砂レキや砂，ローム等の適度な透気性がある不飽和帯に適用しやすい．ただし，地層の状況（透気性，不均質性）や地表面の被覆状況等により吸引圧，吸引影響半径，吸引風量が異なってくる．なお，著しく透気性の低い地層（粘土層等）への適用は困難である．また，井戸配置を設計する時に重要なパラメーターとなる吸引影響半径は，対象層の透気性に依存しており，一般に砂レキ＞砂＞ローム＞シルトの順で小さくなる．適用対象物質は揮発性有機化合物であるが，ガソリン・軽質油等の揮発性の高い燃料油の回収にも有効である．また，吸引により地中の空気が常に新鮮なものと入れ替わるため，燃料油の場合には土壌や地下水中の微生物による好気的分解の促進効果も期待できる．

4.2.3　本工法の設計

本工法を適用する際の実施手順を図4-11に示す．

（1）　適用性の判断

サイト調査で得られた浄化対象物質の不飽和帯，飽和帯における分布状況や吸引対象となる地層の地質特性や地下水位等の情報をもとに浄化手法の検討を行い，本工法が適用可能かどうかを判断する（図4-12参照）．

図4-12を用いると，ベンゼンが地中（細砂からなる）に入ってから数週間程度の場合，実線で示すように，履歴情報の"Weeks"から細砂に平行に結び，さらにその点と物質情報の"Benzene"を線で結ぶ．その結果，適用の評価は"大いに期待できる"と"概ね期待できる"の中間となる．

同じサイトでベンゼンが地中に入ってから数年経っている場合には，同様の

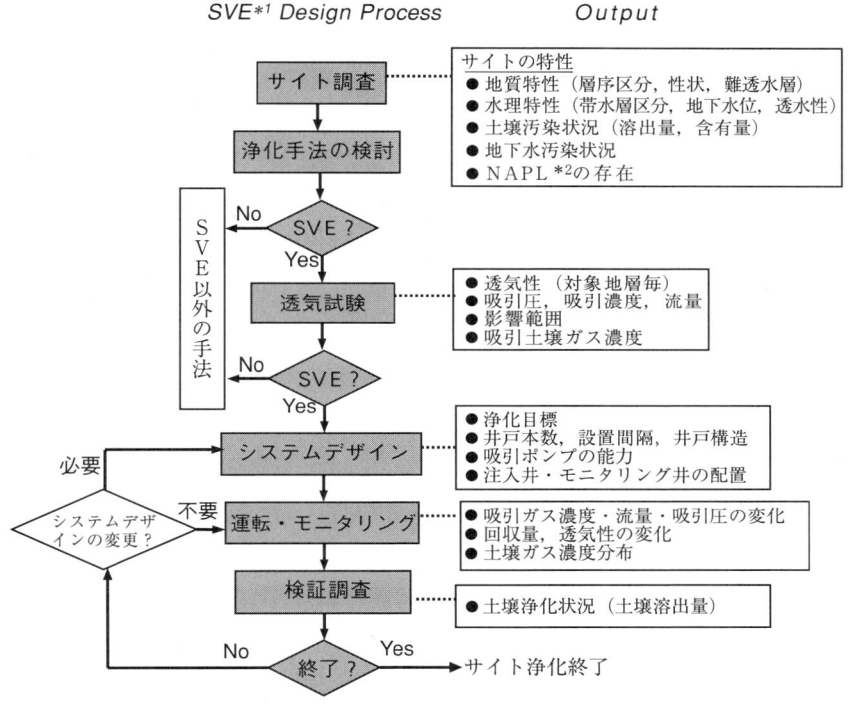

第4章 揮発性有機化合物による土壌・地下水汚染の浄化・修復技術

図4-11 土壌ガス吸引法の実施手順

注) *1 SVE: Soil Vapor Extraction（土壌ガス吸引）
*2 NAPL: Non Aqueous Phase Liquid（難水溶性液体）のこと．油等の水より軽いものをLNAPL(Light NAPL)，トリクロロエチレン等の水より重いものをDNAPL(Dense NAPL)という．

手順により破線で示すようになり，適用性の評価は"概ね期待できる"となる．

（2） 透気試験

透気試験は，システムデザインを行うための基本データを取得することを目的として実施する．透気試験の実施方法には，土壌ガス吸引井戸と複数の負圧観測井戸（通常3本以上）を用いて行う方法（複数井戸法）と，土壌ガス吸引井戸のみで行う方法（単数井戸法）があり，それぞれの実施方法に応じた解析

図4-12 土壌ガス吸引法の適用可能性評価の例

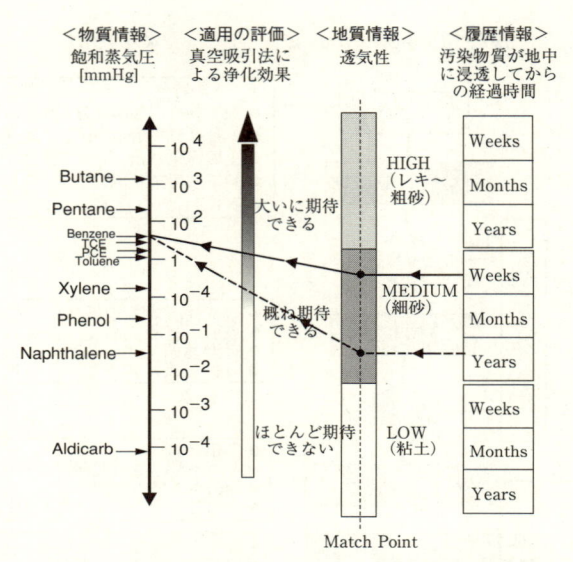

注）Pedersen, T. A. and Curtis, J. T.（1991）に加筆.

方法がある．後者の方法では吸引影響半径を実測できない事から，一般には実施時に吸引影響半径を確認することのできる前者の複数の負圧観測井戸を用いる方法が用いられる．以下に各方法について説明する．

1）複数井戸法

浄化対象地に吸引井戸と複数の負圧観測井戸（通常直交する2方向にそれぞれ3本以上［地層の均質性が評価されている場合は1方向でも可］）を設置し，真空抽出ユニットで土壌ガスを吸引することによって吸引圧（ガス吸引井戸の負圧）および吸引ガス流量，吸引ガス濃度，土中負圧（負圧観測井戸の負圧）の発生状況の測定を行う．その測定結果から吸引圧毎の吸引影響半径を求めると同時に以下に示す透気係数の算出方法Iに基づいて透気係数を算出する（図4-13参照）.

第4章 揮発性有機化合物による土壌・地下水汚染の浄化・修復技術

【透気係数の算出方法Ⅰ】

　吸引井戸を減圧すると，実際の土壌中では，吸引井戸のごく近くでは水平方向に井戸のスクリーンに向かう流れとなり，地表面が裸地の場合では地表面からも空気が流れ込む．こうした土壌ガスの流れを忠実に数学モデルで表現することは困難である．そのため，ここでは土壌ガスの流れを水平一次元放射流と仮定して，水平方向にのみ流れる2次元円筒流れを想定した(a)式により透気係数 Ka を求めるものとする．

$$Q = H \frac{\pi K_a}{\mu} P_w \frac{[1-(P_{Atm}P_w)]^2}{\ln(R_w/R_i)} \tag{a}$$

Q：流量(cm^3/s)，π：円周率，Ka：透気係数（darcy または cm^2），μ：空気粘土($g/cm-s$)，Pw：吸引井戸の絶対圧力($g/cm-s^2$)，P_{Atm}：大気圧($g/cm-s^2$)，Rw：吸引井戸の半径(cm)，Ri：吸引井戸の影響半径(cm)，H：吸引井戸のスクリーン長(通気帯の厚さ)(cm)

　ガス吸引対象層を均質な地質と想定した場合，負圧観測井戸の負圧は，ガス吸引井戸からの距離の増加に伴って減少する．この減少傾向が対数曲線で近似されるものと仮定して影響半径を求める．

　図4-13は，同一の土壌ガス吸引井戸で吸引圧を変えて実施した場合の負圧と距離の関係を示したものである．影響半径は，ケース1，ケース2では約10m，ケース3では約11m という結果となる（影響半径を負圧 = 1 mmH_2O の距離とした場合）．

　また，(a)式より透気係数を算出すると3ケースとも2.1darcy という結果となった（表4-5参照）．

2）　単数井戸法

　土壌ガス吸引ユニットで土壌ガスを吸引し始めてから吸引圧が安定するまでの土壌ガス吸引井戸における負圧の経時変化および吸引停止後から常圧に戻るまでの負圧の経時変化を測定する．その測定結果から以下に示す（b）式また

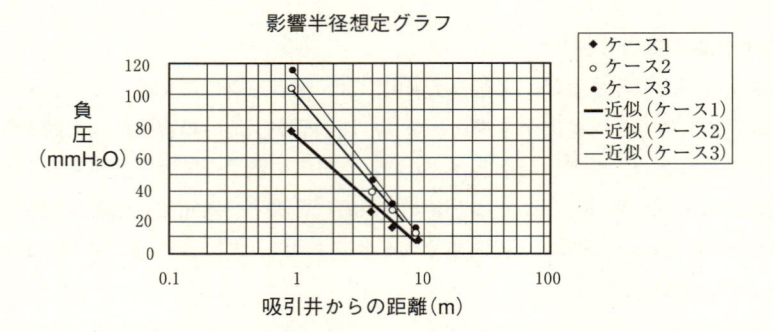

第Ⅱ部　浄化・修復技術の適用と最新技術

影響半径想定グラフ

（グラフ：負圧（mmH₂O）と吸引井からの距離（m）の関係。ケース1，ケース2，ケース3および各近似曲線）

図4-13　透気試験結果の例〔負圧と距離の関係〕

表4-5　吸引影響半径および透気係数算出の例

	風量 L/min	吸引井圧 mmH₂O	影響半径（m）			透気係数 darcy
			10mmH₂O	1 mmH₂O	0 mmH₂O	
ケース1	145	489	7.6	10.2	10.5	2.1
ケース2	195	663	8.4	10.4	10.7	2.1
ケース3	210	733	9.1	11.0	11.3	2.1

は（c）式によって透気係数を求める．

【透気係数の算出方法Ⅱ】

　吸引井戸の吸引開始から負圧が安定するまでの圧力変化と時間の関係より近似曲線を求め，その傾きを A，y切片を B とすると，吸引流量（Q）と層厚（m）が分かっている場合には，透気係数 Ka は以下の(b)式で算出される．

$$Ka = Q\mu / 4A\pi m \quad \text{(b)}$$

　Q および m が不明な場合は，以下の(c)式となる．

$$Ka = r^2 \varepsilon \mu / 4 P_{Atm} \times \exp(B/A + 0.5772) \quad \text{(c)}$$

Q：吸引流量（cm³/sec），μ：空気粘度（g/cm−sec），A：近似曲線の傾き，B：近似曲線のy切片，π：円周率，m：ストレーナ長（cm），r：影響半径（cm），ε：間隙率，P_{Atm}：大気圧（g/cm−s²）

84

（3） システムデザイン

この透気試験結果と土壌汚染の分布状況をもとに，吸引井戸の配置や運転吸引圧，吸引量等の設計値を決定する（図4-14参照）．なお，吸引ガス濃度は浄化実施の初期の段階（数週間程度）で急激に低下することが多いため，対象物質を回収する活性炭吸着塔等の装置はユニット方式にして，その濃度変化に対応できるようにしておくとよい．

吸引井戸の配置は，できるだけ汚染源の近くとし，一本の吸引井戸で浄化対象範囲をカバーできない場合には，吸引影響半径を考慮して，複数の井戸を設置する（井戸径はϕ50〜100mm）．スクリーンは単一層毎に設置し，透気性の異なる複数の層にまたがらないようにするとともに，吸引による地下水面の上昇を極力防止するために地下水面より上にスクリーンを設置する．地下水面付近の浄化を行う場合には，その区間に絞ったスクリーンを設置し，水位低下のための揚水を同時に行うことが必要となる．一方，地表近くにスクリーンを設置する場合（表層から4m以浅が目安）には，地表からの大気の流入を防止するために地表を被覆することが望ましい．

図4-14は，(a)式から作成した透気係数と吸引圧・吸引流量の関係を示すグラフである．このグラフを用いると，井戸径10.2cm，影響半径12mの場合に，吸引圧510mmH$_2$Oで透気係数2.9darcyの地層を吸引したときのスクリーン長1m当りの吸引流量は50L/分となる．

また，浄化効果を確認するために，吸引井戸の周辺に土壌ガスモニタリング井戸を設置するのが望ましい．土壌ガスモニタリング井戸の平面配置・深度は事前の土壌ガス濃度分布や土壌溶出量試験結果および地質状況（透気性，均質性），地下構造物の存在等を考慮して決定する．

（4） 運転時のモニタリング

運転時には，吸引井戸のガス濃度・流量・吸引圧の変化や土壌ガス濃度分布等をモニタリング（土壌ガスモニタリング井戸等を利用）し，浄化効果についての評価を行う．その結果に応じて運転条件の変更やシステムデザインの見直

図4-14 透気係数と吸引圧・吸引流量の関係の例

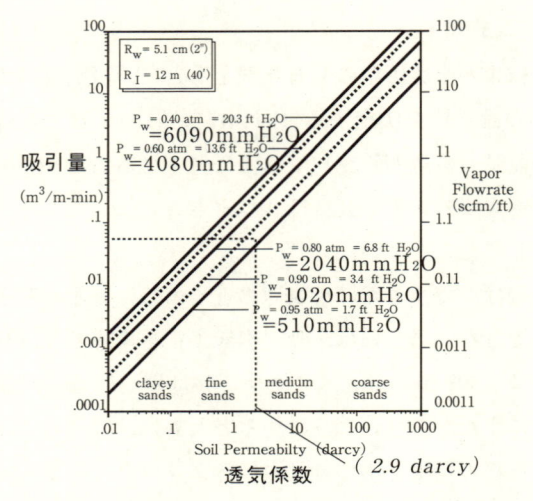

注) Pedersen, T.A. and Curtis, J.T. (1991) に加筆.

し(吸引井戸,大気注入井戸等の追加等)を行う.特に,長時間連続で運転していると土壌中に空気道が形成され短絡する場合が多いが,吸引する井戸の組み合わせを変えたり,吸引していない井戸を開放して大気注入井戸としたりすることによって,短絡防止が可能となる.

また,活性炭吸着塔等の回収装置から放出されるガスのモニタリングを行い,周辺環境への影響を監視することも重要である.

(5) 検証調査

吸引土壌ガス濃度や対象範囲の土壌ガス濃度が十分に低下したことを確認したうえで実施する.調査を実施する濃度は一般に数 ppm が目安となるが,サイト条件(地質,汚染状況,対象物質)によって異なるので,事前調査結果より求められた土壌ガス濃度と土壌溶出濃度との関係から,検証調査を実施する目安値を決めておくとよい.なお,対象地の直下の地下水が汚染されている場合には地下水面から揮発してくる分も考慮する必要がある.

第4章　揮発性有機化合物による土壌・地下水汚染の浄化・修復技術

調査地点は，対策実施前と対策実施後の土壌ガス濃度分布を考慮して設定する．1つの汚染源（対策実施前の濃度の高い場所）に対して，少なくとも汚染源箇所と3方向の地点について調査地点を設定するのが望ましい．

検証調査は，調査地点について事前の調査で土壌汚染が確認された深度までの土壌試料を採取し，土壌溶出試験を行う．土壌溶出値が目標値（例えば土壌環境基準）を満たしているかどうかが判定の基準とされる．

4.3　エアースパージング法

4.3.1　技術の概要

エアースパージング法は，地下水中に空気を注入して，揮発性有機化合物（VOC）や揮発性の高い燃料油などの土壌ガス中への揮発を促し，土壌ガス吸引によって汚染物質を回収する方法である（図4-15参照）．また，空気の注入により地中の空気が常に新鮮なものと入れ替わるため，燃料油の場合には土壌や地下水中の微生物による好気的分解の促進効果もある．

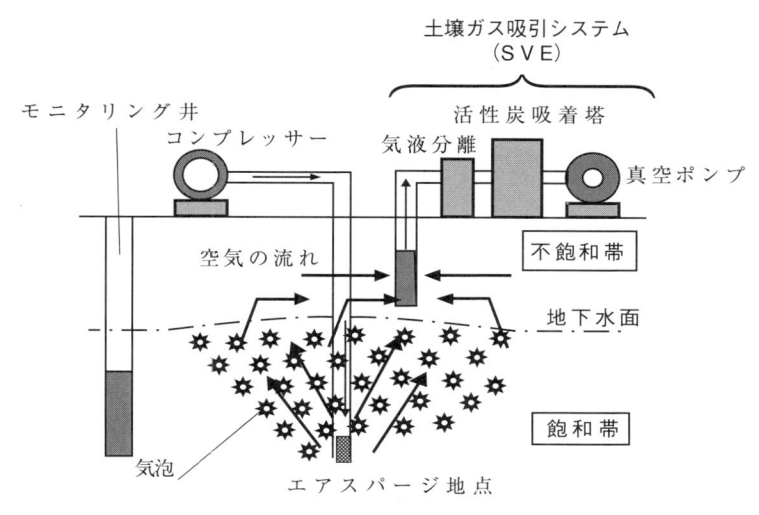

図4-15　エアースパージングシステム概念図

本工法は VOC の地下空気（土壌ガス）への揮発や地下水中への溶解が促進されることから，揚水処理法で浄化した場合と比べて，浄化期間の大幅な短縮が期待できる．米国の検討事例では，揚水処理法を適用した場合に30年かかるが，本工法を適用すると 6 年で済むという試算結果がある．

4.3.2　適用範囲

本工法は砂～レキの比較的分級度の良い均質な地層（帯水層）に適している．ただし，地層の状況（粒度組成，圧密度，分級度等）や浄化対象とする範囲の地下水面からの距離等によって，対策実施時の注入井戸の設置深度や注入圧，注入量，影響範囲が異なってくる．特に影響範囲は汚染物質の回収と拡散防止のために実施する土壌ガス吸引や揚水処理（必要に応じて）の仕様を検討する際に重要なパラメーターとなる．

4.3.3　本工法の設計

エアースパージング法を適用する際の実施手順を図4-16に示す．

（1）　適用性の判断

サイト調査で得られた浄化対象物質の地下水飽和帯における状況（NAPLsの存在の有無と分布，地下水濃度分布等）や浄化の対象となる地層の特性（粒度組成，圧密度，分級度等），地下水位等の情報および周辺環境，コスト等を考慮して，本工法が適用可能かどうかを判断する．

その際，土粒子の分級度が悪い場合や，スパージングで形成される気泡の移動を妨げるような粘土・シルト等の薄層等が注入部と地下水面の間に存在している場合には，スパージングの制御がむずかしく，実施時の周辺環境への汚染拡散リスクが高くなることに留意しなければならない．

また，溶解性鉄や溶解性マンガンが存在するとスパージングで注入された空気中の酸素と反応して水酸化鉄や酸化マンガンが析出して，注入井戸のスクリーン部に沈着し，対策の障害となる場合がある．

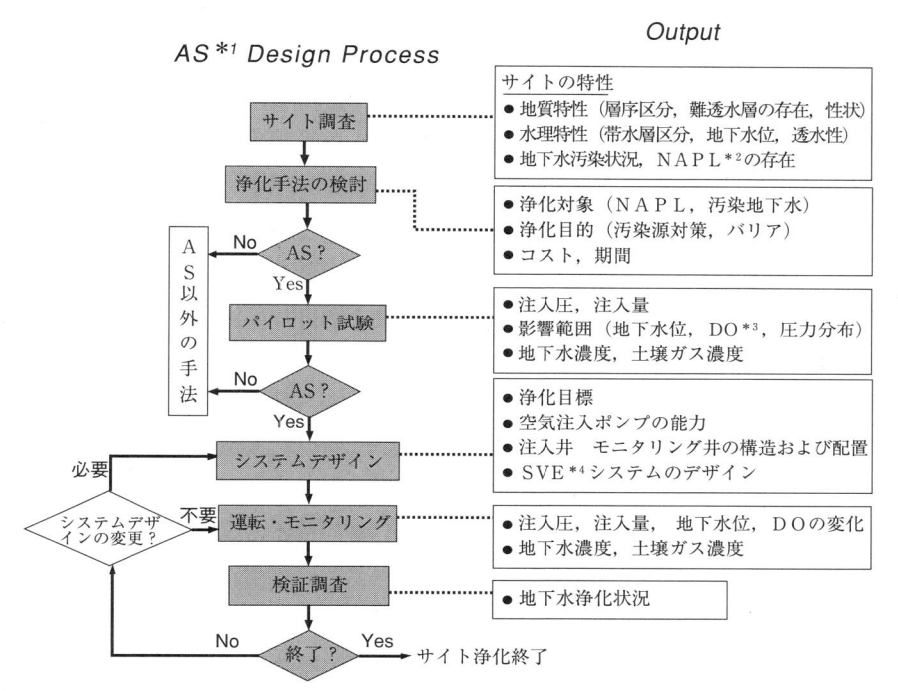

第4章　揮発性有機化合物による土壌・地下水汚染の浄化・修復技術

AS*1 Design Process　　　　　　　　　**Output**

```
サイト調査 ─────── ● サイトの特性
                   ● 地質特性（層序区分，難透水層の存在，性状）
                   ● 水理特性（帯水層区分，地下水位，透水性）
                   ● 地下水汚染状況，ＮＡＰＬ*2の存在

浄化手法の検討 ─── ● 浄化対象（ＮＡＰＬ，汚染地下水）
   │               ● 浄化目的（汚染源対策，バリア）
  AS?              ● コスト，期間
   │Yes
パイロット試験 ─── ● 注入圧，注入量
   │               ● 影響範囲（地下水位，DO*3，圧力分布）
  AS?              ● 地下水濃度，土壌ガス濃度
   │Yes
システムデザイン ─ ● 浄化目標
   │               ● 空気注入ポンプの能力
   │               ● 注入井　モニタリング井の構造および配置
   │               ● ＳＶＥ*4システムのデザイン
運転・モニタリング ● 注入圧，注入量，地下水位，ＤＯの変化
   │               ● 地下水濃度，土壌ガス濃度
検証調査 ───────── ● 地下水浄化状況
   │
 終了？ → Yes → サイト浄化終了
```

注）*1　AS：Air Sparging（エアースパージング）．*2　NAPL：Non Aqueous Phase Liquid（難水溶性液体）のこと．油等の水より軽いものを LNAPL（Light NAPL），トリクロロエチレン等の水より重いものを DNAPL（Dense NAPL）という．*3　DO：Disolved Oxygen（溶存酸素濃度）．*4　SVE：Soil Vapor Extraction（土壌ガス吸引）．

図4-16　エアースパージング法の実施手順

（2）　パイロット試験

　パイロット試験は，システムデザインを行うための基本データを取得する事を目的として実施する．基本データとして得るべき主な情報には，最適な注入圧・注入量，影響範囲，浄化効果の3点がある．なお，併用する土壌ガス吸引法（SVE）の設計を行うために透気試験もこの段階で実施しておく（揚水処理も併用する場合には揚水試験あるいは現場透水試験も実施）．

　試験実施時の注入圧は以下の式に基づき最低限の圧力条件を算出し，その値をベースに3～5段階以上の条件を設定する．注入量については，0.1～0.6m³/

min/m を目安に3～5段階以上の条件を設定とするとよい.

【最低限の注入圧を求める式】

スパージングが可能な最低限の水頭圧および井戸構造と地層構造による圧力損失を考慮して算出される. $P_{packing}+P_{formation}$ は, 砂で0.014以下, 砂～シルトで0.014～0.028を目安とするとよい.

$$P_{min} = 0.014H_h + P_{packing}+P_{formation} \qquad (a)$$

P_{min}：スパージングに必要な注入圧 (kg/cm²), H_h：注入井のスクリーン上端から地下水面までの距離 (cm), $P_{packing}+P_{formation}$：井戸・充填材による圧力損失と地層による圧力損失 (kg/cm²)

注入井戸の仕様は, ϕ25～100mm, スクリーン区間長30～150cm を目安とする. 設置深度は, 浄化対象範囲の基底深度からスクリーン区間の上端までの距離が3m以内, 地下水面からスクリーン区間の上端までの距離が6m以内になるようにすることが基本となる.

観測井戸は, 方向によるバラツキを見るために少なくとも3方向について配置するのが望ましい. なお, 透気試験用の観測井戸と共用してもよい.

モニタリング範囲はエアースパージングの影響範囲は一般に2～4mとなることから注入井戸を中心に半径10m以内を目安とする.

スパージングの影響範囲および浄化効果については, 主に圧力・土壌ガス観測井戸および地下水観測井戸を用いて評価する. モニタリング項目は, 地下水位, DO (溶存酸素濃度), 地下水濃度 (以上, 地下水観測井戸による), 地下水面直上の圧力, 土壌ガス濃度(圧力・土壌ガス濃度観測井戸による)となる.

土壌ガス吸引による影響範囲および拡散状況については圧力・土壌ガス濃度吸引井戸および地下水・負圧・土壌ガス濃度観測井戸を用いて評価する. モニタリング項目は, 負圧, 土壌ガス濃度となる.

スパージングによる汚染拡散状況については, 全観測井戸を用いて評価す

る．モニタリング項目は，地下水濃度，土壌ガス濃度となる．なお，NAPLsを浄化対象とする場合には，スパージングによって地下水中への対象物質の溶解が促進されるため，特に地下水濃度のモニタリングが重要となる．

　浄化効果を見るためのパラメーターとしては，土壌ガス濃度，地下水濃度がある．溶存成分が浄化対象の場合にはスパージングによって土壌ガス濃度が上昇し地下水濃度が低下するが，DNAPLsが対象の場合には土壌ガス濃度，地下水濃度ともに上昇することになる．なお，土壌ガス濃度や地下水濃度の上昇は浄化初期の段階の事で，浄化が進んでくるといずれの濃度も低下傾向になる．

　これらのモニタリング結果を基に最適な注入圧，注入量とそれに伴う影響範囲を設定し，システム設計の基本データとする．

（3）　システムデザイン

　パイロット試験結果と帯水層中の汚染状況を基に，注入井戸の配置や深度，コンプレッサーの仕様（全体の注入圧，注入量を考慮する），モニタリング井戸の配置を設計する．また，地下水中から揮発してくる気相中の汚染物質を回収するために併用するSVEシステムについても設計する．なお，揚水処理も併用する場合には揚水システムについても設計する（実際の設計・施工例として4.3.4項を参照のこと）．

（4）　運転時のモニタリング

　運転時には，注入井戸の注入圧・注入流量や土壌ガス濃度，地下水濃度等をモニタリングし，浄化効果や拡散防止状況について評価を行う．その結果に応じて運転条件の変更やシステムデザインの見直し（注入井戸，土壌ガス吸引井戸の追加等）を行う．特に長時間連続で運転していると空気道が形成され，スパージング効果に偏りができてしまう場合が多いが，間欠運転や注入井戸をグループに分けて交互運転（注入井戸が複数ある場合）等を行うことによって偏りを防止することが可能となる．

(5) 検証調査

対象範囲の地下水濃度が目標値（例えば地下水環境基準）を満たしているかどうかが判定の基準とされる．なお，地下水の場合には，季節変動による水位変化等に伴い，地下水濃度が変わってくる可能性があることから地下水環境基準を満たすようになってから少なくとも2年間はモニタリング（頻度は年4回）を継続し，浄化終了の判断をするのが望ましい．

4.3.4 事　　例

ここでは，粗粒堆積物（レキ質砂からなる）中に浸透した揮発性有機化合物の滞留状況とそのサイトに対して，エアースパージング・揚水システムを適用した例について紹介する．

(1) 対象サイトの状況

当サイトの水理地質はレキ～極粗粒砂を主体としており，粒度分析から深度3.2m付近に相対的に細粒粒子の多い層が存在している．地下水位は深度1.0～1.5m付近にある．

調査の結果，深度2.5～3.0m付近の飽和帯のレキ質砂層中で，テトラクロロエチレン（以下，PCE）のDNAPLが点在していることが明らかとなった．これは，細粒分の多い深度3.2m付近の地層が相対的な難透水層として作用して，原液状のPCEが滞留したためと見られる．このDNAPLsから地下水中にPCEが供給され続けているものと推定された．

(2) エアースパージング・揚水システムの適用

本サイトの地質は中レキ質極粗粒砂からなり，透水性が高いため，揚水やエアースパージングによる浄化は，十分，適用可能であると判断した．本サイトにおいては，深度2.5～3.0mに存在するDNAPLを優先的に回収することを目的として適用した．

（3） エアースパージング・揚水システムの概要

本浄化システムは，高濃度帯に下方からエアースパージングを行う深さ8mと6mの空気注入管（計2本），高濃度帯に直接エアースパージングを行いまたは高濃度となった地下水を揚水する深さ3mの空気注入・揚水両用管（14本），注入した空気を回収する土壌ガス吸引井戸と土壌ガス吸引トレンチおよび地下水と地下空気のモニタリングを行う地下空気・地下水観測井戸（19本）より構成されている[1]．

なお，スパージングの影響半径は，運転前と運転後の水位測定の結果から3mの空気注入井戸においては，約2.9mという値が得られている（地下水位：GL-1.3m，空気注入量：$0.3m^3/min$）．

揚水・空気注入両用管(PIW)は，基本的にはエアースパージングの空気注入管として使用するが，高濃度の地下水塊が生じた場合には揚水処理用の井戸として使用する．

空気注入管(IW)は，エアースパージング用の空気を注入することを主目的として設置している．本管もPIWと同様に，揚水することも可能である．

土壌ガス吸引管・土壌ガス吸引トレンチは，PIW，IWから注入した空気を回収する目的でストレーナ区間を設置している．

（4） 運転条件

4カ月に渡って，浄化実験を行った結果，運転条件は，以下に示すパターンAとパターンBを交互に繰り返すものとした．なお，地下水観測井戸のモニタリング結果で濃度の上昇が見られた場合には，その近傍にある揚水・空気注入両用管の運転をエアースパージングから揚水に切りかえるものとした．

　　パターンA（1週間）：エアースパージング＋ガス吸引
　　パターンB（2週間）：エアースパージング＋高濃度域(S3，S7，S12)
　　　　　　　　　　　　の揚水処理＋ガス吸引

---

1) 空気注入管と揚水・空気注入管はϕ30mm，スクリーン長30cmの鋼管仕様とした．

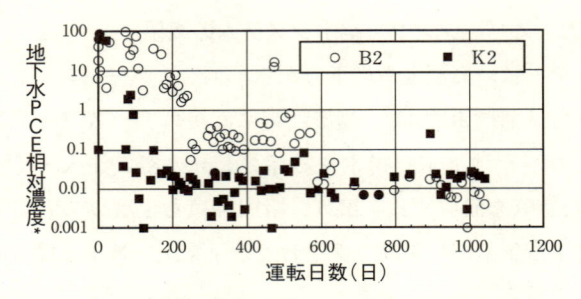

第Ⅱ部　浄化・修復技術の適用と最新技術

注）　＊B2の最高濃度を100とした時の相対濃度

図4-17　地下水 PCE 濃度の推移

（5）　浄化効果

　地下水観測井戸の濃度変化を図4-17に示す．観測井戸の地下水濃度は急激に減少し，1040日目では初期濃度の1/10〜1/100程度（最高濃度時の1/1000〜1/10000程度）の値まで低下している．この濃度レベルは，PCE の地下水環境基準値程度の濃度であり，本システムによる浄化は，十分な浄化効果を上げていると判断した．

4.4　ホットソイル工法

4.4.1　ホットソイル工法

　ホットソイル工法は，トリクロロエチレン（TCE）やテトラクロロエチレン（PCE）などの揮発性有機化合物（VOC）によって汚染された土壌に，水と発熱反応する生石灰などの無機化合物（ホットソイル）を添加・混合し，水和反応熱により VOC を効率的，かつ速やかに揮発・分離させて汚染土壌を浄化する特許工法である．

4.4.2　特　　徴

　ホットソイル工法の特徴を以下に記す．
　　①　汚染土壌を搬出することなく，現地において処理ができる．

② 浄化後の処理土は，そのまま埋め戻すことが可能である．
③ 短期間での施工が可能であり，比較的安価である．
④ 低濃度〜高濃度の幅広いVOC汚染に対応できる．
⑤ 焼却処理と異なり，ダイオキシンなどの二次汚染物質の発生はない．
⑥ 無機化合物の水和反応を利用しているため，別途熱源を必要としない．
⑦ 自家発熱であるので，二酸化炭素の発生がない．
⑧ 揮発・分離させたVOCは，活性炭などで吸着処理を行うことにより，大気への汚染の拡散を防止できる．

4.4.3　原　　理

以下に，無機化合物に生石灰を用いた場合の水和反応式を示す．

$$CaO + H_2O \rightarrow Ca(OH)_2 + 15.6 kcal/mol$$

土中の水分と無機化合物との水和反応により熱を生じ，汚染土壌中のVOCを揮発・分離する．

4.4.4　土壌の温度上昇と除去効果

土壌からのVOC除去効率は土壌の温度に最も依存するが，土壌温度を必ずしも対象のVOCの沸点または水との共沸点まで上昇させる必要はなく，一定以上の温度を維持することで揮発は促進される．

さらに水和反応による間隙水の減少と，混練による土壌の団粒構造の崩壊に伴う通気性の改善も揮発促進に寄与する．

4.4.5　ホットソイル工法フロー

一般的なホットソイルは，下記工程に沿って実施される．
① 汚染土壌を掘削し，混錬機などを用いてホットソイルと十分に混合する．
② ホットソイルが混合された処理土を，養生テント内に24時間静置す

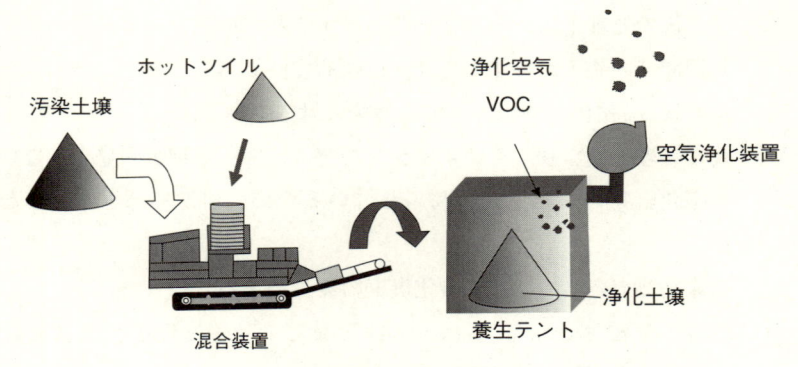

第Ⅱ部　浄化・修復技術の適用と最新技術

図4-18　ホットソイル工法フロー図

る．
③　静置中に土壌は発熱し，VOC が揮発される．
④　揮発された VOC は空気浄化装置にて活性炭などに吸着される．

図4-18に，ホットソイル工法フローを示す．

4.4.6　ホットソイル工法処理例

表4-6に，ホットソイル工法による某所における TCE 汚染土壌の処理実施データを記す．

事前に行われたトリータビリティー試験において，必要なホットソイル添加量は対土壌体積比として20%と設定された．

この結果に基づきホットソイル工法を実施し，浄化工事前後の TCE 溶出値の測定を行い浄化効果の把握を実施した．ホットソイル工法実施後の TCE 土壌溶出値は，観測したすべてにおいて基準値の0.01mg/L 以下となっている．

表4-6　ホットソイル工法実施データ

サンプルNo. 項目	No. 1	No. 2	No. 3	No. 4		サンプルNo. 項目	No. 1	No. 2	No. 3	No. 4
溶出量試験 (mg/L)	0.128	0.013	0.016	0.034	→	溶出量試験 (mg/L)	0.006	0.005	0.002	0.002
ホットソイル工法施工前						ホットソイル工法施工後				

注）　提供：君津市環境部　鈴木喜計氏

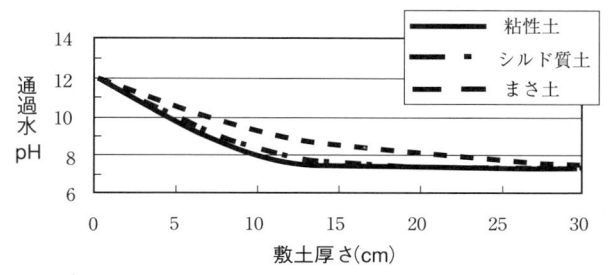

第4章 揮発性有機化合物による土壌・地下水汚染の浄化・修復技術

図4-19 敷土/土質による通過水のph推移

注) 提供:大阪工業大学, ㈱片山化学工業研究所委託研究データ.

ホットソイル工法は低濃度から高濃度に至るVOC汚染土壌に対して有効であり, 実績として基準値の500～1000倍のVOC汚染土壌での浄化実績も存在する. 基準値の10～100倍の濃度であるならば, 基本的には土壌の性状を問わず浄化が可能である.

4.4.7 本工法に伴う土壌pHの上昇に関して

本工法では, 生石灰を混合するため処理土壌のpHが上昇する. 処理土壌のpHの上昇に伴う周辺土壌への影響を考察するために『建設汚泥リサイクル指針』(国土交通省) に基づく敷土実験を行った (図4-19参照).

その結果, 本工法処理土壌からの浸出水がpH12であっても, 数10cmの敷土を行うことにより, 土壌のもつpH緩衝能力により浸出水は中性域に低下する事例が観測されている.

敷土などの適切な処置を施すことで環境への悪影響は抑止できると考えられる.

4.5 低温加熱法

低温加熱法とは古くから用いられてきた工法で, テトラクロロエチレン (PCE), トリクロロエチレン (TCE) やベンゼンなどの揮発性有機化合物 (VOC)

が揮発性物質であることを利用し，汚染土壌に低温の熱を加えVOCを揮発させて回収する工法である．

場外の処理プラントにて処理する場合もあるが，通常，汚染土壌を掘削して現場に設置する処理プラントにて処理することが多い．処理プラントはどのプラントも同様のしくみを持っており，ここでは，移動式低温加熱処理プラントの例を紹介する．

4.5.1 概　　要

処理フローを図4-20に，写真を写真4-1に示す．

VOC汚染土壌は低温加熱装置に入れられ，バーナーにより間接的に熱せられる．このとき，土壌温度は150～250℃となる．この結果，VOCは揮発してガス側へ移行しバグフィルタおよび活性炭吸着塔により処理され，ガスは清浄となって大気放出される．VOCが除去された処理土壌は装置より排出される．処理方式はバッチ式と連続式の選択ができる．

処理土壌は清浄となるため，通常，埋め戻しされる．バグフィルタで捕集されたダストおよび活性炭は産業廃棄物として処分される．

注）　提供：ハイメック

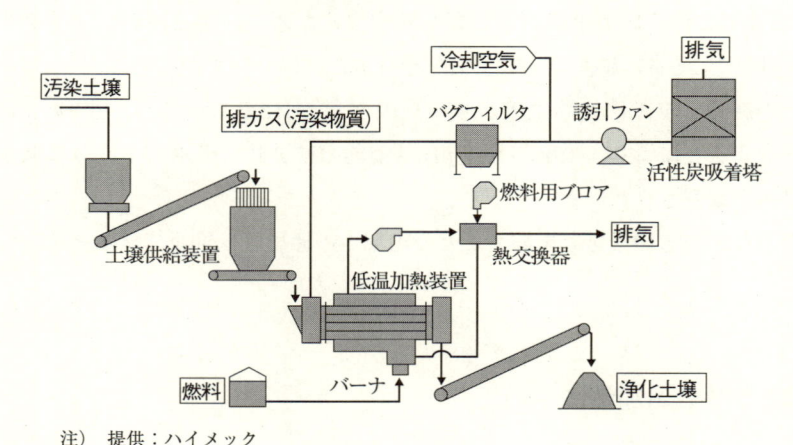

図4-20　低温加燃処理プラント　処理フロー

第 4 章　揮発性有機化合物による土壌・地下水汚染の浄化・修復技術

注）　提供：ハイメック

写真4-1　実機写真

　加熱に使用する燃料にLPGやLNGなどを用いれば燃焼排ガス処理装置が不要となり，設備構成も簡素化でき，燃焼排ガスは冷却後大気に放出できる．
　この移動式低温加熱処理プラントの特徴は以下のとおりである．
　①　汚染土壌のほぼ完全浄化（95％以上の除去）が可能である．ただし，複合汚染の場合には困難な場合もある．
　②　原位置処理法である真空抽出法や微生物分解法などに比べ浄化期間が短い
　③　処理土壌は浄化されるため，埋め戻しが可能となり，コスト低減につながる．
　④　可搬型であるため，現場内で処理できる．

4.5.2　VOCの除去率

　この処理プラントによる処理データを図4-21に示す．加熱時間を10分間として加熱温度を130℃～250℃に変化させた場合について，土壌中からのVOCの除去率を測定したものである．
　150℃付近でほぼ100％の除去率になっている．ただし，実際にVOC汚染土壌を処理する場合には，試料を採取して試験室で適正な加熱温度と処理時間を

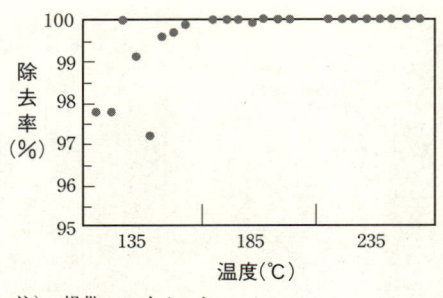

注）提供：ハイメック

図4-21　加熱温度の変化に伴うVOC除去率（加熱時間10分間）

把握する必要がある．また，重金属による汚染や油が含有しているような複合汚染土壌では浄化ができない場合もあるため注意が必要である．

4.5.3　低温加熱法の注意点

この方法によりVOC汚染土壌を処理する場合，土壌中の水分が蒸発するまで土壌温度が100℃以上に上昇しないため，汚染土壌の水分量によっては加熱時間の調整が必要である．

また，処理土壌は絶乾状態となるため，散水などの発塵防止対策を行う．

4.6　バイオレメディエーション

4.6.1　好気性微生物分解作用による浄化

バイオレメディエーション技術の適用可能対象物質は，汚染先進国である米国ではベンゼン，トルエン，キシレン等と石油系汚染物質が多く，トリクロロエチレン（以下，TCE）やテトラクロロエチレン（PCE）等の揮発性有機化合物への適用例は少ない．しかし，わが国では揮発性有機化合物による汚染が多く，特に低濃度で広範囲に拡散した汚染に対して，低コストかつ維持管理の容易な処理技術として，実用化へ向けた技術開発が進められている．

（1） TCEの好気的分解

　TCEを唯一の炭素源として増殖する微生物は見出されていないが，他の炭素源を資化すると同時に好気的に共役酸化分解できる微生物は数多く確認されている．表4-7にTCEの好気的分解微生物の一覧を示す．これらの微生物は，分解に関与する酵素の性質から5種の細菌に分類される．

　① 　メタンモノオキシゲナーゼを有する細菌
　② 　トルエンモノオキシゲナーゼを有する細菌
　③ 　トルエンジオキシゲナーゼを有する細菌
　④ 　アンモニアモノオキシゲナーゼを有する細菌
　⑤ 　プロパンモノオキシゲナーゼを有する細菌

　これらの細菌の分解能を高めるためには，分解酵素を活性化させるための基質を添加する必要がある．①はメタン，②，③はトルエン，④はアンモニア，⑤はプロパンであるが，コストおよび安全性の観点からメタンを利用する研究が多くなされている．

　メタン資化性菌は，2種類のメタンモノオキシゲナーゼを産生することが知られている．1つは可溶性メタンモノオキシゲナーゼ(sMMO)であり，もう

表4-7　好気的トリクロロエチレン分解微生物

微生物	エネルギー源	分解酵素	文献
Pseudomonas cepacia G4	トルエン	トルエン-2-モノオキシゲナーゼ	Nelson *et al.* (1986)
Pseudomonas putida F1	トルエン	トルエンジオキシゲナーゼ	Wackett *et al.* (1988)
Methylocystis sp. M	メタン	メタンモノオキシゲナーゼ	Uchiyama *et al.* (1988)
Methylosinus trichosporium OB3b	メタン	メタンモノオキシゲナーゼ	Oldenhuis *et al.* (1989)
Mycobacterium vaccae JOB5	プロパン	プロパンモノオキシゲナーゼ	Wackett *et al.* (1989)
Nitrosomonas europaea	アンモニア	アンモニアモノオキシゲナーゼ	Arciero *et al.* (1989) Vanelli *et al.* (1990)
Pseudomonas mendocina KR1	トルエン	トルエン-4-モノオキシゲナーゼ	Whited *et al.* (1989)
組換え *Escherichia coli*	有機物	トルエン-4-モノオキシゲナーゼ	Whited *et al.* (1989)
Methylomonas methanica 68-1	メタン	メタンモノオキシゲナーゼ	Sayler *et al.* (1993)
組換え *Pseudomonas*	有機物	メタンモノオキシゲナーゼ	Jahng *et al.* (1994)
Mycobacterium sp. TA27	エタン	エタン資化性菌	Yagi *et al.* (1997)
Mycobacterium sp. TA5	エタン	エタン資化性菌	Yagi *et al.* (1997)
組換え *P.Pseseudoalcaligenes* KF707	トルエン	トルエンジオキシゲナーゼ	Furukawa *et al.* (1997)
フェノール分解菌 JM-1	フェノール		Imamura *et al.* (1997)
組換え *Escherichia coli*	有機物	クメンジオキシゲナーゼ	Ohmori *et al.* (1997)
組換え *Escherichia coli*	有機物	ジメチルスルフィドモノオキシゲナーゼ	Ohmori *et al.* (1997)

出典）　矢木修身他：『微生物利用の大展開』．

1つは膜結合性メタンモノオキシゲナーゼ(pMMO)である．このうち，TCEの分解反応に関与するのは，sMMOである．低酸素濃度・高銅濃度条件下ではpMMOが発現し，高酸素濃度・低銅濃度条件下ではsMMOが発現することが知られている．

メタン資化性菌によるTCEの酸化分解は，次の4段階の酵素反応で構成される．メタンモノオキシゲナーゼはメタンが酸化されてメタノールを生成する第1段階の反応を触媒する．

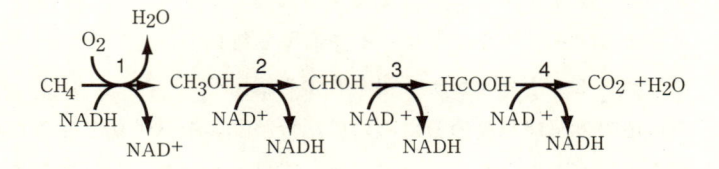

$$CH_4 \xrightarrow[NADH]{O_2, \; 1 \;, H_2O, NAD^+} CH_3OH \xrightarrow[NAD^+]{2, NADH} CHOH \xrightarrow[NAD^+]{3, NADH} HCOOH \xrightarrow[NAD^+]{4, NADH} CO_2 + H_2O$$

第1段階の酵素反応において，基質がTCEに変わると以下の反応（共酸化によるTCEの分解）が起きる．

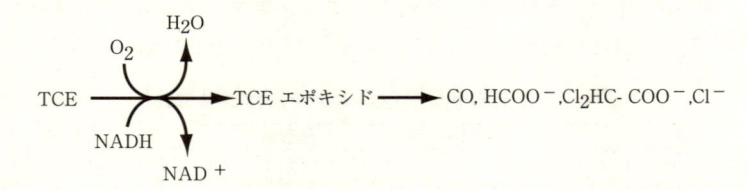

$$TCE \xrightarrow[NADH]{O_2, \; H_2O, NAD^+} TCEエポキシド \longrightarrow CO, HCOO^-, Cl_2HC\text{-}COO^-, Cl^-$$

この反応においては，メタンの酸化反応の第2段階以降は起こらず，還元剤（NADH：還元型ニコチンアミドアデニンジヌクレオチドリン酸）は再生されない．したがって，TCEの分解反応が進むとともに，還元剤が不足することになる．TCE分解反応における酸素とTCEのモル比は1：1であり，TCE 1mg当り酸素0.2mg消費される．

図4-22に，矢木らが分離取得した*Methylocystis* sp. M株によるTCE分解経路を示す．M株は，メタンをメタノール，ギ酸に酸化し，還元力を獲得する一方，メタンをメタノールに酸化するメタンモノオキシゲナーゼの活性によりTCEをエポキシ化し，次いで生成されたTCEオキシドは，非生物的にジ

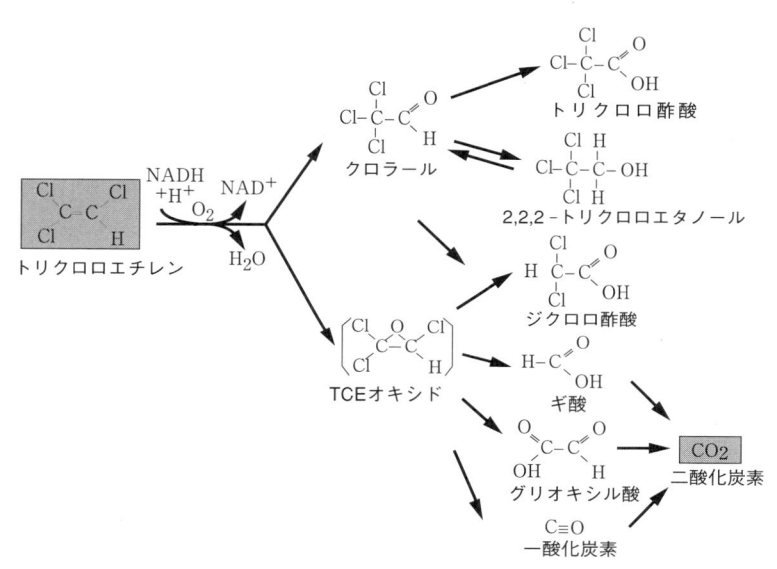

第4章　揮発性有機化合物による土壌・地下水汚染の浄化・修復技術

出典）矢木修身他：『微生物利用の大展開』．

図4-22 *Methylocystis* sp. M株および *Mycobacterium* sp. TA27株による
トリクロロエチレンの分解経路

クロロ酢酸，グリオキシル酸，ギ酸，一酸化炭素に分解されるものと考えられた．また，TCEの初発酸化の際にクロラールが生成され，クロラールはトリクロロ酢酸に酸化あるいはトリクロロエタノールに還元されることが判明した．

（2）　国内の実証事例

平成6～7年度にかけて，わが国で初めてTCE汚染現地での原位置バイオレメディエーション実証試験が実施された．本試験は，揚水した地下水に酸素，メタン，窒素・リン等の栄養塩類を添加した後，再度地下水中に注入し，地盤中に存在するメタン資化性菌を増殖・活性化させるバイオスティミュレーション方式で実施した．図4-23に処理システムの全体概要を示す．

試験は，事前に実施したバイオトリータビリティ試験結果をもとに，メタン

資化性菌を増殖させる期間「増殖フェーズ」と，活性によりTCEを分解させる期間「分解フェーズ」を組み合わせて行った．図4-24に試験中のTCE濃度の経時変化およびモデリングによる濃度推移の結果を示す．地下水のTCE濃度は，バックグラウンド値約5 mg/Lから検出限界以下（0.001mg/L）までの浄化が確認された．また，図4-25にメタン資化性菌の中でTCEの分解に関与すると考えられているsMMO生産菌の濃度変化を示す．メタン注入・停止に対応して菌の増減が明確となっており，メタン資化性菌によるTCEの分解効

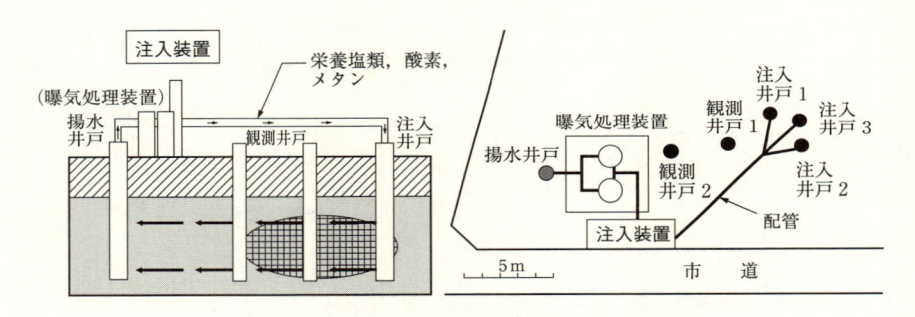

図4-23 実証実験現地のシステム概要図

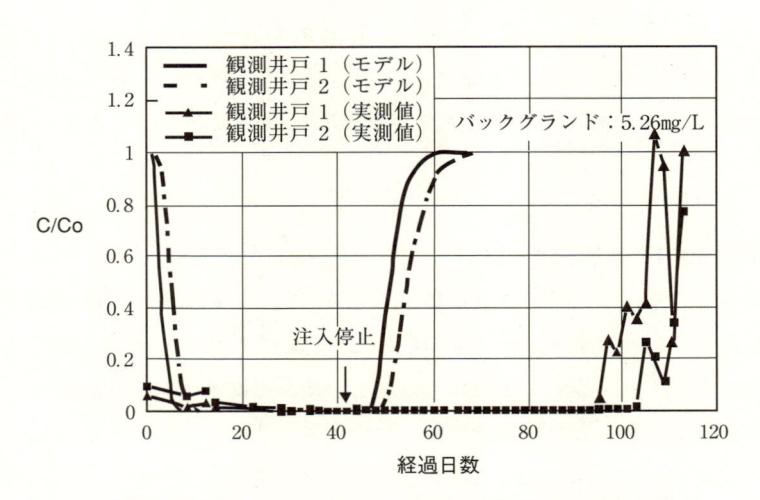

図4-24 シミュレーションモデルと実測値の比較

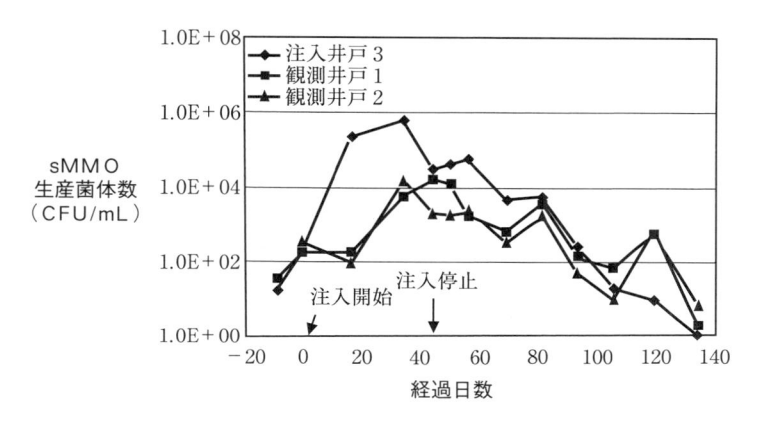

第4章 揮発性有機化合物による土壌・地下水汚染の浄化・修復技術

図4-25 sMMO生産菌の濃度変化

果が確認された．

　通商産業省（当時）のプロジェクトとして，平成8〜12年度にかけてバイオオーギュメンテーションのわが国初の試みが行われた．対象はTCE汚染地下水である．分解菌には，汚染サイトの土壌から分離したトルエン資化性TCE分解菌の *Ralstonia eutropha* KT-1株を大量培養して用いた．

　試験は，まずKT-1株にトルエンを加えて賦活化させ，分解酵素を誘導した休止菌体を井戸に注入し，井戸近傍にバイオフィルターゾーンを形成させた．その後，注入井戸から揚水することで汚染地下水をこのゾーンに通過・接触させて浄化を行った．図4-26に試験結果を示す．KT-1株を添加しない系では，揚水と同時にTCEが検出され，24時間後にはTCE濃度が環境基準値0.03mg/Lとなった．これに対し，KT-1株注入時では，揚水開始後約50時間持続してTCEを検出せず，約300時間まで環境基準値以下を維持した．その後，TCE濃度は徐々に上昇し，約600時間後に試験開始前の濃度に戻った．

　バイオオーギュメンテーションを実施する場合には，使用する菌体の安全性評価が必須条件である．本試験では，事前にKT-1株のヒトへの安全性評価並びに環境生物への影響評価を行っている．OECD「生態毒性試験」や農水省「微生物農薬の安全性評価に係わる試験方法」等を参考に，急性毒性試験や皮膚刺

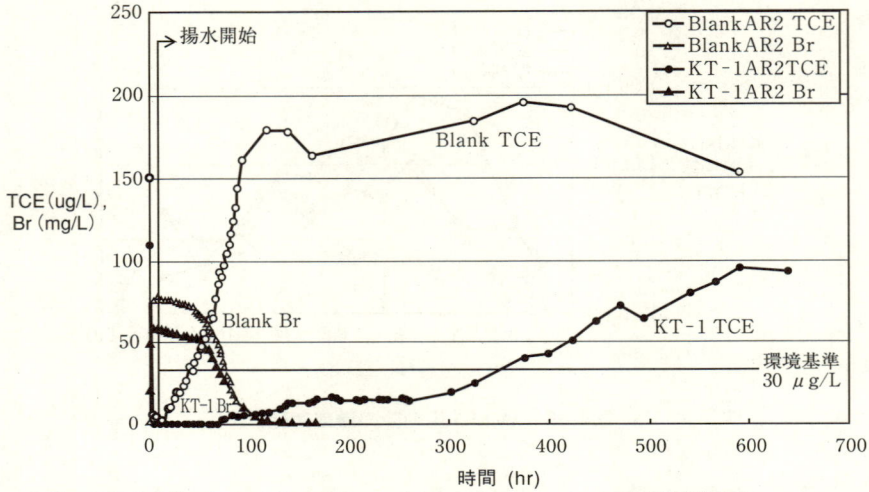

出典　岡村和夫他：『TCE汚染サイトのバイオオーグメンテーション実証試験結果』

図4-26　実証試験結果

　激性試験，変異原性試験を行い，環境生物の影響試験では淡水魚および淡水無脊椎動物影響試験，藻類生育阻害試験を行い，ともに安全性を確認している．また，通産省審議会での安全性確認を得るため，「組換えDNA技術工業化指針」（平成10年通商産業省告示第259号）に基づく安全性評価も行い，確認されている．さらに，実証試験中には地下水中の微生物群集構造解析を行い，最終的に注入されたKT-1株の消滅および注入前の微生物相への回復を確認している．

4.6.2　水素供給剤による原位置浄化
（1）概要
1）はじめに

　バイオレメディエーションとは，微生物が地下水や土壌中にある汚染物質を生物分解する自然界の働きを利用した汚染浄化対策である．この処理法は，酸素を必要とする好気的分解と酸素を必要としない嫌気的分解に大別される．大

半の汚染地域の地下では酸素や栄養分が不足しているために,微生物の繁殖が抑えられ,汚染物質の生物分解が十分に行われていない.

2) 自然減衰の加速

土壌や地下水中の汚染物質は,人の手をかけなくても微生物分解や自然化学分解を受けるため,時間をかけることにより濃度が減少する.この現象は科学的自然減衰(MNA)として注目されてきている.リジェネシス(Regenesis)社が開発した徐放性の水素供給剤(HRC®: Hydrogen Release Compound)は,自然の浄化作用を加速させ,浄化期間を短縮することができる.

3) 水素供給剤(HRC)

HRCは,塩素系溶剤で汚染されたサイトを浄化するために作られた薬剤で,乳酸とグリセロールから合成されるポリエステルを主成分とし,加水分解により乳酸とグリセロールをゆっくりと放出するように調合されている.HRCの注入による還元力(H^+)と栄養分の供給過程およびテトラクロロエチレン(以下,PCE)の還元脱塩素反応を図4-27に示す.HRCは加水分解により乳酸とグリセロールをゆっくりと放出する.HRCから放出された乳酸は,地盤中に生息する微生物の活動によって還元力(H^+)を放出しながら,ピルビン酸,酢酸へと変化するのが主流の代謝系である.これらの有機酸は還元力(H^+)の供給源だけでなく,微生物の栄養源としても消費される.

地下水中に放出された還元力(H^+)および有機酸は,塩素化脂肪族炭化水素(CAHs)の還元脱塩素化プロセスに使用され,PCEはトリクロロエチレン(以下,TCE),ジクロロエチレン(以下,DCE),塩化ビニル(以下,VC)の順に分解され,最終的にエチレンが生じる.エチレンはさらに微生物の栄養として分解・消費される.CAHsの微生物による嫌気的脱塩素化反応には,共代謝反応と脱塩素呼吸反応とが報告されている.

4) 使用法

HRCの適用には,汚染域のどの位置を浄化するかによって,掘削処理,汚染源およびプルーム処理,バリア処理に分けられる(表4-8).

適用の工法のうち,最も一般的に行われるのが,簡易ボーリングマシンなど

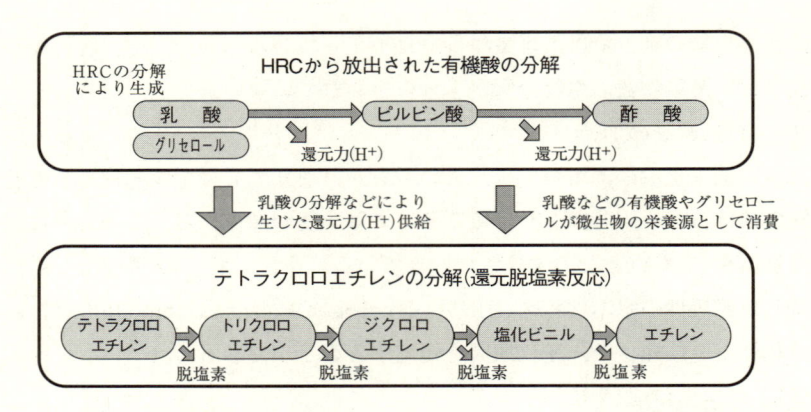

図4-27 HRCの還元力供給過程とテトラクロロエチレンの還元脱塩素反応

の打撃貫入式の機材で所定深度まで掘削し，ボーリングロッドを引き抜きながら薬剤を注入する方法である．

そのほかに，レキ質地盤のため簡易ボーリングマシンでの掘削が困難であったり，再注入を前提としている場合には，井戸を設置して井戸からHRCを注入し，帯水層に拡散させる方法もある．

5）浄化処理可能な汚染物質

HRCを用いた工法で浄化可能な物質には以下のものがある．

① 塩素系溶剤

　PCE，TCEおよび，それらの分解生成物（DCE，VC等）

　四塩化炭素，クロロホルム，硝酸塩等

表4-8 HRCの設置方法

使用法	掘削処理	汚染源処理	プルーム処理	バリア処理
浄化対象	掘削除去後の汚染土壌（一部地下水）	汚染源または高濃度領域	汚染源から地下水で移動し拡散した領域	敷地境界外のプルーム
適用方法	掘削除去の開削時に薬剤を混合させ反応	汚染源における高濃度汚染物質の除去や濃度低減	拡がった汚染物質の除去や濃度低減	敷地外への流出防止のため，敷地境界に注入

② その他

火薬，染料

(2)　特徴

① 運転およびメンテナンスのコスト不要

HRCは原位置での微生物分解を利用した技術であるため，施設設計，運転，操作やメンテナンスの費用が生じない．

② サイトへの障害が最小

初期の注入作業後，特別な機材の設置も必要なしで原位置処理ができ，サイト企業の通常業務を妨げることなく，バイオレメディエーションが進行する．

③ 人体や環境に安全

HRCは製品自体が水溶性で微生物によって完全に消費される．

④ 環境全般への影響が小さい

注入後は地中で浄化が進行するため，機械装置に頼る処理と異なり，浄化を維持するための電力などのエネルギーが不要である．

(3)　留意点

HRCによる地下水浄化の適用については，次のような点に留意する必要がある．

1)　十分な汚染状況の把握

HRCによる浄化では，地下水の流れと汚染物質の濃度に応じて，薬剤の注入地点の配置，注入深度および注入量を決定する必要があるため，事前調査では，汚染物質の詳細な三次元的な濃度分布を把握しておかなければならない．そのためには，まず水理地質構造をボーリング調査により把握し，帯水層の深度や地下水の流動方向を理解したうえでの土壌・地下水汚染調査が必要となる．

単に，HRCを地中に注入すれば地下水がきれいになるわけではなく，誤っ

た注入により，逆に汚染を深部に拡散させてしまう危険さえあるので注意が必要である．

2）　サイトの分解特性の把握

HRCを用いた地下水浄化においては，地中の微生物の働きが適否の鍵を握ることになるが，実際に汚染物質がどのように分解されるかについては，サイト毎に異なってくる．そのため，全域の浄化を進める前に，小領域においてパイロット試験を実施し，分解の進行や速度などを把握することが必要である．

3）　汚染物質が非常に高濃度である場合

原液程度の高濃度物質が存在する場合には，土壌中の微生物が十分に作用することができない．このような場合には，大量のHRCが必要になる場合が多く，汚染規模によっては浄化費用が非常に高額になる．このような高濃度物質に対しては，揚水処理などの工学的浄化手法を用いた方が低コストになることもある．そのため浄化手法を選択するうえでは，工学的手法とHRCによる浄化の特徴を組み合わせて検討することがコスト低減の面では重要である．

（4）　**浄化事例**

ここではHRCによる浄化について表4-9に紹介する．HRCの浄化を適用したのは，汚染範囲が小さく，帯水層が薄く，透水性が低い地層であるために揚水対策が困難で，地上施設のために掘削除去ができないサイトである．使用物質はTCEであったが，現在では大部分が分解生成物であるシス-1,2-ジクロロエチレン（以下，cis-1,2-DCE）に分解されている．

HRCの注入によって，汚染源ではTCEが完全に分解され，cis-1,2-DCEは注入前で13mg/Lであったものが，94.8％除去され0.68mg/Lとなっている．拡散域でも，TCEは完全に分解され，cis-1,2-DCEは注入前に4.0mg/Lであったが，6カ月後には99.8％分解され，環境基準以下の0.009mg/Lとなっている．汚染源のcis-1,2-DCEについては初期濃度が高いために，6カ月後においても環境基準を上回っている．しかし，初期濃度が13mg/Lと非常に高く，環境基準以下の濃度を達成するためには，汚染源のみ再注入が必要となる

表4-9 HRCの設計および注入による濃度変化

汚染および地質状況	地質条件	地表からGL－1.8mまで砂層　GL－1.8m以深はシルト層			
	帯水層	GL－0.9～－1.8m（不圧帯水層）			
	対象物質	cis-1, 2-DCE，TCE			
	浄化範囲	15m×12m（汚染源5m×5m含む）　深度0.5～2.0m			
HRCの注入条件	注入深度	GL－0.5～－2.5m（帯水層と汚染深度から算出）			
	注入地点	配点		注入量	
	汚染源	1.5mメッシュで8地点		20kg／地点	
	拡散域	3.0mメッシュで16地点		12kg／地点	
HRCによる濃度変化	汚染源濃度	注入前	2カ月後	6カ月後	除去率（6カ月後）
	cis-1, 2-DCE	13mg/L	0.34mg/L	0.68mg/L	94.8%
	TCE	0.012mg/L	不検出	不検出	100%
	拡散域濃度	注入前	2カ月後	6カ月後	除去率（6カ月後）
	cis-1, 2-DCE	4.0mg/L	0.017mg/L	0.009mg/L	99.8%
	TCE	0.11mg/L	不検出	不検出	100%

可能性がある．再注入の可能性については，事前に施主に伝えており承諾をいただいている．

4.7　鉄粉を用いた有機塩素系化合物の浄化技術

4.7.1　概　　要

　鉄粉を用いた有機塩素系化合物（ベンゼンを除く揮発性有機化合物）による汚染地下水や汚染土壌の浄化技術は米国や日本の企業で実用化され，米国のみならず日本でもその実施例は増加している．

　鉄粉による有機塩素系化合物の分解は，ゼロ価の鉄(Fe^0)が有機塩素系化合物を酸化還元反応により順次脱塩素するのが主な反応といわれている．しかし，鉄を主成分とする鉄粉による有機塩素系化合物の分解反応は完全に解明されているわけではない．原理的には電子を放出できる鉄が脱塩素反応を起こすことになるので，ゼロ価の鉄だけが分解活性をもっているのではない．マグネタイト(Fe_3O_4)も有機塩素系化合物を分解できることが知られている．

　浄化に使用される鉄粉には種々のものがある．大きさでは0.3μmから100μm

以上のものまである．表面の状態も滑らかなもの，多孔質のものなどさまざまである．鉄粉の製造方法は，鉄を粉砕するもの，転炉ダスト由来のスラリー状の鉄粉，粉末冶金用のアトマイズ鉄粉，マグネタイトを主成分とするものなどがある．鉄粉といっても主成分がゼロ価鉄ということで，製造方法によって種々の鉄化合物が含まれている．

　鉄粉による有機塩素系化合物による汚染土壌や地下水の浄化方法は，他の浄化法と同様に対象物の存在状況や浄化目的によってその施行方法が大きく異なってくる．具体的な工法としては，地下水では汚染域から流出してくる汚染地下水に対しては透過性反応浄化壁や鉄粉浄化杭工法などがある．汚染土壌に対しては土壌と鉄粉を混合攪拌する方法と地盤中に鉄粉を注入する方法がある．鉄粉による有機塩素系化合物の分解は水中で鉄粉表面において反応が進行するといわれている．気層中の有機塩素系化合物の分解についても鉄粉が有効であることが事例や研究により報告されている．汚染域が飽和帯または不飽和帯であるかによって，鉄粉と有機塩素系化合物を効率よく接触させるための方法が異なってくる．

4.7.2　鉄粉による有機塩素系化合物分解機構

　ゼロ価鉄による有機塩素系化合物の脱塩素反応は水中の鉄表面での酸化還元反応であり，次の一般式で示される．金属鉄の表面でアノード反応（式(1)）とカソード反応（式(2)）が起こり，式(3)の脱塩素が行われる．

$$Fe^0 \rightarrow Fe^{2+} + 2e^- \tag{1}$$

$$RCl + 2e^- + H^+ \rightarrow RH + Cl^- \tag{2}$$

$$Fe^0 + RCl + H^+ \rightarrow Fe^{2+} + RH + Cl^- \tag{3}$$

　トリクロロエチレン（以下，TCE）の脱塩素の例を図4-28に示す．反応経路は2つあり，水添分解（hydrogenolysis）によってシス-1,2-ジクロロエチレン（cis-1,2-DCE）を経て分解する経路と，還元的脱離反応によりクロロアセチレンを経て分解する経路があるといわれている．いずれの場合も最終的にはエチレンまで分解する．エチレンは地盤中で微生物などにより二酸化炭素と水

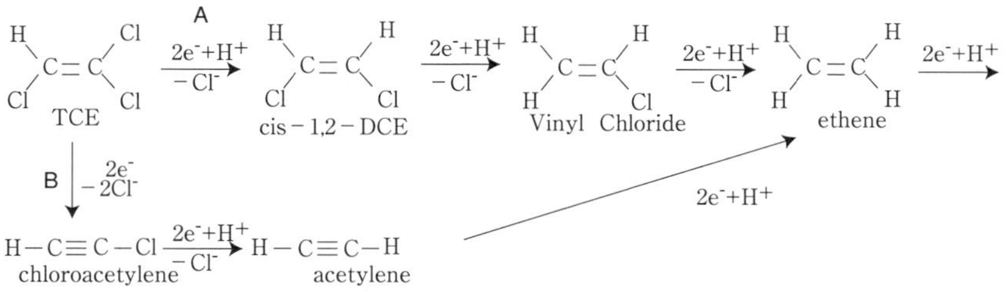

第4章 揮発性有機化合物による土壌・地下水汚染の浄化・修復技術

図4-28 トリクロロエチレンの分解経路

に容易に分解される．

主な分解経路は図4-28のように推察されているが，それら以外の経路でも有機塩素系化合物の分解経路が提案されている．具体的には，ゼロ価の鉄は水と反応して水素ガスを発生する（式(4)）．

$$Fe^0 + 2H_2O \rightarrow Fe^{2+} + H_2 + 2OH^- \tag{4}$$

この水素ガスが鉄表面で鉄の触媒作用で脱塩素反応を引き起こすともいわれている．また，2価の鉄が3価に酸化される際に放出される電子によっても脱塩素が行われるといわれている．

有機塩素系化合物の脱塩素反応に影響を及ぼす因子としては，溶存酸素濃度，pH，温度，地下水中のイオンなどがある．溶存酸素はゼロ価鉄を酸化するので（式(5)），鉄粉に対して有機塩素系化合物と競合する物質となり，溶存酸素は鉄粉による有機塩素系化合物の分解を阻害することになる．

$$4Fe^{2+} + 4H^+ + O_2 \rightarrow 4Fe^{3+} + 2H_2O \tag{5}$$

鉄粉による有機塩素系化合物の脱塩素反応の反応機構や反応速度定数などは十分に解明されているわけではない．また，すべての種類の有機塩素系化合物について鉄粉による分解経路の研究が行われていない．しかし，実際の浄化事例では，ビニルクロライドなどの有害な中間生成物が障害となるほどの濃度で検出されたとの報告はない．

鉄粉による浄化法は，反応が嫌気的状態で進行している．この状態は有機塩素系化合物の分解菌の活性化に効果があり，相乗効果があるとの報告がある．

4.7.3 透過性反応浄化壁

透過性反応浄化壁は汚染地下水の浄化方法として有効である．汚染地下水の流れがある地盤中に地下水を透過する壁を築造し，汚染物を含む地下水がこの透過性の壁を通過する間に鉄粉などの反応性の物質と接触させて，汚染物を分解する方法である．有機塩素系化合物の分解や六価クロムの還元処理に鉄粉を使用する透過性反応浄化壁の例は，米国や日本でも実績がある．透過性反応浄化壁には浄化壁の全体に反応性がある場合と不透水性の壁と反応性のある部分を組み合わせている場合がある（図4-29，図4-30）．

透過性反応浄化壁による浄化の目的は汚染域から流出する汚染地下水を浄化して，工場敷地などからの汚染地下水の流出を防止することである．その意味では敷地境界で従来から実施されている揚水井戸からの揚水による汚染流出防止対策と同じであるが，地上に汚染地下水処理のためのプラント等が必要なく，メンテナンスフリーとなる長所がある．その他にも揚水工法と比較すると，地下水流が大きく変わらない，汚染を拡散させる可能性が少ないなどの長所がある．一方，短所としては，汚染地下水の流れを正確に把握する必要がある，透過性反応浄化壁設置の時点で設置位置より下流側に存在する地下水には浄化効果がない，鉄粉などの分解能力の長期安定性が不明確である，沈殿物などにより透水性の低下が起こることなどが考えられる．

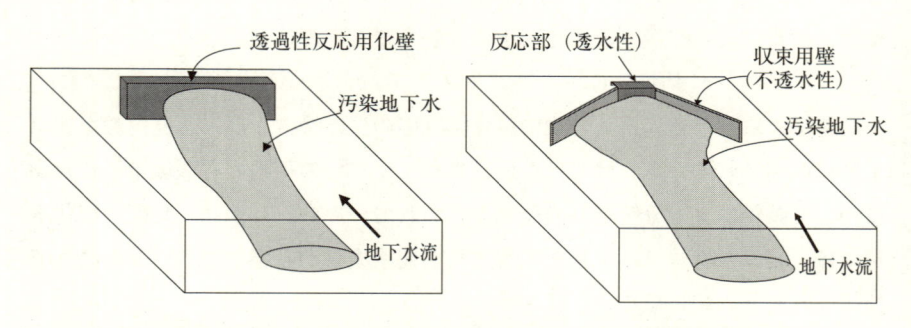

図4-29 浄化壁全体が透過性と反応性がある場合

図4-30 不透過性壁で汚染地下水を集めて透過性の反応部を透過させる場合

鉄粉を用いた透過性反応浄化壁を設置する場合には，汚染に関する種々のデータ，および鉄粉による汚染物質分解の速度定数や長期安定性等のデータが必要となる．具体的には次のようなものが挙げられる．

① 汚染物質：物質種類，濃度，汚染範囲
② 地下水：流速，動水勾配，他の含有物質（鉄粉に影響のある溶存酸素，金属イオン，pHなど）
③ 地　　質：透水係数，間隙率，粒度分布
④ 鉄粉反応：各物質の分解速度定数，沈殿物の形成や長期安定性のデータ

鉄粉による有機塩素系化合物の脱塩素の反応定数は文献値等があるが，実際にはpH，溶存酸素など地下水中に含まれる各種イオンの影響を受け変動する．最終的には，これらのデータを基に試験室において，現地の汚染地下水などでバッチ試験やカラム試験を行い，汚染地下水の透過性反応浄化壁内の平均滞留時間などを決定する．

鉄粉を利用した透過性反応浄化壁の長期安定性については，地下水に含まれる種々の物質による影響も大きいと思われる．米国や日本でデータが蓄積されているが，今後これらの解析により鉄粉利用の透過性反応浄化壁の長期安定性について知見が得られるものと思われる．

4.7.4　鉄粉による原位置浄化法

鉄粉を利用した有機塩素系化合物の浄化法は，透過性反応浄化壁だけではなく，鉄粉を汚染土壌と直接混合攪拌する方法，地盤中に注入する方法なども実施されている．透過性反応浄化壁では対象が汚染域から流出してくる汚染地下水であり，汚染源の浄化は別途行う必要がある．鉄粉を攪拌混合または注入する方法では，汚染源の地下水や土壌の浄化にも適用できる利点がある．鉄粉を利用した恒久措置の原位置浄化（原位置分解）として，鉄粉を原位置で地盤中に注入する方法と攪拌混合する方法（DOG工法：Decomposition of Organic Chloride Compound in Ground）を例に説明する．この工法は，鉄の微粒粉末(CI,

Colloidal Iron)を含む懸濁液(CI剤)をTCE等に汚染された土壌中に注入または攪拌し、土壌・地下水中の有機塩素系化合物を脱塩素還元反応等により分解無害化する工法である．

（1） 原位置浄化に使用する鉄粉

CIは転炉ダスト由来の鉄粉であり、平均粒径0.6μmと非常に小さく、活性の高い微細鉄粉である（図4-31）．CIを主成分として分散剤などを含むCI剤は薬液注入装置による注入やポンプ圧送が可能であり、現地施工における操作性が非常に優れている．プラントで製造したCI剤原液は高濃度のCIを含み、現場では5倍程度に水で希釈して使用する．CIには次のような特徴がある．

- CIは微粒子（0.6μm）のため、土壌への浸透性に優れている．
- CI剤原液のpHは約11とアルカリ性が維持され、鉄の活性が維持されている．
- 高濃度の有機塩素系化合物汚染の浄化にも使用できる．
- CI剤は通常の薬液注入装置による注入またはポンプ圧送が可能である．
- CI剤を地盤中に注入する場合、透水係数10^{-4}cm/s程度のシルト層まで施工可能である．
- CI剤中に含まれる成分に環境負荷はなく、安全上問題ない．

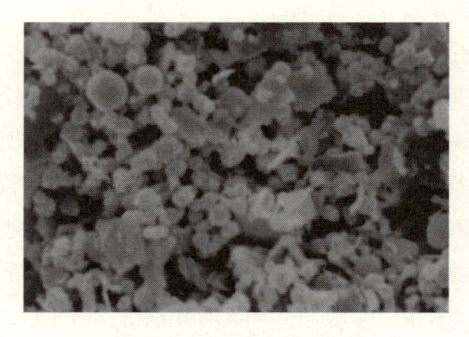

図4-31　CIの電子顕微鏡写真

- 六価クロムの還元およびシアンの不溶化にも適用可能である．

CI 剤を使用する浄化法としては，通常の薬液注入と同様に地盤中に注入する注入 DOG 工法および浅層または深層混合処理工法により土壌と CI 剤を攪拌混合する攪拌 DOG 工法がある．

（2） 注入 DOG 工法

1） 注入 DOG 工法の特徴

注入 DOG 工法は，比較的透水性が良い汚染域に対して適用する方法であり，次のような特徴がある．

① 通常のボーリングマシンにて掘削を行い，薬液注入ポンプにより注入することができる．
② 大規模な掘削を必要とせず，排土が発生しない．
③ 汚染が局所的な場合，ピンポイントで注入できる．
④ 既設構造物下へ斜注入が可能である．

適用の範囲および施工上の留意点としては，

① 対象土層は透水係数 10^{-4} cm/s 程度のシルト層まで注入可能である．
② 現地条件および目的に合わせた注入方式を選択する必要がある．
③ 施工に先立ち汚染状況の 3 次元的な分布を正確に把握する．
④ 土壌中に油分が含まれる複合汚染の場合，浄化効果が低い場合がある．
⑤ CI 剤注入量は汚染の程度，土質，地下水流動状況により決定する．

といったことがあげられる．

注入 DOG 工法の概要図を図4-32に示す．

2） 注入 DOG 工法の施工事例

施工場所：工場跡地

汚染物質：TCE, cis-1, 2-DCE

施工方法：二重管ダブルパッカー工法

施工対象範囲：図4-33に示す土質柱状図の地下水以深の砂層．

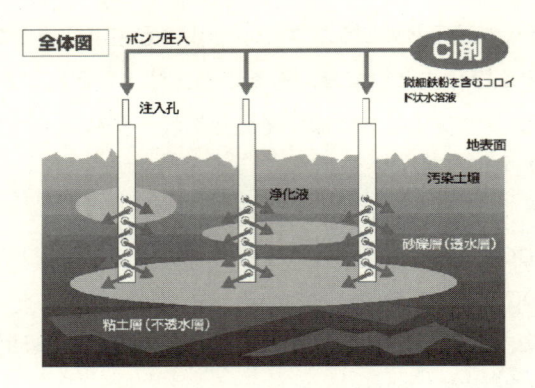

図4-32　注入 DOG 工法概要図

　注入方法はこの例では，注入位置や注入量を正確に制御できる二重管ダブルパッカー工法を採用した．CI 剤注入井戸を写真4-2に示した．観測井における TCE, cis-1,2-DCE の地下水濃度の経時変化を図4-34に示す．注入した鉄粉により約1カ月で TCE 濃度が検出限界以下まで低下した．それに遅れて cis-1,2-DCE 濃度が低下し約2カ月で地下水環境基準以下に達した．

（3）　攪拌 DOG 工法

1)　攪拌 DOG 工法の特徴

　強制的に土壌と CI 剤を攪拌混合する方法で，対象土層が透水係数の小さいローム層や粘土・シルト層に適用する工法である．適用の範囲および施工上の留意点としては次のとおりである．

① 施工機械が軟弱地盤対策用であり，N 値50以上の砂レキ層などの高強度地盤には適用が困難である．
② 施工機械の能力により最大 GL-20～-30m 程度まで施工可能である．
③ 土壌中に油分が含まれる複合汚染の場合，浄化効果が低い場合がある．
④ CI 剤添加量は汚染の程度，土質，地下水流動状況により決定する．

　浅層と深層の別に代表的な施工概要図を図4-35に示す．浅層混合攪拌法では

第4章　揮発性有機化合物による土壌・地下水汚染の浄化・修復技術

標尺(m)	標高(m)	層厚(m)	深さ(m)	標尺(m)	注状図	地質区分	記事	孔内水位／測定月日
	−0.47	0.40	0.40			コンクリート		
	−0.67	0.20	0.60			盛土	中砂主体．20〜40mm角レキ有り．含水無し．	
1						レキ混じり砂	中砂主体．発砲物(黒色)点在．1.8m付近酸化物有り．	
2	−1.87	1.20	1.80					
	−2.47	0.60	2.40			シルト　暗灰	含水中．	−2.45
3							細砂主体．粒子均一．シルト介在．含水大．	
4						砂　暗灰		
5							浄化対象範囲	
	−5.57	3.10	5.50					
6	−5.97	0.40	5.90			シルト　暗灰		
						砂　暗灰	細砂主体．シルトあり．含水大．	
7	−7.17	1.20	7.10					
8						シルト　暗灰	含水中．	
9	−9.07	1.90	9.00					

図4-33　土質柱状図

写真4-2　Cl剤注入井戸

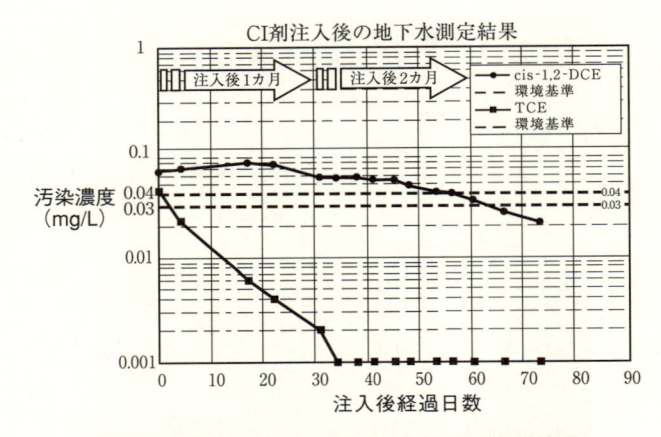

図4-34　TCE，cis-1, 2-DCE 地下水濃度経時変化

ベースマシンにバックホウを使用し，アーム先端のトレンチャーにより垂直攪拌を行う．比較的浅い深度範囲（最大 GL－4～－6m 程度）の施工が可能である．

深層混合攪拌法は，深い深度を対象とし，攪拌翼により所定深度での攪拌混合が可能であり，ベースマシンにより最大深度 GL－20～30m 程度まで施工が可能である．

　2）　攪拌 DOG 工法による施工事例

　　施工場所：機械部品工場

　　汚染物質：テトラクロロエチレン（PCE），TCE，cis-1，2-DCE

　　施工方法：（浅層）パワーブレンダー工法，（深層）セメント系深層混合処理工法（CDM 工法）

　①　パワーブレンダー工法

　②　セメント系深層混合処理工法（CDM 工法）

CDM 先端攪拌翼の構造例を写真4-3に示す．

ボーリング調査による深度毎の TCE 土壌溶出量値の経時変化を図4-36に示す．GL－4～－12m の粘土と砂の互層部分においても CI 剤混合攪拌後80日で TCE 溶出値は十分に低下している．

第4章　揮発性有機化合物による土壌・地下水汚染の浄化・修復技術

(a) 混合攪拌法浅層概要図

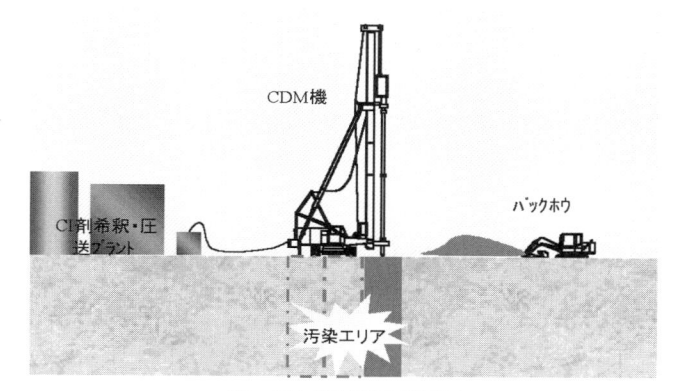

(b) 混合攪拌法深層概要図

図4-35　施工概要図

写真4-3　CDM攪拌翼の例

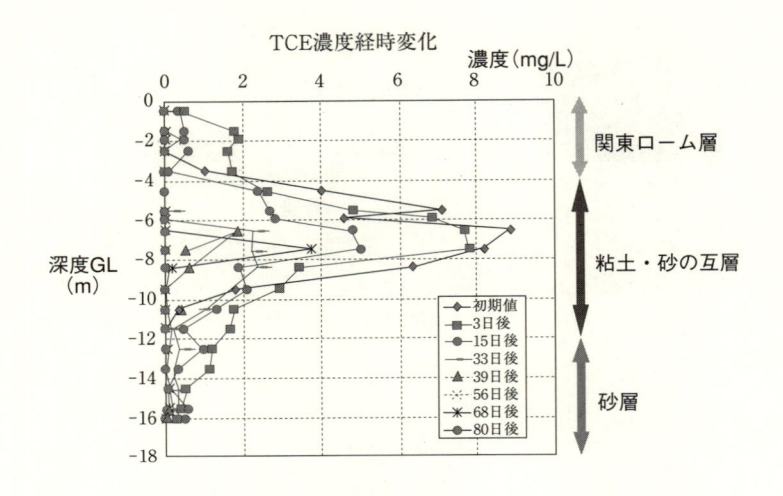

図4-36 TCE 浄化状況

(4) DOG 工法実施のためのトリータビリティ試験

　DOG 工法の設計手法として実際の汚染土を現地よりサンプリングし，室内実験によるトリータビリティー試験と理論式を用いた数値解析モデルによる浄化予測が必要となる．そのための室内実験では，例えば，500mL 容のガラス容器に汚染土540g と45mL の CI 剤を添加して攪拌し，15℃に保って揮発性有機化合物の濃度をヘッドスペース法で分析する．このような室内試験で得られた結果と理論的な予測が大きく異なるような場合には，汚染サイトには浄化に影響を与える未知の要因が存在していることになる．浄化施工を実施する前に，汚染サイトのより綿密な調査を行い，未知の要因を解明する必要がある．

【参考・引用文献】

［1］　環境省水質保全局：『土壌・地下水汚染に係る調査・対策指針および運用基準』，㈳土壌環境センター，1999年，117-119ページ．

［2］　U.S. Environmental Protection Agency : Evaluation of groundwater extrac-

第4章　揮発性有機化合物による土壌・地下水汚染の浄化・修復技術

tion remedies, EPA／504／0289／054, 1989.

［3］ ㈳地盤工学会：『土壌・地下水汚染の調査・予測・対策』, 2002年, 79-160ページ.

［4］ J. Guan: "Optimal remediation with well locations and pumping rates selected as continuous decision variables", *Journal of Contaminant Hydrology*, Vol. 221, 1999, pp. 20-42.

［5］ 渋谷正宏：「有機塩素系溶剤で汚染された高有機質土の修復事例」,『土と基礎』, 50-10 (537), 2002年10月号, 31-33ページ.

［6］ D.M. Mackay: "A controlled field evaluation of continuous vs. pulsed pump-and-treat remediation of a VOC-contaminated aquifer: site characterization, experimental setup, and overview of results", *Journal of Contaminant Hydrology*, vol. 41, 2000, pp. 81-131.

［7］ ISHERWOOD, W.F.: "Smart pump and treat", *Journal of Hazardous Materials*, vol. 35, No. 3, 1993, pp. 413-426.

［8］ COOLEY, A.I.: "Integrated technology for In Situ Ground water Remediation", *Proceedings of the Annual Meeting. Air & Waste Management Association*, 85th, Vol. 17, 1992, pp. 1-28.

［9］ 前田照信：「炭酸水によるVOC汚染土壌の修復」,『環境技術』, Vol. 29, No. 2, 2000年, 120-122ページ.

［10］ 今井久, 前田照信：「炭酸水を用いた土壌・地下水対策工の適用事例」,『第7回地下水・土壌汚染とその防止対策に関する研究集会』, 2000年, 43-46ページ.

［11］ 山内仁, 笠水上光博：「水平井戸を用いた土壌地下水汚染の浄化対策」,『地下水学会誌』, Vol. 40, No. 4, 1998年, 455-466ページ.

［12］ 笠水上光博, 前川統一郎, 中島誠：「水平井戸を用いた汚染土壌・地下水の浄化」,『資源・素材2002（熊本）企画発表・一般発表(C)(D)資料』, 2002年, 113-116ページ.

［13］ Pedersen, T.A., and Curtis, J.T.: *Soil Vapor Extraction Technology*, 1991.

［14］ Johnson, P.C., et al.: *A Practical Approach to the Design, Operation, and Monitoring of In-situ Soil Venting Systems*, in Pedersen & Curtis, 1991.

[15] Kerfoot, H.B.: *Soil Gas Surveys in Support of Design of Vapor Extraction Systems*, in Pedersen & Curtis, 1991.

[16] 笠水上光博，中島誠，柴原史欣，武曉峰：「土壌ガス吸引対策計画のための透気試験に関する考察」，『地下水・土壌汚染とその防止対策に関する研究集会第7回講演集』，2000年，39-42ページ.

[17] Jimmy H.C. Wong, Chin Hong Lim, Greg L. Nolen: *Design of Remediation Systems*, in Lewis Publishers, 1997.

[18] Andrea Leeson., et al.: *Air Sparging Design Paradigm*, in Battelle, 2002.

[19] Matthew J. Gordon, P. HGW.: "Case History of a Large-Scale Air Sparging / Soil Vaper Extraction System for Remediation of Chlorinated Volatile Organic Compounds in Ground Water", *Ground Water Monitoring & Remediation*, Spring 1998, pp. 137-149.

[20] 笠水上光博・山内仁：「粗粒堆積物中の揮発性有機塩素化合物の挙動とエアースパージング・揚水システムによる浄化」，『地下水学会誌』，第40巻，第4号，1998年，403-416ページ.

[21] 金子敏保，服部守，山口隆志，中野明雄：「ホットソイル工法による汚染土壌浄化技術」，『化学装置2月号別冊総合技術ガイド』，102-103ページ.

[22] 中野明雄，吉田勝久，実川信一：「揮発性有機塩素化合物による汚染土壌の浄化技術ホットソイル工法」，『新政策・土壌地下水汚染対策への技術開発 2002．4』，2002年，120-121ページ.

[23] 青木一男，中原雅宏，吉田勝久：「生石灰混合土壌からのアルカリ溶出に関する研究」，『日本地下水学会・2002年秋季講演会発表論文』，2002年.

[24] 今中忠行監修：『微生物利用の大展開』，エヌ・ティー・エス，2002年，824-831ページ.

[25] H.Uchiyama *et al*.: *Agric. Biol. Chem.*, Vol. 53, 1989, pp. 2903-2907.

[26] 土路生修三，門倉伸行，佐々木静郎：「バイオレメディエーションによるTCE汚染の修復」，『基礎工』，Vol. 27, No. 2, 1999年，52-53ページ.

[27] 岡村和夫，渋谷勝利，中村寛治，佐々木正一，長谷川武，川合達治：「TCE汚染サイトのバイオオーグメンテーション実証試験結果」，『土壌環境センター技術ニュース』，No. 4, 2002年，19-24ページ.

第4章　揮発性有機化合物による土壌・地下水汚染の浄化・修復技術

[28]　矢木修身:「汚染土壌のバイオレメディエーション技術の現状と課題」,『用水と廃水』, Vol.45, No.1, 2003年, 19－26ページ.

[29]　中島誠・武暁峰・茂野俊也・内山裕夫・染谷孝・西垣誠:「ポリ乳酸エステルを用いた嫌気性微生物分解の促進による地下水中塩素化脂肪族炭化水素(CAHs)の浄化」,『地下水学会誌』, 第44巻, 第4号, 2002年, 295－314ページ.

[30]　*Permeable Reactive Barrier Technology for Contaminant Remediation*, EPA, 1998, pp.A－54－A－73.

[31]　桜井薫:「MT酸化鉄を用いたCVOC分解効果」,『土と基礎』, 50－10(537), 2002年10月, 28－30ページ.

[32]　中丸裕樹:「揮発性有機塩素化合物の還元分解速度に及ぼす鉄粉の影響」,『日本水環境学会年会講演集』, 36th, 2002年, 510ページ.

[33]　前田照信:「コロイド状鉄による有機塩素系溶媒の処理」,『建設機械』, 37(4), 52－55ページ.

[34]　白鳥寿一:「鉄粉を用いた有機塩素化合物の分解処理」,『月刊地球環境』, 31(4), 2000年, 120－121ページ.

[35]　S.Uludag-Demirer:"GAS PHASE REDUCTION OF CHLORINATED VOCs BY ZERO VALENT IRON", *Journal of Environmental Science and Health. Part A. Toxic/Hazardous Substances & Environmental Engineering*, A36, 8, 2001, pp.1535－1547.

[36]　根岸昌範:「揮発性有機塩素化合物による土壌・地下水汚染の原位置浄化手法」,『土と基礎』, 47－10 (501), 1999年10月号, 21－24ページ.

[37]　佐野亘:「鉄粉と嫌気性集積培養菌を併用したテトラクロロエチレン汚染土壌の浄化手法の開発」,『日本水環境学会年会講演集』, 36th, 2002年, 509ページ.

[38]　TAEHO LEE:"Efficient Dechlorination of Tetrachloroethylene in Soil Slurry by Combined Use of an Anaerobic Desulfitobacterium sp.Strain Y－51 and Zero－Valent Iron", *Journal of Bio Engineering*, Vol.92, No.5, 2001, pp.453－458.

5　重金属等による土壌・地下水汚染の浄化・修復技術

5.1　不溶化処理

5.1.1　概　　要

　重金属の不溶化処理は，これまで封じ込め措置の前処理として位置づけられていたが，土壌汚染対策法では，この前処理技術とともに一定の要件を満たすことを条件に独立した措置技術として認められている．

　ただし，土壌汚染法に係る解説書では，この技術が有害物質を分離する技術ではなく浄化対策とはならないことが指摘されており，この措置が完了したとしても指定区域の解除は行われない．また，溶出量に加え含有量が指定基準を超える場合には，その採用に注意が必要である．

　不溶化処理の原理は，各種の薬剤等を汚染土壌に混合して重金属等の化学形態を変えることによって溶出量を抑制するというものである．不溶化処理は，表5-1に示す処理法が知られている．

　不溶化処理を目的別にみれば，「封じ込め措置の前処理」，「処分場処分前処理」，「不溶化埋め戻し」および「原位置不溶化」に分類される．封じ込め措置の前処理や処分場処分の前処理においては第二溶出量基準を超える汚染土壌を基準以下にする方法として使われる．不溶化埋め戻しは，汚染土壌をいったん掘削して地上で不溶化を図る工法であり，処理後埋め戻される．原位置不溶化

表5-1　不溶化処理の分類

目的	化学的不溶化処理	シーリングソイル工法	アパタイト工法
封じ込め措置前処理	○	−	−
処分場処分前処理	○	−	−
不溶化埋め戻し	−	○	○
原位置不溶化	○	−	○

注）○：実績あり　−：実績少ない，あるいはなし．

は汚染土壌に原位置で不溶化を図る工法である．

ここでは，化学的不溶化処理のほか比較的多くの実績をもつシーリングソイル工法およびアパタイト工法を取り上げる．この２つの工法は，化学的不溶化処理では，人工的な薬剤を用いるのに対し，天然の鉱物を主成分とする薬剤により処理する工法であり，重金属を天然の鉱物の構成物質として取り込み固定化するものである．

化学的不溶化処理の一種であり，汚染土壌を原位置にて不溶化する処理工法についても紹介する．

5.1.2 化学的不溶化処理

汚染土壌の化学的不溶化処理技術は，重金属等に汚染された排水の処理技術と同じ原理に基づいている．すなわち，重金属等による汚染水の水処理技術では一般に，溶解している重金属等を難溶性の塩として生成地処理するが，これが汚染土壌の不溶化処理技術として応用されている．

化学的不溶化処理に使用する薬剤の例を表5-2に示す．

カドミウム化合物，鉛化合物および水銀化合物においては，硫化ナトリウムを添加して，これらの重金属の硫化物を生成させる．

表5-2 化学的不溶化処理における対象物質と使用薬剤等の例

対象物質	使用薬剤等	作用
カドミウム化合物	硫化ナトリウム	硫化カドミウムを形成
シアン化合物 シアノ錯塩を含まない場合	硫酸第一鉄	難溶性塩を生成
鉛化合物	硫化ナトリウム	硫化鉛を生成
六価クロム化合物	硫酸第一鉄	三価クロムに還元 （その後中和により固定）
ヒ酸化合物	塩化第二鉄・硫酸第二鉄	ヒ酸鉄を生成
水銀化合物	硫化ナトリウム	硫化水銀を生成
重金属等	セメント， セメント系固化剤	セメントの水和物等

出典）環境庁水質保全局：『土壌・地下水汚染に係る調査・対策指針および運用基準』に加筆．

$$Cd^{2+} + S^{2+} \rightarrow CdS$$
$$Pb^{2+} + S^{2+} \rightarrow PbS$$
$$Hg^{2+} + S^{2+} \rightarrow HgS$$

ただし,これらの硫化物(難溶解性塩)は過剰の硫化物イオンの存在下では多硫化物を生成して再溶解してしまう.そこで,塩化第二鉄を併用することにより過剰硫化物イオンを硫化鉄として固定し,硫化物イオン濃度がカドミウム等の有害物質との反応に必要な量をわずかに上回る状態に保持する.

シアン化合物の中では,シアノ錯イオンが遊離シアンとは異なりアルカリ塩素法等による酸化分解処理の適応が困難である.一般には,鉄イオン(硫酸第一鉄)を加え難溶性錯化合物を生成させて不溶化を図る(紺青法).

$$3[Fe(CN)_6]^{4-} + 4Fe^{3+} \rightarrow Fe_4[Fe(CN)_6]_3 \quad \text{フェリフェロ形}$$
$$2[Fe(CN)_6]^{3-} + 3Fe^{2+} \rightarrow Fe_3[Fe(CN)_6]_2 \quad \text{フェロフェリ形}$$
$$[Fe(CN)_6]^{4-} + 2Fe^{2+} \rightarrow Fe_2[Fe(CN)_6] \quad \text{フェロフェロ形}$$

ただし,処理中の pH が高くなると,この難溶性錯化合物が水酸化鉄とヘキサシアノ鉄に分離してしまうため,できるだけ中性付近で処理を行う.また鉄イオンが不足すると可溶性プルシアンブルー($Fe[Fe(CN)_6]^-$)が生成し,処理が不完全になることにも注意する必要がある.

六価クロム化合物では,まず硫酸第一鉄等の還元剤を用いて三価のクロムへと還元する.還元された三価のクロムイオンは,消石灰等のアルカリ剤によって水酸化クロムを生成させ不溶化を図る.

$$2H_2CrO_4 + 6FeSO_4 + 6H_2SO_4 = Cr_2(SO_4)_3 + 3Fe_2(SO_4)_3 + 8H_2O$$
$$Cr_2(SO_4)_3 + 3Ca(OH)_2 \rightarrow 2Cr(OH)_3 + 3CaSO_4$$

ヒ素化合物については,三価の鉄イオン(塩化第二鉄・硫酸第二鉄)を添加

することにより，難溶解性のヒ酸鉄を生成させ不溶化を図る．さらに，鉄イオンによる水酸化鉄も生じるため，ヒ素の水酸化鉄への共沈による不溶化効果も期待できる（共沈法）．

$$AsO_4^{3-} + Fe^{3+} \rightarrow FeAsO_4$$

セメント等による不溶化処理については，セメントによる物理および化学的な作用に基づき不溶化を図るものである．物理的な作用においては，セメントの硬化において生じる珪酸カルシウム水和物の微結晶空隙における吸着効果およびセメント硬化体の低透水性（透水係数$10^5 \sim 10^6$cm/sec）による不溶化効果が推定されている．一方，化学的な効果としてセメントによる汚染土壌のアルカリ化による重金属の水酸化物の生成があり，この水酸化物の低い溶解度による不溶化効果も期待できる．

ただし，セメントには六価クロムが含まれることがあり使用するセメントの選別には注意が必要である．また，粘性土においてはpHの変化に伴うコロイド粒子の分散・凝集性があり，pH値を高めるセメントの使用においては留意すべき点である．

5.1.3 シーリングソイル工法
(1) 概要

シーリングソイル工法は，天然鉱物資源がもつ機能と反応を利用して，汚染土壌中の重金属類を不溶化し，基準値以下に改良する技術である．

天然の粘性土と鉱物資源を利用するため，薬剤による化学的処理などの従来技術に比較して環境に対する新たな負荷を基本的に与えない技術である．また，長期的なオーダーに対する重金属類の不溶化を目的としており，他の工法とはこの点でも性質を異としている．

（2） シーリングソイル工法の特徴

本技術は基本的に100％天然鉱物資源を用いた方法であり，新たな環境負荷がほとんどない低負荷である点が，薬剤による化学的処理や，コンクリート等による固化処理と大きく異なる点である（図5-1）．

改良に利用する天然鉱物資源は主に，ゼオライト，炭酸塩鉱物（石灰・苦土石灰），火山性風化粘土（関東ロームなど）で，いずれも単体で農業土壌の改良・改質にごく一般的に用いられている．本工法はこれら鉱物資源の組合せ混合であり，環境負荷が少ない技術であることが理解される．

本工法では重金属の不溶化において，短期的固定化（吸着）と長期的安定化（再結晶化）の2つの段階を経て地化学的に固定・安定化を目標とする．短期的固定化としては，主に天然ゼオライトがもつ吸着機能・陽イオン交換機能により重金属類の速やかな固定化を図る．同時に火山性風化粘性土に多く含まれるアロフェンやイモゴライトの重金属類吸着機能も併せて利用する．長期的安定化としては風化粘性土に含まれる珪酸および鉄・アルミナ等の含水性非晶質物，および低結晶性の粘土鉱物がより高度に結晶化するに伴って，重金属類を珪酸塩鉱物中に微量成分として強固に固定化することを目的とする．

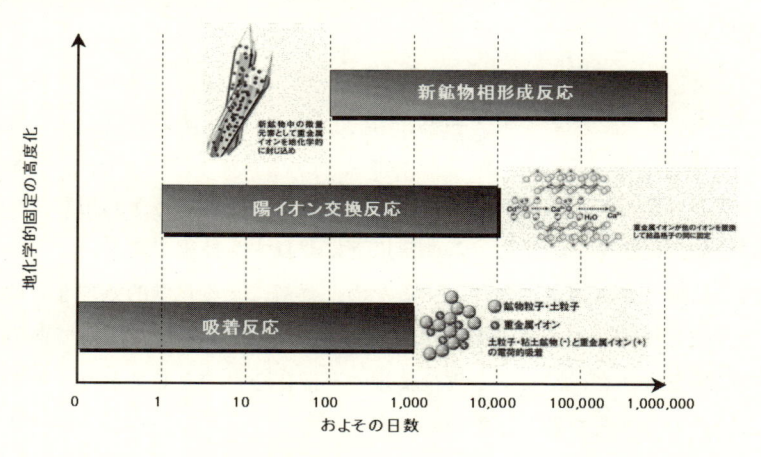

注） 提供：シーリングソイル協会．

図5-1 不溶化の原理概念図

第5章 重金属等による土壌・地下水汚染の浄化・修復技術

その他の特徴として，重金属類全般（Cr^{6+}，Pb，T-Hg，Cd，As，Cu，Se）に対応できるため，重金属類の複合汚染にも同じ改良材と施工法で改良できる．"土"の性状を維持するため改良土の再利用が可能であり，植生も維持される．資源の1つである粘性土は，現在の地表では最も安定して存在する天然物質の1つで，最寄りの未利用粘性土の調達・活用が可能である．現場条件に応じては，汚染地質そのものが利用できる．現地での施工であり，機械的な撤去・移送がないため，汚染の拡散の心配が少ない．室内試験では透水係数を10^{-7} cm/sec オーダーまで低減できるため，廃棄物処分場の遮水材としても十分な機能を有している．さらに，合成シートの保護材・補完材として汚染物質の場外拡散を防止するなどの特徴が挙げられる．

反面，本工法の制約面として薬剤による化学反応ではなく新鉱物相形成反応のため，汚染物質によっては不溶化（無害化）の完成までに時間を要する場合がある．鉱物資源の混合状態に偏在や不均質があると，改良土の不溶化（無害化）完成までの時間ムラおよび品質ムラが生じることがある．鉱物資源の混合率によって，土量が10〜20％程度増量する．

（3） 事前設計ならびに処理方法について

調査により明らかになった汚染地層（土壌）の特性（地質の鉱物組成，汚染分布の把握）に基づき，汚染物質の固定・安定化作用が効果的に起こるための最適条件設定，すなわち，天然イオン交換鉱物（ゼオライト），炭酸塩鉱物，風化粘性土の種類と各添加量の決定，いわばシーリングソイル工法の設計を行う．

実際に対策を行う汚染サイトの物質をサンプルとして，上記条件設定に基づき各種添加素材の混合比を変えた試作品の溶出試験にて効果を繰り返し検証する（写真5-1）．

以上のプロセスを経てシーリングソイル工法の設計と施工計画策定を行う（図5-2参照）．

汚染土について，設計に基づく順番と量に従って，天然鉱物資源等を混合

注）提供：シーリングソイル協会．

写真5-1　スタビライザーによる混合状況

し，環境基準以下に改良・改質を行う．一般的な施工手順は下記のとおりであるが，場内にて作業ヤードが十分にとれないときは，搬出して仮設プラントあるいは常設プラントにて改良浄化し，その後に搬入して埋め戻すこともある．

5.1.4　アパタイト工法

（1）　概要

アパタイト工法は，天然に存在するアパタイト（リン灰石）の安定した鉱物結晶の性質に学び，汚染土壌中の重金属にリン酸塩等の薬剤を混合し，アパタイトを人工的に生成させる工法である．

この工法はアメリカ（FESI社）から導入された不溶化処理工法であり，アメリカ環境保護局（EPA）から認証され，1994年度以降，スーパーファンド連邦プロジェクト，各州のプロジェクトおよび民間案件において多くの実績を有している．わが国においても環境庁が実施した「平成10年度土壌汚染浄化新技術確立・実証調査」に参加し，その後，民間案件において実績を重ねている．

第5章　重金属等による土壌・地下水汚染の浄化・修復技術

```
                    ┌──────────────────┐
                    │ 汚染地質の三次元的把握 │  汚染濃度と範囲の把握
                    └────────┬─────────┘
                             │
┌──────────────┐    no    ◇環境基準を超えるか?◇    土壌の汚染に係わる環境基準
│ 対策・改良不要 │◀─────────┤                        （平成3年環境庁告示46号,
└──────────────┘          yes                        改正平成6年告示25号）
                             ▼
   no  ◇他の対策工の有効性は?◇ ◀── no ── ◇シーリングソイル
  ┌──┤                    │              工法の有効部は?◇
  │  yes                                         │yes
  │   ▼                                          ▼
  │ ┌──────────────┐                ┌──────────────────────┐
  │ │他の対策工法の実施│                │シーリングソイル工法による改良│
  │ └──────────────┘                └──────────────────────┘
  │ ┌──────────────┐   no   ◇場内処理が可能か?◇
  │ │場外搬出・常設改良プラント│◀─────┤
  │ └──────────────┘        yes
  │                              ▼
  │                    ┌────────────────┐
  │  II．最終処分場による処分 │ 改良工         │
  │                    │ ①ゼオライトの混合│
  │                    │ ②炭酸塩鉱物の混合│
  │                    │ ③火山性粘性土の混合│
  │                    └────────┬───────┘
  │   ┌──────────┐    no    ◇反応時間は十分か?◇
  │   │ 養生期間 │◀─────────┤
  │   └──────────┘         yes
  │   ┌──────────────┐          ▼
  └─▶│搬出・中間処理場│    yes  ◇溶出値IIを超える部分は?◇
      └──────────────┘  ┌──────┤
      ┌──────────────┐  │       no
      │遮断型最終処分場│◀─┘       ▼
      └──────────────┘    ◇参考値を超える部分は?◇
   III．一部最終処分場処理（併用型）    │
                              yes │ no
                              ▼   ▼
                    ┌────────────────────┐
                    │ 埋め戻しor建設残土処理 │
                    └──────────┬─────────┘
          ┌──────────────────┐
          │覆土植栽等による飛散防止工│      シーリングソイル工法による改良
          └──────────────────┘
               ┌──────────────┐
               │ 環境モニタリング │   施工後の地下水や汚染土の監視
               └──────────────┘
```

注）提供：シーリングソイル協会．

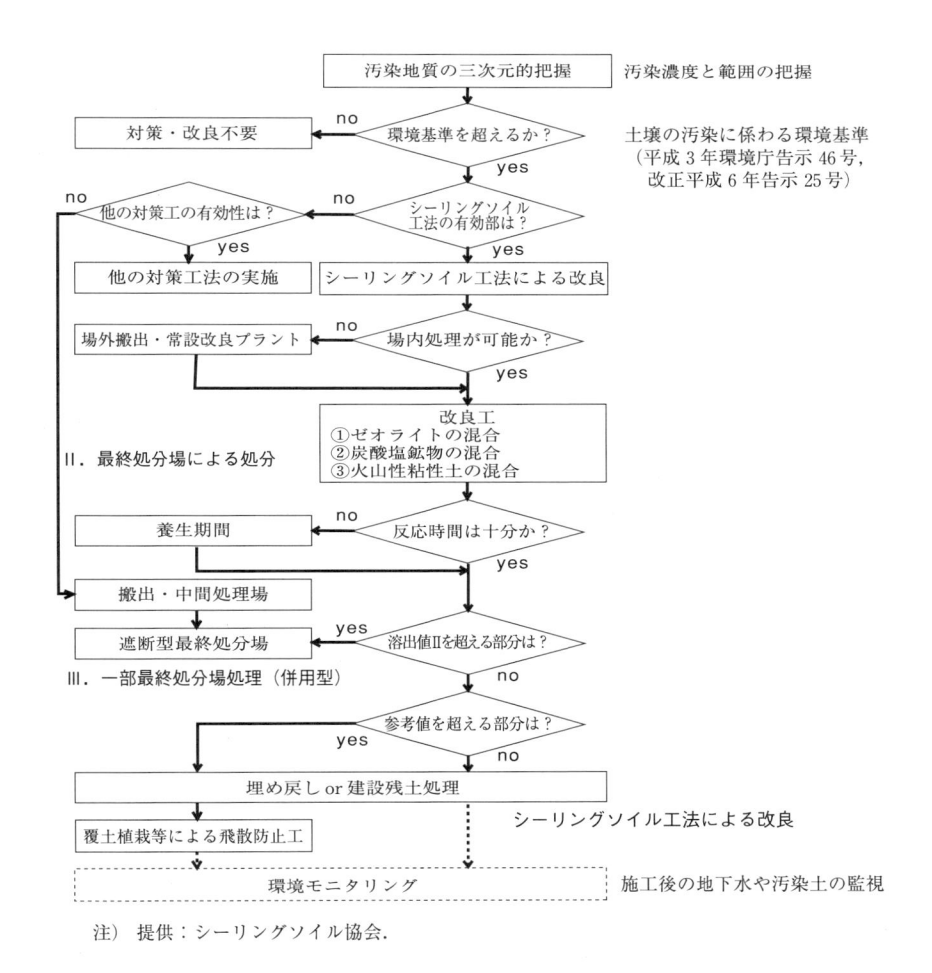

図5-2　シーリングソイル工法施工フロー図

　天然のアパタイトは「各種火成岩・変成岩中の少量随伴鉱物として広く存在し，各種ペグマタイト・熱水鉱脈中に副成分鉱物として産する．また，海成堆積岩（物）としてリン鉱を形成する．なお，生物の骨や歯は低結晶度の水酸リン灰石（ヒドロキシアパタイト）から成る」（『化学辞典』，㈱東京化学同人）

とされる天然の鉱物であり,水に溶解しにくいことで知られている.

リン灰石のうちフッ素リン灰石に分類される鉱物は,六方晶系の結晶を示し,組成は $Ca_5[F(PO_4)_3]$ である.「Ca は完全に Sr, Ba, Pb により,部分的に Na, K, ΣY, ΣCe, Mn などにより,P は完全に As, V, Si, S により,部分的に C, Cr などにより,F は完全に Cl, OH により,部分的に $\frac{1}{2}$O によって置換されることがあり,合成物ではさらに多様な置換が見られる」(同上).とされる.

本工法は汚染土壌中の重金属をアパタイト(リン灰石)の成分として取り込み,重金属を不溶化させる処理法である.重金属に汚染された土壌にカルシウムアパタイトの粉末を混合して,一部を溶解させ,カルシウムに代わって有害物質を成分とするアパタイトを形成させるというものである.鉛の場合,推定される反応式は以下のようである.

$$Ca_5(PO_4)_3OH + 7H^+ \rightarrow 5Ca^{2+} + 3H_2PO_4 + H_2O$$
$$5Pb^{2+} + 3H_2PO_4 + H_2O \rightarrow Pb_5(PO_4)_3OH + 7H^+$$
すなわち,
$$Ca_5(PO_4)_3OH + 5Pb^{2+} \rightarrow Pb_5(PO_4)_3OH + 5Ca^{2+}$$

土壌中に分散したカルシウムアパタイトの粉末は,土壌中の水や散水した水により溶解し,鉛等の有害物質と反応する.実際には粉末表面での反応が多くなるため,有害物質との反応性をよくするため,この粉末が土壌中全体に均等に分散するよう混合することが重要である.

鉛以外の有害物質についても同様な反応が生じ,同じ構造のアパタイトが生成され有害物質が固定化される.

本処理法の特徴として以下の項目が挙げられる.
 ① 不溶化処理後,pH 3〜12 までの広範囲の pH 条件下で安定である.
 ② 迅速な処理効果が発揮でき,処理後の養生期間は1日以下である.
 ③ 硫化水素など有害ガスの副生成物がない.

第5章　重金属等による土壌・地下水汚染の浄化・修復技術

④　処理後の土質に変化が少なく，再利用しやすい．
⑤　現場（on site）での処理のほか，原位置（in situ）あるいは処理場（off site）での処理が可能である．
⑥　処理方法が簡単であり，処理速度については混合機械の増設により合理的な対応が可能である．

（2）　処理方法

処理方法は，図5-3に示すように対象とする汚染土壌に薬剤を散布・混合し，その後，反応を促進させるため散水して養生するという単純なものである．

「薬剤」を混合する方法は，バックホウによる混合でも，大型機械によるものでも可能であるが，均等に混合できることが重要である．写真5-2に混合プラントの例を示す．

使用する薬剤は無機リン酸塩を主成分とする混合物（例えばGRY-AP，FESI社製，代理店住友商事）であり，既知の危険・有害物質は含まれていない．ただし，水溶液（10g/L）ではpH値は2.3～2.6と酸性を示すため使用時には保護眼鏡の着用，防護手袋などの装着が望ましい．また，屋内で使用する場合には

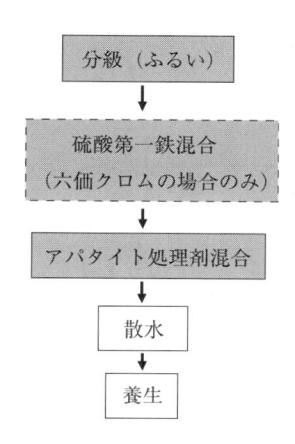

```
分級（ふるい）
   ↓
硫酸第一鉄混合
（六価クロムの場合のみ）
   ↓
アパタイト処理剤混合
   ↓
  散水
   ↓
  養生
```

図5-3　一般的な処理プロセス

注）　提供：スミコンセルテック．

写真5-2　混合プラント

薬剤の粉塵を防止するための換気設備が必要である．

この処理方法で処理できる重金属は，鉛，カドミウム，六価クロムおよびヒ素などである．この処理方法は原位置不溶化措置および不溶化埋め戻し措置の両措置に用いることができるが，これまでの我が国においては不溶化埋め戻し措置としての実績が多い．

（3） 処理事例

鉛および六価クロムによる汚染土壌をアパタイト工法により処理した事例を紹介する．

表5-3は，鉛に汚染された2つの土壌試料（A，B）に前述の薬剤DRY-APを2％（wt）混ぜたラボ試験結果であり，原土壌はともに環境基準値（0.01mg/L）を50倍程度超過するが，処理の結果，溶出量は定量下限値未満（＜0.005mg/L）となっている．

表5-4は，六価クロムに汚染された汚染土壌の処理結果であり，硫酸第一鉄により三価クロムに還元後，処理剤を混ぜたものである．原土壌が環境基準値（0.05mg/L）を200倍程度超過するが，結果は定量下限値未満（＜0.02mg/L）となっている．

表5-3 鉛汚染土壌のアパタイト処理結果（ラボ試験）

対象土壌	処理前 鉛溶出量 (mg/L)	処理後 鉛溶出量 (mg/L)	処理後 pH
土壌 A	0.58	＜0.005	6.2
土壌 B	0.47	＜0.005	6.4

注：提供：スミコンセルテック．

表5-4 六価クロム汚染土壌のアパタイト処理結果

対象土壌	処理前 Cr^{6+}溶出量 (mg/L)	処理前 全クロム溶出量 (mg/L)	処理後 Cr^{6+}溶出量 (mg/L)	処理後 全クロム溶出量 (mg/L)	pH
土壌 C	17	18	＜0.02	＜0.2	4.9
土壌 D	28	24	＜0.02	＜0.02	4.9

注：提供：スミコンセルテック．

5.1.5 原位置不溶化
（1） 概要

重金属等の「不溶化埋め戻し」対策では，いったん汚染土壌を掘削するため費用がかかる．そのため，汚染土壌を原位置で不溶化する方が経済的であるとの考えから「原位置不溶化」対策がとられることがある．

原位置不溶化は汚染物質の存在する原位置で薬剤を土壌に注入し，機械的に攪拌混合して化学的不溶化を図るものである．また，セメントやセメント系固化材が使用され，不溶化とともに地盤強化が図られる．

汚染範囲が比較的浅い深度（0～1.5m）の場合にはバックホウやスタビライザーなどの機械により行われ，2mを越える深い深度（2～6m）の場合には従来の地盤改良工法を応用して施工される（図5-4参照）．ここでは，地盤改良工法の1つであるパワーブレンダー工法を用いた処理法について紹介する．

（2） パワーブレンダー工法

パワーブレンダー工法は，もともとセメントあるいはセメント系固化材などの地盤改良材をスラリー状に混練後，地中に噴射し軟弱土と改良材を強制的に攪拌混合して固化する地盤改良工法である．本工法は，この改良材を不溶化の薬剤に替えて汚染土壌を不溶化するものである．

主要機械となるパワーブレンダーはベースマシーン（バックホウ）にトレンチャー型攪拌混合機を装備した地盤改良専用機であり，トレンチャー（いわば溝堀機械）に装着された攪拌翼（環状につながれたチェーン）により土壌を細かく切削し薬剤と均一に攪拌混合するしくみである．すなわち，トレンチャーを汚染土壌中に挿入し，攪拌翼を回転させ上下の土壌を攪拌するもので，先端からはスラリー状の薬剤が注入され混合される．図5-4に示すように，パワーブレンダーをセット後，トレンチャーを土壌中の所定の深度まで挿入し，ゆっくりと手前に引いて一定範囲の土壌を攪拌混合するのである．

本工法を構成する装置を図5-5に示す．施工場所では薬剤やセメントの混合液を注入するため土壌の体積は増加する．そのため，施工場所の周囲を発生土

第Ⅱ部 浄化・修復技術の適用と最新技術

で囲み汚泥の拡散を防止する．

本工法の特徴は以下のとおりである．

① トレンチャーの垂直性，チェーンの回転速度，改良深度および薬剤の注入量を運転席で管理できるため，信頼性の高い施工管理が可能である．

② セメントを含むあらゆる薬剤の使用が可能であり，重金属の種類や土

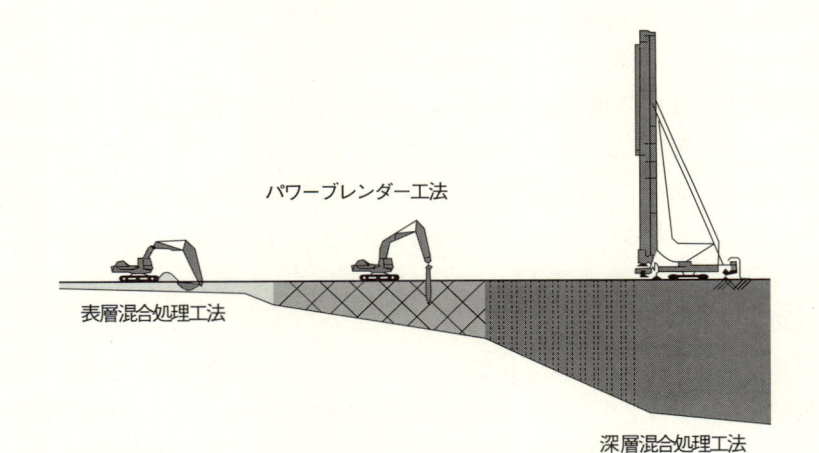

出典）パワーブレンダー工法協会パンフレット．

図5-4 原位置撹拌工法の比較

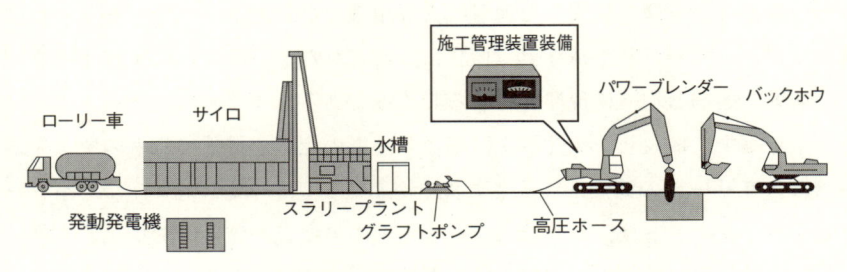

出典）パワーブレンダー工法協会パンフレット．

図5-5 パワーブレンダー工法説明図

壌性状に応じた混合量の設定ができ，広範囲の不溶化に対して適用可能である．
③ 混合攪拌に優れており，不溶化処理のバラツキが少ない．
④ 施工深さは一般に深度6mまで可能であり，機種により8mまで対応可能である．
⑤ 薬剤をスラリー状として使用するため，粉塵問題が生じない．
⑥ 対策深度や現場条件により，適切な機種（ベースマシン：バックホウ $0.7m^3 \sim 1.2m^3$）を選定することができる．

（3） 対策事例

パワーブレンダー工法による重金属等汚染土壌の原位置不溶化の事例について紹介する．対象地は工場跡地であり，鉛，ヒ素およびカドミウムによる土壌汚染が確認された場所である．汚染の分布は地表から深度5～6mまでの区間であり，その汚染状況は表5-5に示すとおりである．

本事例は土壌汚染対策法施行前に東京都によって実施されたものであり，内容については奥村組の協力を得た．

汚染状況から，カドミウムが含まれる土壌については溶出量値が基準を超えておらず，また，浅い深度の分布であったため場外搬出処分としている．ヒ素による汚染は塩化第二鉄，鉛による汚染はセメントによる不溶化が図られた．また，塩化第二鉄の使用による土壌の酸性化に対しては，中和および地盤強度回復のためにセメントが混合された．ここで，地盤強度の回復としているのは，

表5-5 汚染状況

項目	鉛		ヒ素		カドミウム	
基準値等	含有量 mg/kg	溶出量 mg/L	含有量 mg/kg	溶出量 mg/L	含有量 mg/kg	溶出量 mg/L
	参考値	基準値	参考値	基準値	参考値	基準値
	600	0.010	50	0.010	9	0.010
最大	4,600	0.09	140	0.79	29	0.005

表5-6 不溶化剤の混合計画量

	塩化第二鉄	セメント
目的	ヒ素不溶化	鉛不溶化 （＋中和＋強度回復）
最大混合量 （kg/m³）	7.9	100.0

本工法が土壌を攪拌するため地盤が軟弱になるためであり，もとの地盤強度を回復し，重機のトラフィカビリティの確保を目的としている．

したがって，セメントの混合量は対象地を汚染状況にしたがって区画し，区画ごとに不溶化処理，中和処理および地盤強度回復の目的に応じた必要量を求め，これらを合計した量としている．ここで，塩化第二鉄およびセメントの計画混合量の最大値を表5-6に示す．

ヒ素のみの汚染土壌には塩化第二鉄を37％含む原液（ラサ工業製）を水で1：6の比率で薄めた水溶液を混合し，鉛のみの汚染土壌ではスラリー状のセメント（セメント1：水1）を混合している．ヒ素，鉛による複合汚染土壌には塩化第二鉄，セメントの順に混合された．

現場では，スラリー中の薬剤の濃度および流量が管理（流量は1分間に60リットル）されている．パワーブレンダーのオペレーターは管理者と無線で交信しながら一定土量を一定時間で攪拌するため，習熟が必要である．

この事例における現場写真を写真5-3，5-4に示す．

5.2 土壌洗浄

土壌汚染対策法施行前の重金属汚染対策技術は，大きく分けて封じ込めと浄化に分類され，浄化対策には分解や分離，溶融等の技術に分けられた．しかし，重金属汚染では揮発性有機化合物と異なり，化学分解や生物分解，熱分解は対応できる物質が少なく，溶融処理ではコストが高く，一般的な重金属処理技術とは言いがたい．一方，土壌汚染対策法の施行に伴って，直接摂取によるリス

第5章　重金属等による土壌・地下水汚染の浄化・修復技術

注）提供：奥村組．

写真5-3　薬剤（スラリー）注入ポンプ

注）提供：奥村組．

写真5-4　パワーブレンダー施工

クの観点からの措置として，舗装や盛土等の拡散防止の他に不溶化や封じ込め処理が明示されているが，いわゆる指定区域の解除のための浄化措置として，掘削除去以外では土壌洗浄のような分離技術が適している．

一般的に土壌洗浄法（Soil Washing）と言われる処理は，洗浄，分級，泡沫浮上，抽出等の技術を組み合わせた土壌処理プロセスである．基本的には，すべての金属が処理対象となりうる点が他の方法と比べ優れている．また一方，原位置で薬剤を含んだフラッシング液を注入して，汚染土壌を抽出除去する土壌フラッシング（Soil Flushing）法も土壌洗浄の一種である．図5-6に，原位置で実施する標準的な土壌フラッシング例を示す．本項では主に土壌洗浄法について概説する．

5.2.1　処理プロセス

土壌洗浄は，掘削除去した土壌を機械的に洗浄して有害物質を除去する方法で，土壌を粒径により分級して有害物質が吸着・濃縮している画分を分離することと，有害物質を洗浄液中に溶解させることが基本となっている．図5-7におおまかなフローを示す．

処理システムはいくつかの工程の組み合わせにより成り立っている．水また

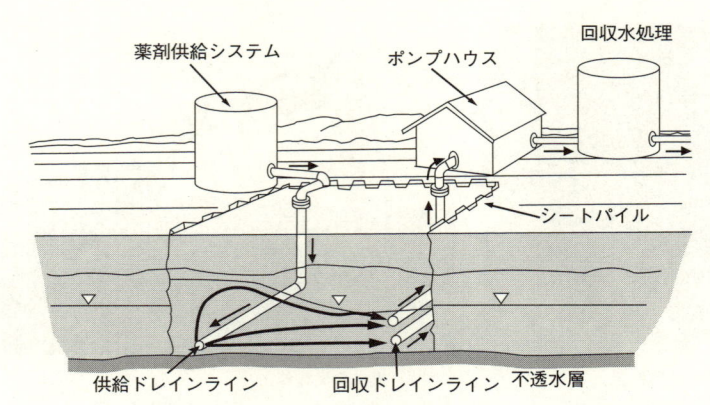

第Ⅱ部　浄化・修復技術の適用と最新技術

出典）熊本進誠：『土壌における難分解性有機化合物・重金属汚染の浄化技術―洗浄法による重金属類汚染土壌の浄化技術―』

図5-6　ソイルフラッシングシステム（固定設備）

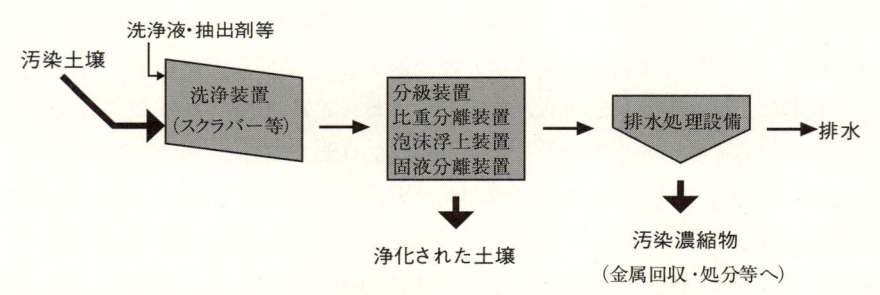

出典）土壌環境センター：『土壌・地下水汚染に係る調査・対策指針および運用基準』

図5-7　土壌洗浄のフロー

は他の溶媒による洗浄工程，篩分離・比重分離等による分級工程，磁着物を分離する磁力分離工程，表面性状の違いで分離を行う浮上分離工程等で，これらの選択および組み合わせは有害物質や土質によって異なるため，事前にトリータビリティ試験を行い，効果の確認を行う必要がある．

　適用対象としては，重金属のほか，油分が共存する場合にも有効な場合が多い．特徴は，大量処理が可能であり，溶媒の種類や条件を選ぶことにより，複数の有害物質による汚染にも対応できる．しかし，下記に示すような留意事項

第5章　重金属等による土壌・地下水汚染の浄化・修復技術

がある．
① 対象土壌中からすべての有害物質を取り除くのは困難である．
② 有害物質の種類や土壌の性質により，処理効果が大きく左右される．
③ 工程から発生する有害物質の濃縮された土壌（スラッジ）等は，適切に処理する必要がある．
④ 比較的大量の水を使用する．

5.2.2　適用性評価

　土壌洗浄は種々の工程の組み合わせのため，全体システムを設計する際には洗浄，分級，磁力選別，抽出，泡沫浮上等の各工程について有害物質の分離性等をあらかじめ把握しておく必要がある．これらの評価は各々テーブルテストや必要に応じてパイロットレベルでの試験を行わなければならない．
　また，これらの評価とは別に，処理対象の土質や有害物質に応じた適用性評価も必要である．

（1）粒径分布

　図5-8に土壌洗浄法の適用粒径分布範囲を示す．1mm以上のレキが主体の土壌では水のみでも洗浄可能なため，ほとんど問題なく適用可能である．また，砂が主体の砂質土も洗浄と分級の組み合わせにより洗浄処理が可能である．水洗浄だけの適用を想定すると，50%以上のシルト分を含む土壌は回収率の低さから適用がむずかしい．これらについては，特殊な洗浄水を用いて洗浄可能な場合もあるが，その後の分級もむずかしいため，コストも含め総合的に判断すると適用困難と言えよう．図5-9に各種の分級機の処理性能を示す．75μm以下のシルト，粘土では，特殊なサイクロンしか対応できないのがわかる．

（2）重金属の存在形態

　汚染土壌中の重金属は汚染の履歴によって存在形態が異なり，通常は単体で存在することは珍しく，酸化物のほか，炭酸塩，硫酸塩，珪酸塩，場合によっ

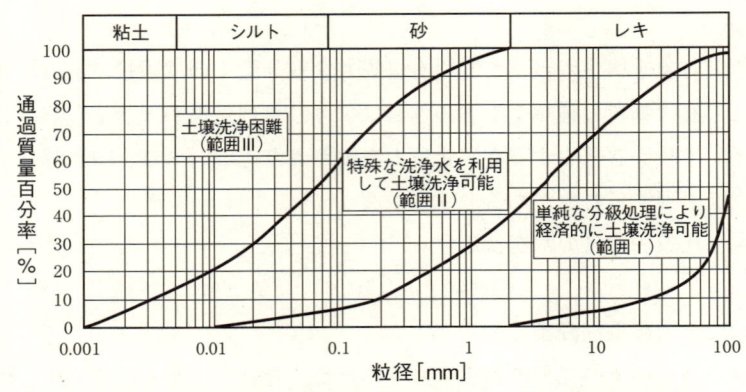

出典) 熊本進誠：『土壌における難分解性有機化合物・重金属汚染の浄化技術—洗浄法による重金属類汚染土壌の浄化技術—』

図5-8　土壌洗浄法の適用粒度分布範囲

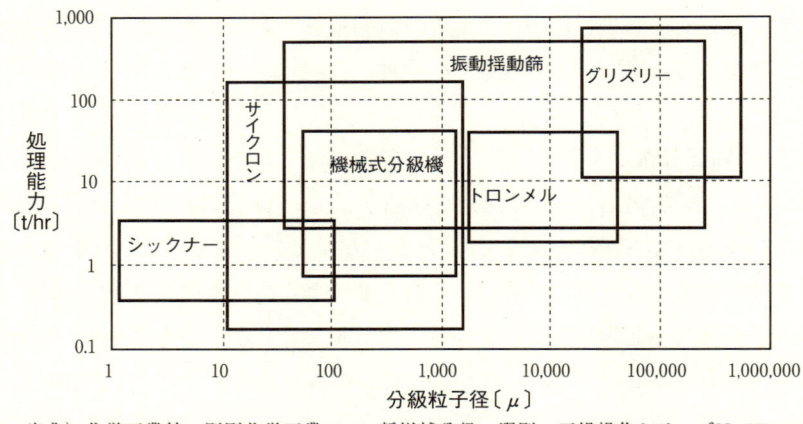

出典) 化学工業社，別刷化学工業41.1，新増補分級・選別，工場操作シリーズNo.17, p.28.

図5-9　各種分級機と分級粒子径

ては錯体を形成していることもある．各々の形態によって，分離特性や溶出性も異なり，処理が困難な場合も想定される．事前の試験をもとに最適な処理工程を選択することが重要である．

(3) 対象重金属種

重金属の種類によっては，水に易溶性のものや難溶性のものがあり，各々の特性に応じて適用性を検討する必要がある．六価クロムやシアンのように形態に関係なく比較的易溶性のもの，またヒ素のように形態が亜ヒ酸かヒ酸によっても溶出特性が変わるもの，難溶性の鉛でも酸・アルカリ側で易溶性となるもの等，事前の特性把握が重要である．

5.2.3 適用事例
(1) 全体システム

土壌洗浄プラントの標準的な事例として，処理フローを図5-10に示す．また，海外から技術導入した移動式洗浄プラントの例を図5-11に示す．いずれの方式も，まず原土壌中の粗大なレキ等（2～5mm程度以上）を除去・粉砕した後，洗浄・分級工程において粗粒と細粒分に分離する．75μm～2mm程度以下の粗粒はその時点で溶出量基準や含有量基準を満足していれば，浄化土壌として現地の埋め戻し等に再利用できる．重金属汚染では，細粒分に付着している場合が多いので，75μm程度の分級だけでも汚染物質の除去に有効と言える．

仮に，基準を越えている場合には再洗浄を行う場合もある．75μm程度以下の細粒分は，粗粒の基準超過のものと合わせてさらに泡沫浮上処理を行う場合と，処理せずにそのまま凝集沈殿処理等の水処理工程に進む場合がある．水処理工程から排出される脱水ケーキは，有害物質が濃縮されているので，産業廃棄物等として場外処分される．また，処理した水は洗浄水として循環・再利用される．

洗浄効果を高め，全体の処理コストを抑えるには，効率的な洗浄・分級が必要である．そのためには，①洗浄処理した土壌の汚染濃度をできる限り低減させること，②汚染物質が濃縮された脱水ケーキ等の場外処分の量をできる限り低減すること，が重要である．高性能な洗浄・分級装置の選定，高効率な排水処理装置の検討等，土質や有害物質の種類・存在形態に応じ，最適なシステム設計や運転管理を行うことが重要である．

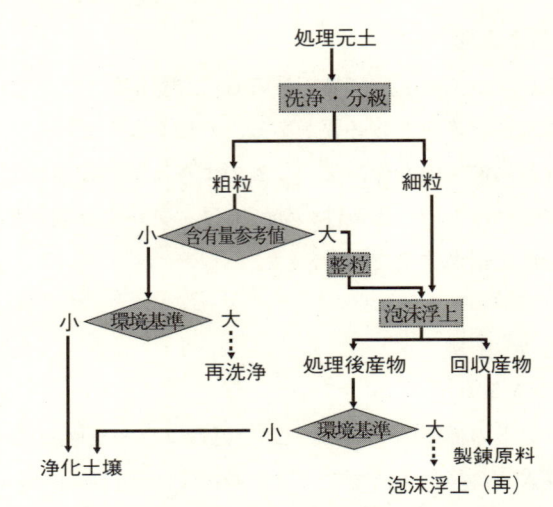

第Ⅱ部　浄化・修復技術の適用と最新技術

出典）　森瀬崇史他：『土壌洗浄法による重金属汚染土壌の浄化』

図5-10　実処理プロセスの例

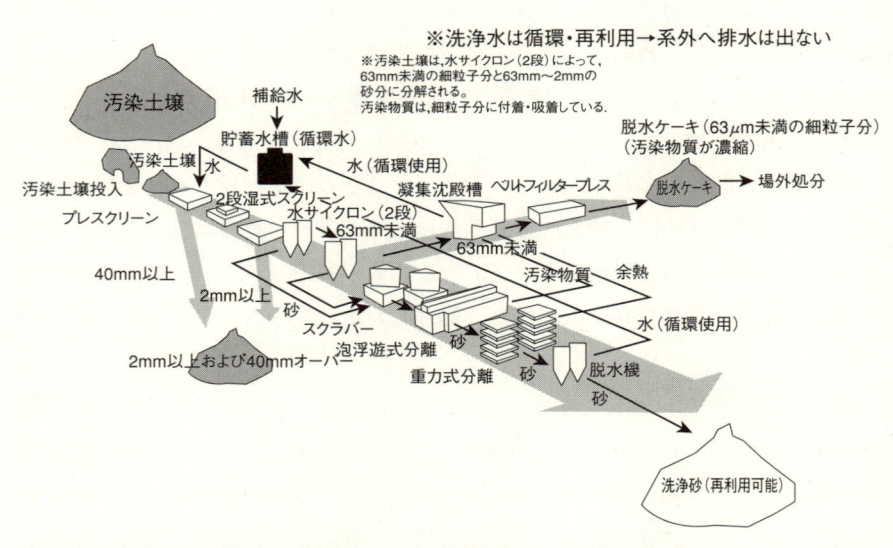

出典）　小林経夫他：『高効率土壌洗浄プラント（MRP）による土壌浄化の検討』

図5-11　MRP土壌洗浄のプロセスフロー

第5章　重金属等による土壌・地下水汚染の浄化・修復技術

（2）処理効果

処理効果の一例を図5-12, 5-13, 表5-7に示す．図はコバルトの模擬汚染土壌による洗浄実験である．1回の洗浄で0.01mg/Lまでの除去がされており，粒径的には洗浄・分級後に0.15mm以下の細粒分にほとんど濃縮されているのがわかる．また，表に示す実験ではシアン濃度が高く油を含む土壌のため，それらに洗浄効果に高い薬剤を選定した結果，高い除去性能を示していた．洗浄土壌は埋め戻し等に再利用可能であることを確認している．

5.3　その他の対策技術

5.3.1　熱処理

熱処理は汚染土壌を加熱することにより汚染物質を直接分解したり，脱着，

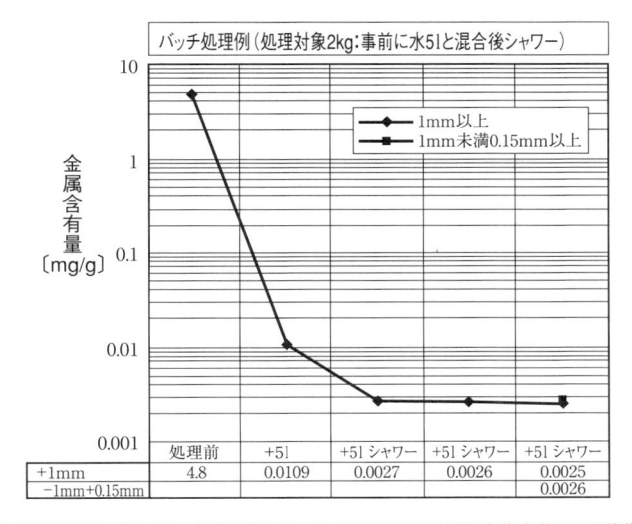

	処理前	+5l	+5l シャワー	+5l シャワー	+5l シャワー
+1mm	4.8	0.0109	0.0027	0.0026	0.0025
−1mm+0.15mm					0.0026

出典）熊本進誠他：『地下水・土壌汚染とその防止対策に関する研究集会第7回予稿集』，p.186.

図5-12　バッチ処理例

図5-13 粒度分布

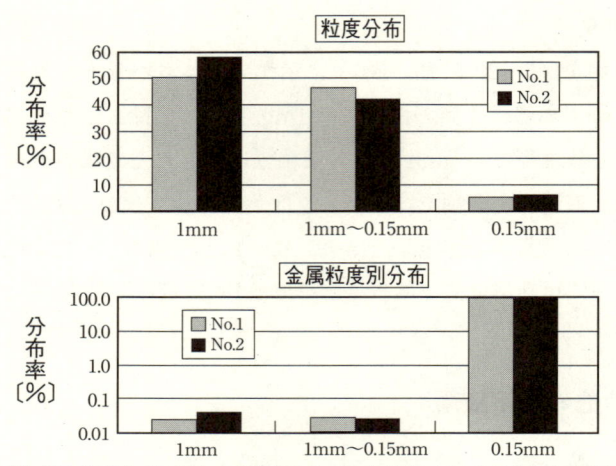

粒度分布

(No.1, No.2 の分布率[%]：1mm / 1mm〜0.15mm / 0.15mm)

金属粒度別分布

(No.1, No.2 の分布率[%]：1mm / 1mm〜0.15mm / 0.15mm)

出典）熊本進誠他:『地下水・土壌汚染とその防止対策に関する研究集会第7回予稿集』,p.186.

表5-7 Site-A 汚染土壌の洗浄効果

分析項目	含有量			溶出量		
	洗浄前 (mg/kg)	洗浄後 (mg/kg)	除去率 (%)	洗浄後 (mg/L)		環境基準 (mg/L)
As	13〜20	4〜5	70%〜75%	<0.01	OK	0.01
Hg	0.8〜1.2	0.18〜0.25	78%〜80%	<0.0005	OK	0.0005
Pb	55〜100	14〜20	75%〜80%	<0.01	OK	0.01
CN	50〜180	8〜10	84%〜95%	<0.1	OK	ND(<0.1)
PAHs(16)	4500〜5200	210〜225	95%〜96%	…	NA	…
Mineral oil	3000〜4700	90〜110	97%〜98%	…	NA	…

出典）小林経夫他:『高効率土壌洗浄プラント（MRP）による土壌浄化の検討』

揮発により汚染物質を分離する技術である．汚染物質を分解するためにはその種類にもよるが，800〜1000℃の加熱温度が必要であり，設備の規模が大きくなること，処理量がある程度ないと効率が悪いこと，処理費が高価になること等の点から，原位置処理よりも場外における中間処理として利用される技術である．これに対して，熱脱着，揮発は比較的沸点の低い汚染物質を対象とし，

水銀等の低沸点金属を対象とする熱脱着法では400～600℃, PCBや有機成分を分離するために使用される水蒸気注入法では300～700℃, 高沸点の重金属の強制的な揮発を促す塩化揮発法では800～1000℃で行われることが多い. なお, 分解, 分離を問わず800～1000℃の高温で汚染土壌を加熱した場合には, 汚染物質が処理され無害化された場合でも, 本来の土壌特性が失われている点に留意する必要がある. 水銀を対象物質とした加熱による土壌特性や処理費用に関する課題に対しては, 鉄塩等の反応促進剤を添加し昇華点より低い300℃程度の加熱温度で分離する低温加熱処理技術が開発されている.

5.3.2 掘削除去

掘削除去は指定基準に適合しない範囲の汚染土壌を掘削機械により直接掘削し, 土砂運搬車両に積み込み搬出して敷地から取り除き, 掘削除去した範囲を清浄土により埋め戻す方法である. 掘削除去は土壌溶出量基準および土壌含有量基準に適合しない汚染土壌のいずれにも適用できる対策技術である. 対策費用はその大部分を汚染土壌の処分費が占めるため高価になる. 汚染土壌掘削後の埋め戻しは購入客土による場合と, 汚染土壌を場内あるいは場外の処理施設で無害化した浄化土で埋め戻す場合があるが, いずれの場合も埋め戻し材料に起因した新たな土壌汚染を引き起こさないよう適切な品質管理を行うことが重要である.

掘削方法については比較的浅い掘削で敷地に余裕がある場合には法付きオープンカット工法, 掘削が深く敷地境界までの掘削が必要な場合には土留め壁工法が採用される. 施工においては掘削に伴う周辺地盤変状, 振動, 騒音, 地下水等への施工対策を行うと同時に, 汚染物質が混在する粉塵や湧水により周辺環境へ汚染が拡散しないように対策を講じる必要がある. また, 汚染土壌の掘削作業においては, 事前調査により汚染物質の種類, 濃度, 分布範囲等の状況を把握することが不可欠である. しかし, 土壌を掘削した際に想定された濃度を上回るものや予想外の領域に汚染物質が潜んでいる場合, 液体金属で揮発性のある金属水銀の水銀蒸気が発生する場合, 等があるため, 掘削作業に従事す

る作業員に健康被害が生じないよう対策を施す必要がある．

5.3.3 封じ込め

　土壌汚染対策法において封じ込めは土壌溶出量基準を超過した汚染土壌に対する措置技術として位置づけられており，汚染された土壌を規定された構造により一般環境から隔離して，対象物質を含む汚染土壌に起因する汚染の拡散を防止する対策技術である．封じ込めの方法としては2つに分かれ，汚染土壌中の重金属等の溶出量濃度が，第二溶出量基準に適合している場合には遮水工，不適合の場合には遮断工が適用される．さらに遮水工には汚染土壌を掘削，運搬せずに現状のまま規定の遮水構造により封じ込める原位置封じ込めと，別途設けた規定の遮水構造内に掘削した汚染土壌を封じ込める遮水工封じ込めがある．これらの遮断工および遮水工の構造については，管理型及び遮断型の最終処分場の構造に準拠している（「一般廃棄物の最終処分場及び産業廃棄物の最終処分場に係る技術上の基準に定める命令」（昭和52年総理府令・厚生省令第1号））．

　封じ込めは汚染土壌から対象物質を分離，分解して除去することが困難な場合に，恒久的な対策として適用されてきているが，浄化されない汚染土壌が封じ込めた場所に存在し続けるため，①封じ込め構造が長期的に安定して維持されること，②封じ込め構造の維持状況が定期的に点検，確認できること，③封じ込め機能が損なわれた場合に補修が可能であること，等が要求される．

（1）　原位置封じ込め

　原位置封じ込めは汚染範囲を取り囲むように鉛直遮水壁を構築して汚染物質の側方への拡散を防止し，遮水壁を根入れさせた汚染範囲下部の不透水層により下方への汚染物質の拡散を防ぐ対策方法である．原位置封じ込めの適用においては，汚染土壌中の重金属等の濃度が第二溶出量基準を超過する場合には，不溶化等の処理や原位置浄化によりこの基準に適合させる必要がある．原位置封じ込めの構造例を図5-14に示す．

第5章 重金属等による土壌・地下水汚染の浄化・修復技術

　汚染土壌の周囲を囲む鉛直遮水壁としては，一般的な土留め壁工に用いられる図5-15に分類されるような遮水性土留め壁が用いられる．

　鋼製矢板壁は鋼矢板，鋼管矢板を連続的に不透水層までバイブロ，圧入により打設する工法で，鋼材を継手部でかみ合わせることにより壁を構築する．鋼矢板の方が遮水性能が高いが，継手部にウレタン樹脂や合成樹脂を主成分とする止水材をあらかじめ塗布すること等により，さらに遮水性を向上させる必要がある．壁の長さは20〜25m程度である．一方，鋼管矢板の場合70m程度の壁長が可能であるが，遮水性を維持させるためには継手部のグラウト処理が必

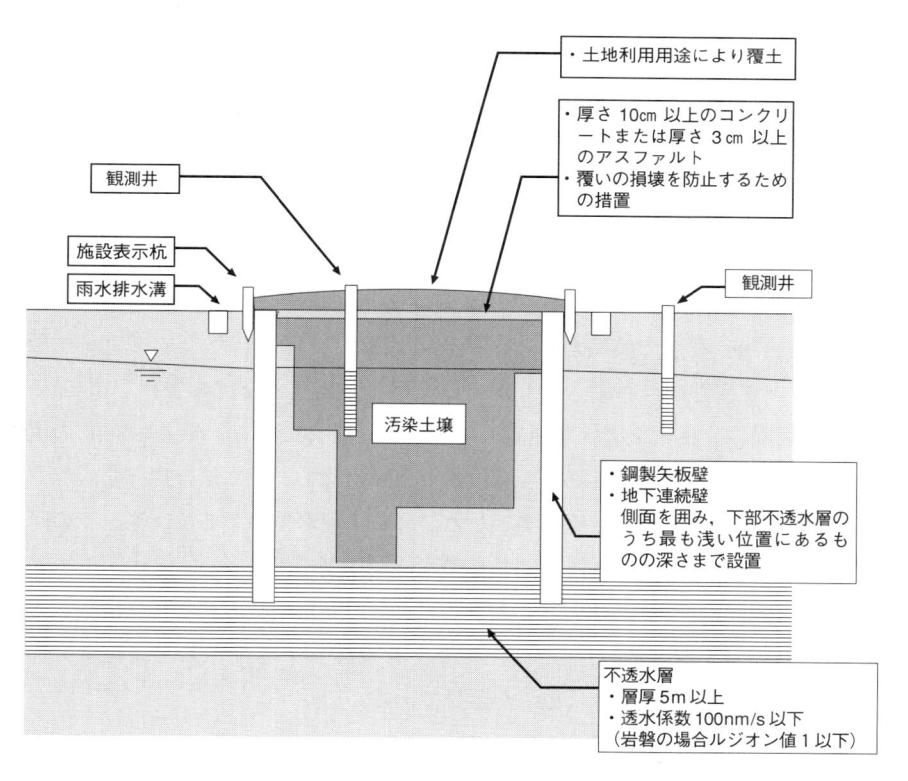

図5-14　原位置封じ込め構造例

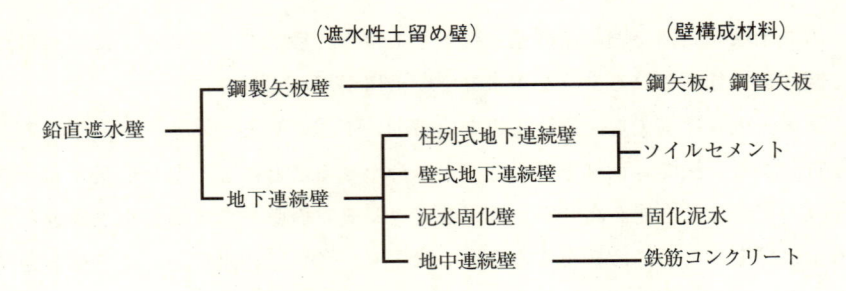

```
                          (遮水性土留め壁)              (壁構成材料)

              ┌─ 鋼製矢板壁 ──────────────── 鋼矢板, 鋼管矢板
              │
              │                    ┌─ 柱列式地下連続壁 ─┐
  鉛直遮水壁 ─┤                    │                    ├─ ソイルセメント
              │                    ├─ 壁式地下連続壁 ───┘
              └─ 地下連続壁 ───────┤
                                   ├─ 泥水固化壁 ────── 固化泥水
                                   │
                                   └─ 地中連続壁 ────── 鉄筋コンクリート
```

図5-15 原位置封じ込めに用いられる鉛直遮水壁

要となる．遮水性，施工性，工費，工期等を考慮すると鋼矢板を用いることが効果的である．なお，地盤条件が玉石やレキの場合には，オーガー，中掘等を併用する必要がある．

地下連続壁はソイルセメント連続壁（柱列式および壁式連続壁），泥水固化壁，地中連続壁に分類される．

ソイルセメント連続壁は，原地盤と固化材を攪拌混合して壁体を構築するもので，柱列式は多軸混練オーガーにより原地盤とセメントスラリーを混合攪拌し直径400～850mm程度の円柱状の改良体をラップさせて構築した壁体であり，最長約70m程度の実績がある．壁式は地盤中に挿入したチェーンソー型のカッターを横方向へ移動させながら原位置土と固化液を混合攪拌し幅450～850mm程度の改良体を溝状に連続して構築した壁体であり，最長約50mの実績がある．両工法による連続壁も原位置土と固化材を十分に混合攪拌し，均一な遮水性能を有する壁体を構築するための品質管理が重要である．連続壁の剛性を高める場合には，改良体中にH鋼等の芯材を挿入する．

泥水固化壁は孔壁安定にベントナイト泥水を用いた壁状の掘削孔に鋼矢板等を挿入した後に，孔壁安定液と固化材を混合攪拌して構築された固化壁である．地盤条件が玉石の場合は施工が困難である．

地中連続壁は安定液を使用して掘削した壁状の掘削孔に鉄筋かごを建て込み，場所打ちコンクリートを打設して構築した連続壁で止水性，剛性が高い．壁長はバケット式掘削で50m程度，ドリル式掘削で150m程度が可能である

が，ドリル式掘削の場合玉石の地盤には適用が困難である．

　以上のような鉛直遮水壁は土留め壁や遮水壁としての施工実績が多く，精度の高い施工管理のもとであれば，高品質の遮水壁を構築することが可能である．特に鋼矢板壁やソイルセメント連続壁は施工実績とコストの両面において，汚染リスクを低減させる手段としては優れている技術と考えられる．ただし，これらの遮水壁としての長期的な止水性能に関しては情報が十分といえないため，今後このようなデータの蓄積が重要になる．

（2）　遮水工封じ込め

　遮水工封じ込めは対象地の汚染土壌を掘削した後に，規定の遮水構造を有する遮水槽を別途設置し，この中に掘削した汚染土壌を埋め戻して封じ込める対策方法である．遮水槽は汚染土壌掘削跡部を利用して構築される場合と，別途用地を確保し構築される場合がある．遮水工封じ込めの適用においては原位置封じ込めと同様に，汚染土壌が第二溶出量基準を超過する場合には，不溶化や原位置浄化により第二溶出量基準に適合させる前処理が必要である．封じ込めの構造は埋め戻した汚染土壌の底面と側面に，遮水シートを用いた遮水層を設けて汚染物質の漏出を防ぐものである．遮水層の構造としては，遮水シートの上面に遮水シートの損傷を防ぐ保護マットを敷設し，遮水シートの下面に粘性土や水密性アスファルトコンクリートを敷設する構造や二重シート構造とするものが挙げられる．さらに，遮水槽の上面は，降雨，表流水等が内部に浸透することによる槽内の著しい地下水位の上昇を抑制するために，コンクリートやアスファルトにより覆うことが必要である．遮水工封じ込め構造の例を図5-16に示す．

　遮水工に用いる遮水シートの材質は，合成ゴム系，合成樹脂系，アスファルト系，ベントナイト系，積層タイプ複合系等から，遮水層の規模や形状，汚染物質，汚染濃度等に対して，強度，耐薬品性，耐久性，施工性等を考慮して選択する．

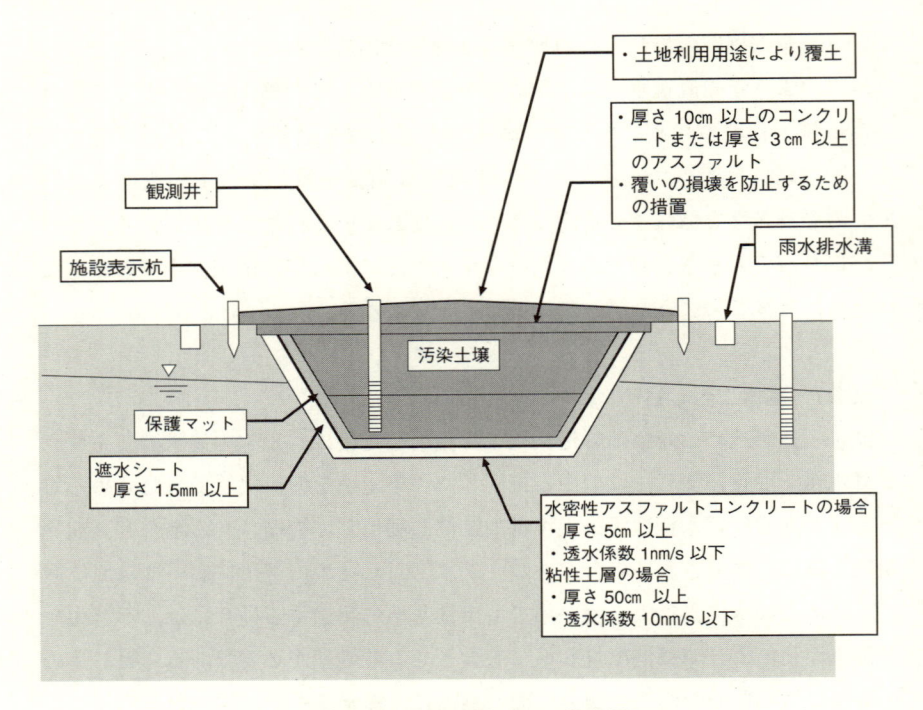

第Ⅱ部　浄化・修復技術の適用と最新技術

図の注釈:
- 観測井
- 施設表示杭
- 保護マット
- 遮水シート
  ・厚さ1.5mm以上
- 汚染土壌
- 土地利用用途により覆土
- 厚さ10cm以上のコンクリートまたは厚さ3cm以上のアスファルト
- 覆いの損壊を防止するための措置
- 雨水排水溝
- 水密性アスファルトコンクリートの場合
  ・厚さ5cm以上
  ・透水係数1nm/s以下
  粘性土層の場合
  ・厚さ50cm以上
  ・透水係数10nm/s以下

図5-16　遮水工封じ込め構造例

（3）遮断工封じ込め

　遮断工封じ込めは対象地の汚染土壌を掘削した後に、規定の遮断構造を有する封じ込め槽を別途構築し、この中に汚染土壌を埋め戻し封じ込める対策方法であり、遮水工封じ込めと同様に封じ込め槽は汚染土壌掘削跡部を利用して構築される場合と別の場所に用地を確保し構築される場合がある．汚染土壌に含まれる対象物質の濃度が第二溶出量基準を超過する高濃度の汚染の場合に適用されるため、規定の圧縮強度と厚さ（25N/mm²以上，35cm以上）を有する鉄筋コンクリート製の遮断槽の内部に封じ込め，一般環境から汚染土壌を隔離する．遮断槽の上面は遮水工封じ込めと同様に、降雨、表流水等が内部に浸透しないようにコンクリートやアスファルトにより覆うことが必要である．また、遮断槽は封じ込め構造の品質が確実に維持されていることを定期的に点検でき

第5章　重金属等による土壌・地下水汚染の浄化・修復技術

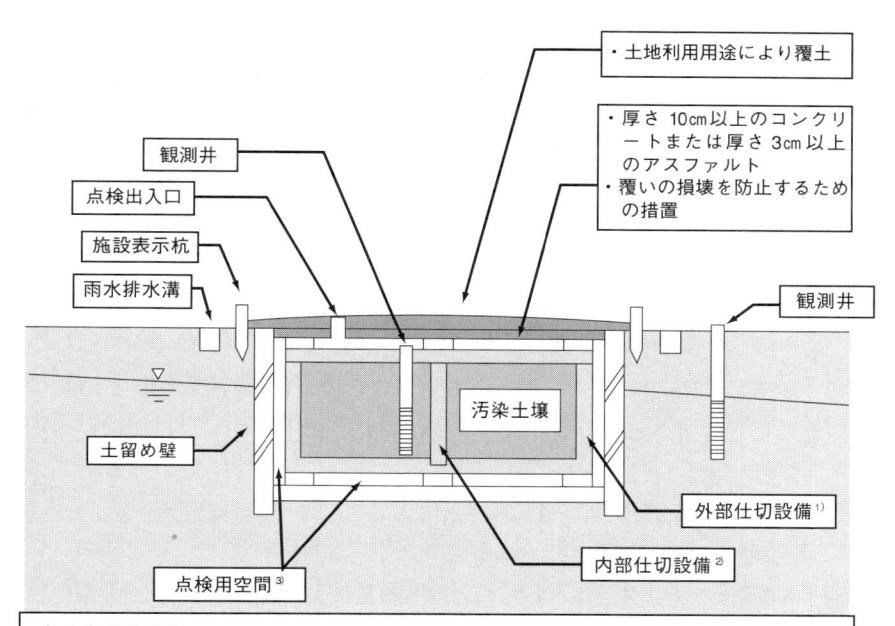

図中ラベル：
- 観測井
- 点検出入口
- 施設表示杭
- 雨水排水溝
- 土留め壁
- 点検用空間³⁾
- 汚染土壌
- 内部仕切設備²⁾
- 外部仕切設備¹⁾
- 観測井
- ・土地利用用途により覆土
- ・厚さ10cm以上のコンクリートまたは厚さ3cm以上のアスファルト
- ・覆いの損壊を防止するための措置

1) 外部仕切設備
 ・一軸圧縮強度 25N/mm² 以上および壁厚 35cm 以上の水密性を有する鉄筋コンクリート造
 ・自重，土圧，地震力等に対する構造耐力上の安全性の確保
2) 内部仕切設備
 ・面積 50m² または封じ込め容量 250m³ を越える場合は，内部仕切設備により一区画の面積が 50m² 以下，一区画の容量 250m³ 以下に区画する．
3) 点検用空間
 ・外周仕切設備の側面部および底面部に点検路，ビデオカメラ等の機器を通すことのできる空間を設ける．

図5-17　遮断工封じ込め構造例

るように，人が目視点検できる点検路や，ビデオカメラ等の機器を通すことができる点検用の空間設備を設けておく必要がある．遮断工封じ込め構造の例を図5-17に示す．

第Ⅱ部　浄化・修復技術の適用と最新技術

【参考・引用文献】

［1］　環境省水環境部土壌環境課：「土壌汚染対策法に基づく調査及び措置の技術的手法」，2003年．

［2］　建設省技調発第48号：「セメント及びセメント系固化材の地盤改良への使用及び改良土の再利用に関する当面の措置について」，平成12年3月24日．

［3］　尾崎哲二，岡田亮介，笠水上光博，田中信夫，石原成己：「土壌のアルカリ化による自然土壌からの有害物質の溶出事例について」，「地下水・土壌汚染とその防止対策に関する研究集会」，第8回講演集，2002年，281-284ページ．

［4］　熊本進誠：『土壌における難分解性有機化合物・重金属汚染の浄化技術−洗浄法による重金属類汚染土壌の浄化技術−』，エヌ・ティー・エス社，2002年，257-275ページ．

［5］　環境省水質保全局：『土壌・地下水汚染に係る調査・対策指針および運用基準』，㈳土壌環境センター，1999年．

［6］　森瀬崇史，友口勝，笹本直人：「土壌洗浄法による重金属汚染土壌の浄化」，『土壌環境センター技術ニュース』，2001年，28-33ページ．

［7］　小林経夫，毛利光男，谷本裕一，今沢正樹，辻哲，田澤龍三：「高効率土壌洗浄プラント(MRP)による土壌浄化の検討」，『地下水・土壌汚染とその防止対策に関する研究集会』，第8回講演集，2002年，239-240ページ．

［8］　岡田和夫，松山明人：「低温加熱処理による水銀汚染土壌の浄化技術」，『土壌環境センター技術ニュース』，㈳土壌環境センター，No.1，2000年，34-38ページ．

［9］　地盤工学会 土壌・地下水汚染の調査・予測・対策編集委員会：『土壌・地下水汚染の調査・予測・対策』，㈳地盤工学会，2002年，12ページ．

［10］　土壌汚染対策法に基づく調査及び措置の技術的手法の解説，㈳土壌汚染環境センター，2003年．

［11］　川地武：「汚染地盤対策としての地盤改良技術に適用性」，『土と基礎』，㈳地盤工学会，2002年，Vol.50，No.10，37-39ページ．

［12］　吉田信夫，久野悟郎，片岡宏治：「深層改良地盤の15年後の追跡調査」，『第27回土質工学研究発表会講演集』，㈳地盤工学会，1992年，2323-2326ページ．

[13] 林　宏親，西川純一，江川拓也，寺師昌明，大石幹太：「深層混合処理工法による改良柱体の長期強度」，『土木学会第56回年次学術講演会Ⅲ』，㈳土木学会，2001年，378－379ページ．

[14] 海野隆哉，猪股安弘，西村和樹：「JST改良体の長期耐久性と環境への影響」，『基礎工』，総合土木研究所，Vol.27，No.3，1999年，66－68ページ．

[15] 坂井眞人，上嶋忠孝，山浦一郎，村田義行，金子治，吉原長吉：「ソイルセメント柱列壁の耐久性に関する研究」，『1999年度日本建築学会大会中国学術講演梗概集』，日本建築学会，1999年，613－614ページ．

6 石油類による土壌・地下水汚染の浄化・修復技術

6.1 バイオベンティング（Bioventing）

バイオベンティング（以下，BV）[1]は，石油類など好気的環境下における微生物分解が期待できる汚染物質を対象とした原位置（In-Situ）における土壌浄化技術の１つである．石油類による土壌汚染は，大規模な工場，精油所から市街地に点在するガソリンスタンドまでさまざまな場所で発生している．ガソリンスタンドの場合，狭い用地（一般に1000m²以下）において浄化・修復措置を行う必要があり，広い面積あるいは場外搬出を必要とするバイオレメデーション（例えば，ランドファーミングなど）の適用はむずかしい状況にある．BVはこうした市街地における土壌汚染を効率的に浄化・修復できる技術として注目されている．

6.1.1 原理と特徴

BVによる土壌浄化は，地盤中に生息する土壌微生物による汚染物質の好気分解に必要な酸素を供給することで生物分解を促進する技術である．AFCEE（米空軍環境先端センター）のまとめるBVに関する実用試験報告書[2]では，土壌微生物が石油類などの有機物を効率よく分解するためには，栄養塩類の添加よりも電子受容体である酸素を十分に供給することが重要であると指摘している．通常，BVシステムには図6-1に示す２つの方式が提案されている．

---

1) バイオベンティング（Bioventing：BV）は，1984年よりAFCEE（米空軍環境先端センター）やEPA（米国環境保護庁）が中心となって開発された技術で，BVの適用は米国空軍施設のジェット燃料を中心とした汚染サイトに多く，適用サイトにおける成果，現状等についてはFRTR（Federal Remediation Technologies Roundtable：浄化技術に関する連邦円卓会議）のホームページ（URL：http://www.frtr.gov/）の公表リストが参考になる．
2) AFCEE："Bioventing Performance and Cost Results From Multiple Air Force Test Sites", 1996, AFCEE.

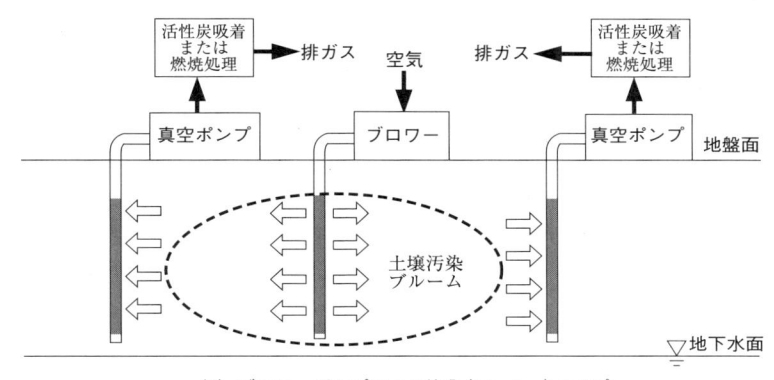

第6章　石油類による土壌・地下水汚染の浄化・修復技術

(1) ブロワーポンプによる注入 (Injection) タイプ

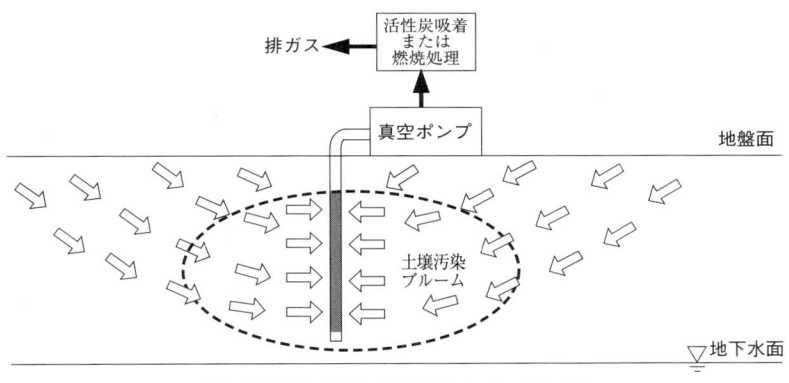

(2) 真空ポンプによる吸引 (Extraction) タイプ

出典）三井・パーソンズグループ技術資料．

図6-1　バイオベンティング (BV) システムの種類

　(1)のブロワーポンプによる注入タイプはBVシステムの開発当初から提案されているもので，注入井戸を介して土壌中に酸素を供給する方法が採用されている．これに対して，(2)の真空ポンプによる吸引タイプは機械・設備的には土壌ガス吸引法（以下，SVE）と同じであるが，SVEが減圧によって生ずる揮発性有機化合物の揮発によって分離・回収するのとは異なり，減圧によって生ずる地表面からの空気流入を促進することが目的となる．そのため，SVEと

比べて負圧度，吸引風量が少なく，排ガス処理もSVEのそれよりもコンパクトで済む利点がある．だたし，高濃度の汚染物質が土壌中に残留し微生物分解に適さないサイトではSVEの方がより効果的である．そのため，現在のBVシステムではBV本来の生物分解に加えて，減圧吸引による分離・回収効果を併用するハイブリットタイプの技術[3]となっている．

6.1.2 適用条件

BVシステムに関する基礎技術は米国空軍施設における実証試験によって確立されている．また，EPAでは米空軍の試験サイトから得られた実証データ（145事例）に基づいて技術マニュアル[4]を策定しており，図6-2に示すようにガソリンおよびジェット燃料（物質的には灯油と同等）といった揮発性の高い石油類に対して浄化効果が高い．このほか，数種の非ハロゲン化有機化合物（殺虫剤，木材防腐剤）や有機化学薬品による汚染土壌の浄化にも適用されているが，多環芳香族（PAHs）など難揮発性物質にはあまり適さない．

BVは，地下水面以浅の不飽和帯（通気帯）に残留する汚染物質が浄化対象となり，地下水面以深の飽和帯あるいは毛管帯中の汚染物質の浄化には適さない．また，土壌水分の高い土壌や極度に透気性の劣る粘性土層についても効果の点で問題がある．

6.1.3 設　　計

前述のように，BVによる浄化は土壌微生物による生物分解が中心であり，地盤環境中における微生物活動を維持するために必要なさまざまな要素[5]の確認が必要である．このうち，酸素供給に関連した土壌物性によるBVシステム

---

3) EPAでは，SVE，BV，エアースパージングなど物理的回収と生物分解を併用可能な技術をEnhanced SVEとし，革新的浄化技術の1つとして取り扱っている．
4) VBは米国空軍の145サイトにおける実用試験（Treatability test）を基に技術の基本原理と実践のためのマニュアル（下記参照）が公開されている．EPA：Principles and Practice of Bioventing － Volume I Bioventing Principles（A324111），1995.，同 － Volume II Bioventing Design（A 324114）．あるいは，EPA：soil Vapor Extraction(SVE)Enhancement Technology Resource Guide：Air Sparging, Bioventing, Fracturing, Thermal Enhancements, 1995.

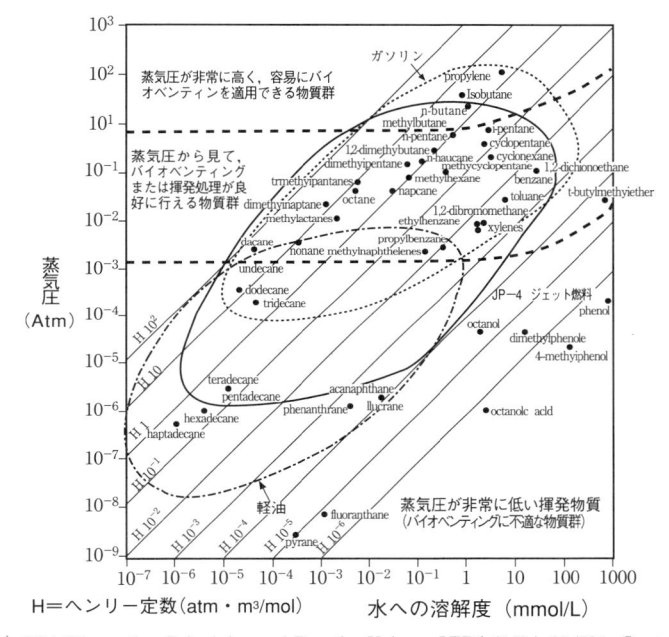

第 6 章　石油類による土壌・地下水汚染の浄化・修復技術

出典) EPA:Bioventing Principles and Practice,Volume I,EPA/540/r-95/534a September 1995.

図6-2　汚染物質の物理化学特性とバイオベンティングシステムの適用性

への制約には次のようなものがある．

- 対象土壌の透気性が0.1darcy以上であること．
- 影響半径（Radius of influence：ROI），すなわち酸素供給が最大限維持されなければならない半径が土壌汚染範囲を上回ること．
- 生物分解による浄化効果を設計するうえで必要な，土壌中の汚染物質の拡散，分布域が把握され，これに対応する酸素供給が可能であること．

---

5) 微生物による有機物の分解には分子レベルでの電子授受が必要となる．そのため，電子供与体（Electron Donor）である栄養塩類（例えば，NH_4，NO_2-，Fe^{2+}）と電子受容体（Electron Receptor）である酸素（O_2）の土壌中での存在量が適度にバランスしていない場合，有機物分解が進行しないことがある．

（1） 物理学的特性

このうち，土壌中の汚染物質の拡散についてはラウールの法則（Raoult's law）による汚染物質の非混合相と通気相との濃度平衡より求められる．

$$C_v = \chi C_{vsat} \qquad \text{式6-1}$$

ここで，C_v：通気相における汚染物質（x）の蒸気濃度（g_x/L_{vapor}）
　　　　χ：汚染物質のモル分率（無次元）
　　　　C_{vsa}：汚染物質（x）の飽和蒸気濃度（g_x/L_{vapor}）

なお，汚染物質の飽和蒸気濃度（C_{vsa}）は，次式より求めることができる．

$$C_{vsa} = [(MW_x) P_v] / RT_{abs} \qquad \text{式6-2}$$

ここで，MW_x：汚染物質の分子量（g_x/mol_x）
　　　　P_v：温度Tにおける汚染物質の蒸気圧（atm）
　　　　R：気体定数（L−atm/mol−°K）
　　　　T_{abs}：絶対温度（°K）

また，汚染物質分布については炭化水素の多くが線形等温吸着式に従って吸着されることから，次式より求めることができる．

$$C_s = K_d C_w \qquad \text{式6-3}$$

ここで，C_s：土壌マトリックスによる汚染物質（x）の吸着量（g_x/g_{soil}）
　　　　C_w：液相における汚染物質（x）の体積濃度（$g_x/L_{aqueous}$）
　　　　K_d：吸着係数（$L_{aqueous}/g_{soil}$）

なお，吸着係数（K_d）は，次式より求めることができる．

$$K_d = K_{ow} f_{oc} \qquad \text{式6-4}$$

ここで，K_{ow}：水－オクタノール分配係数
　　　　　f_{oc}：土壌中の有機炭素数

（2） 生物化学反応

BVの浄化プロセスにおいて最も重要な分解反応は，モノー（Monod）の式に基づく経験的な反応力学の式により導くことができる．

$$-\frac{dS}{dt} = \frac{kXS}{K_s + S}$$ 式6-5

ここで，S：（汚染物質中に含まれる）基礎代謝物濃度（g_s/L）
　　　　　t：時間（分）
　　　　　k：基礎代謝物利用の最大率（$g_s/g_x - min$）
　　　　　X：微生物濃度（g_x/L）
　　　　　K_s：モノーの半減速度定数（g_s/L）

（3） 微生物分解プロセスに影響を及ぼす環境パラメータ

上記の生物化学反応に影響する環境パラメータには次のようなものがある．

- 電子受容体の条件：代謝プロセスに影響する．
- 湿度の状態：酸素供給量や微生物の活性に影響する．
- 土壌pH：一般的にはpH6～pH8の範囲（pH7前後が最適）．
- 土壌温度：通常は0℃～60℃の範囲（15℃～35℃が最適）[6]．
- 栄養塩類の供給：主として窒素とリンの供給．
- 汚染物質濃度：高濃度汚染の場合は微生物が死滅することもある．
- 微生物活性度：汚染物質を分解可能な微生物が存在していること．

---

[6] アラスカ州のEielson空軍基地における事例では0℃前後でも微生物分解が確認されたものの，夏季の高温期に比べ分解速度が格段に低下したと報告されている．温度による微生物反応速度への影響については6.2節を参照．

（4） 酸素供給

このうち，最も浄化効果に寄与するものとして指摘されているものが酸素供給量である．式6-6は石油類（n－ヘキサン）の微生物による分解反応を示したもので，1モル当りの分解に必要な酸素は9.5モルとなる．

$$C_6H_{14} + 9.5O_2 \rightarrow 6\,CO_2 + 7\,H_2O \qquad \text{式6-6}$$

式6-6より炭化水素1gを分解するのに必要な酸素量を求めると，3.5gとなる．

$$\frac{1\,\text{mol}C_6H_{14}}{9.5\text{mol}O_2} \times \frac{1\,\text{mol}O_2}{32\text{g}O_2} \times \frac{86\text{g}C_6H_{14}}{1\,\text{mol}C_6H_{14}} = \frac{C_6H_{14}}{304\text{g}O_2} = \frac{1\,\text{g}C_6H_{14}}{3.5\text{g}O_2} \qquad \text{式6-7}$$

このほか，酸素供給に関連した土壌の透気性に関する評価については4.2節（土壌ガス吸引法）に詳しい解説があるので参照されたい．

（5） 物質特性と生物分解

汚染物質の物性には多くの実験・研究報告[7]がある．土壌間隙あるいは土壌水分からの汚染物質の揮発と分解には物質自体持つ物性が大きく関与する．このうち，蒸気圧と好気的環境下における半減期との関係は図6-3に示すとおりで，ガソリン，ジェット燃料といった蒸気圧の高い物質の半減期は数日～1年程度となっている．

6.1.4 浄化効果と経費

BVによる浄化を行う場合，対象サイトに複数の観測井戸を配して定期的なモニタリングを行う必要がある．モニタリングでは生物分解と揮発による分離

---

7) 例えば，EPA：Superfund Public Health Evaluation Manuals, NTIS No.PB87－183125，1986などが引用されるケースが多い．

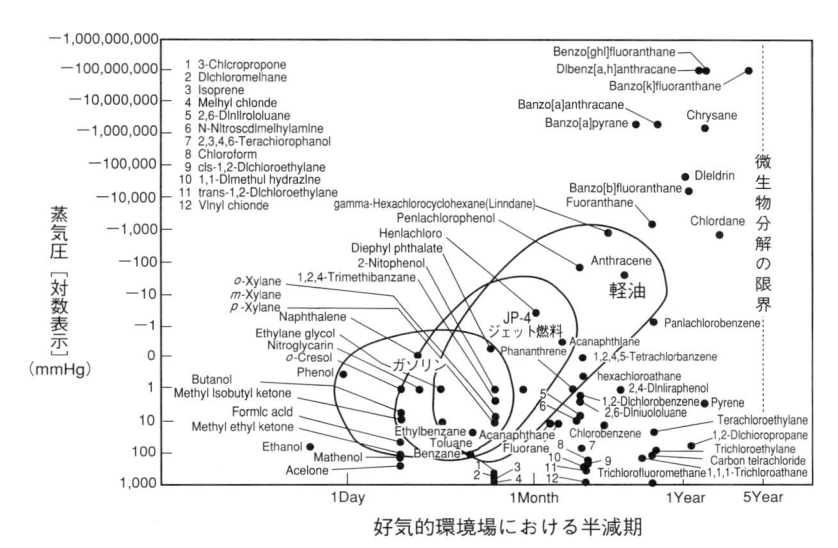

第6章 石油類による土壌・地下水汚染の浄化・修復技術

出典) EPA：Bioventing Principles and Practice, Volume I, EPA/540/r-95/534a September 1995.

図6-3 飽和蒸気圧と好気的環境下における半減期との関係

の双方の効果を排気ガス中の酸素（O_2）と二酸化炭素（CO_2）の濃度より確認することができる．BVによる浄化が有効に機能している場合，前述の米空軍における実用試験では微生物分解による汚染物質の減衰は全体の70〜80％に達する[8]と報告されており，浄化開始後1，2年で初期濃度の100分の1以下まで低減可能であるとしている．

BV技術による土壌汚染の浄化費用は，図6-4に示すように，通常10〜60ドル/yard^3（10〜70ドル/m^3）であるが，モニタリング仕様あるいは汚染サイト固有条件等によって若干の変動が発生する場合がある．

---

[8] 筆者の把握する国内における適用事例では，微生物分解による減衰は濃度減衰全体の30〜40％に留まっており，減圧吸引による分離・回収効果の寄与度が高い．

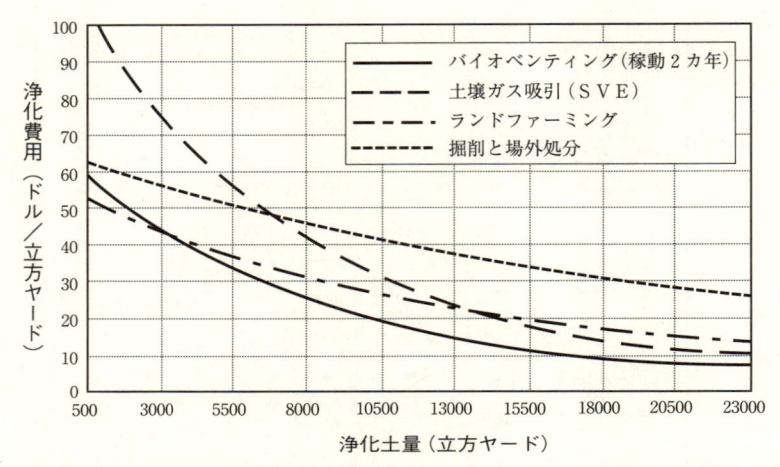

出典) Principles and Practice of Bioventing — Volume II Bioventing Design（A324114）.

図6-4　各種浄化技術による浄化費用の比較（石油系燃料による汚染土壌）

6.2　バイオスラーピング（Bioslurping）

　バイオスラーピング（以下，BS）[9]は，バイオベンティング（BV）と同様，石油汚染を対象とした原位置浄化技術の１つである．図6-5に示すように，BSには地下貯留タンク（UST）などから漏洩したフリープロダクト（free product）[10]の回収と土壌中に残留する物質の微生物分解という２つの技術が導入されており，物理的，生物化学的な浄化技術を結合したハイブリット型となっている．

---

9) バイオスラーピング（Bioslurping：BS）は，ネバダ州の Naval 空軍施設において Kittel らを中心とした研究グループによって開発された石油系炭化水素と有機化学薬品を対象とした地下水浄化技術である．なお，BSに関する技術ガイドは，Naval 施設エンジニアリング・サービス・センター（NFESC）より Application Guide For Bioslurping Volume Ⅰ，Ⅱとして公表されている．
10) 地下に漏洩した石油系炭化水素（TPHs）のうち，地下水面から毛管帯に滞留する非水溶液相（NAPL）をフリープロダクト（Free Product）とも呼ぶ．TPHsの多くは難溶解性で密度が小さいため地下水面上に独立した液相を形成する．フリープロダクトは地下水勾配に沿って帯水層中を移動・拡散するが，ガソリン等のように水よりも粘性が低い物質の場合は地下水の流動速度を上回る速さで移動することがある．

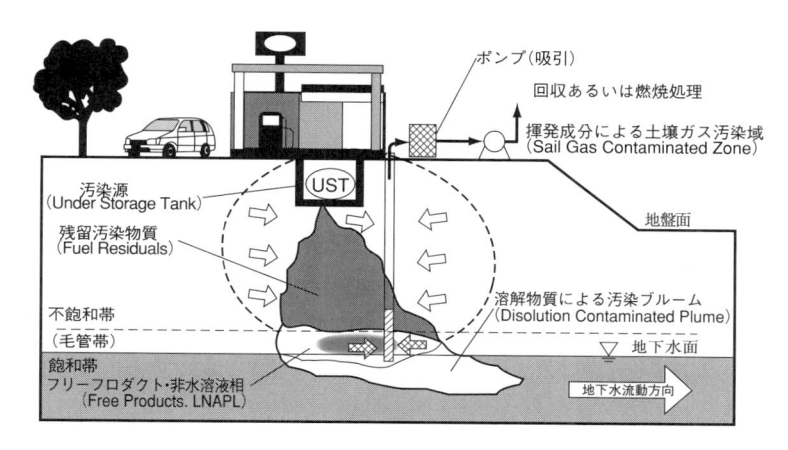

第6章 石油類による土壌・地下水汚染の浄化・修復技術

図6-5 バイオスラーピングによる石油汚染の浄化イメージ

6.2.1 原理と特徴

前述のように，BSは地下水面から毛管帯[11]にかけて滞留するフリープロダクトの回収を主目的とした技術である．BSと同じように地下水面付近のフリープロダクトを回収する技術には図6-6に示す2相ポンプ（Dual-Pump）やスキミング（Skimmer）といった技術もある．

これら3つの技術のうち，2相ポンプとスキミングはポンプによってフリープロダクトの回収を行うが，BSの場合は減圧吸引によってこれを行っており，さらに空気流入によって微生物分解を促進する技術（浄化原理はBVと同じ）を併用している点が異なっている．

減圧吸引を採用するメリットには，地表面からの空気流入による微生物分解の促進以外に，発生する負圧によって土壌粒子に付着するフリープロダクトの揮発を促すことで回収率を高める効果もある．このほか，BSシステムはフリープロダクトの回収後，バイオベンティング（BV）に転用可能なシステムとなっ

---

11) 毛管帯（Capillary Fringe）とは，表面張力と付着力によって地下水面がもち上がる現象（＝毛管現象）が生じる領域を指す．

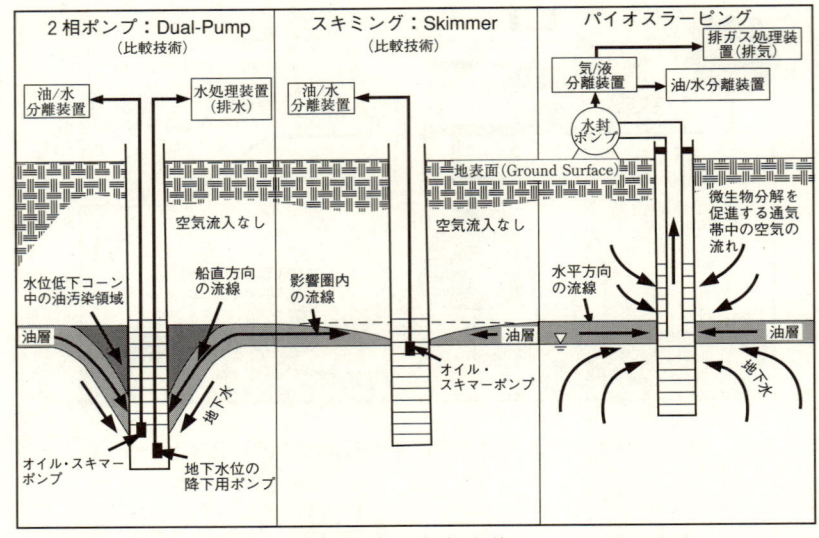

注) 2相ポンプ，スキミング，バイオスラーピング(BS)の比較．
出典) Ron Hoeppel, Matt Place　Apprication Guide for Biosplurping Volume I,（NFESC）
　　　NAVAL FACILITIES ENGINEERING SERVICE CENTER, 1998.

図6-6　フリープロダクト（LNAPL）を対象とした浄化技術

ていることも特徴の1つである．

6.2.2　適用条件

　BSシステムは地下水面の深さが30フィート（約9m）程度までのサイトに適用可能である[12]．また，BSは地下水面付近のフリープロダクト（LNAPL）を選択的に回収できるため，揚水による地下水障害が懸念される土地（例えば，沖積低地の軟弱地盤）にも適用できるほか，バイオベンティング（BV）の適用が不向きな透気性の低い土壌（例えば，透気係数（k_a）＜0.1darcy）においてもフリープロダクトの回収を中心に浄化効果が期待できる．

---

12) 本文中の限界深度は減圧ポンプによる理論的な最大揚程であり，これより浅い深度においてもLNAPLの回収率が0.005g/hを下回る場合はBSシステムは適用不適とされる．

一方，BSシステムによる減圧吸引は土壌水分の気化と流動を誘発するため，土壌微生物が分解反応に必要とする水分までを奪ってしまう危険性がある．このほか，有機塩素化合物（ハロゲン化有機化合物）の多くは好気的分解プロセスでは容易に分解されないため，複数菌種による共役代謝（Co-metabolite）が期待できない環境下ではBSシステムによる生物浄化は期待できない．なお，多くのバイオレメディエーション技術と同様，温度条件[13]による分解生成プロセスの遅延がBSシステム適用の障害となる場合がある．

6.2.3 設　　計
（1）　井戸構造
前述のように，BSによる浄化・修復は減圧吸引によるフリープロダクトの回収と酸素供給による微生物分解の促進によって行われる．BSシステムのための井戸（Bioslurper Well）は，通常，フリープロダクトが滞留する地下水面付近から上部層に対してスクリーンを設置することで地下水の汲上げを最小限に抑えるよう設計される．

（2）　浄化効率と井戸配置
また，BSシステム適用のための事前試験（Pilot Test）と評価項目は表6-1に示すとおりである．このうち，吸引効果ならびに微生物分解に関する評価と設計に関しては6.1節を参照されたい．

Hoeppelらの野外試験[14]から得られた吸引ポンプによる圧力差（大気圧との差）とガス流量との関係は図6-7に示すとおりである．

同図の示す圧力差とガス流量との関係から，透気試験によって土壌間隙中の

---

13) Saylesらの研究（下記参照）では，土壌微生物の活動に適した温度は20℃以上と指摘されているほか，20℃時の分解速度に対して10℃では1/3，5℃では1/5以下まで低下すると報告されている．
14) Hoeppel.R. et al.(1998)では，吸引管内の液体流速（V_{SL}）は0.4ft/sec程度が効率的であり，管内揚力の低下原因となる気泡発生をできるだけ少なくするためにガス流速（V_{SG}）を500ft/sec以下に抑えることが望ましいとしている．

表6-1 バイオスラーピング (BS) の適用評価に関する試験項目

評価試験およびサイト確認項目	試験期間など
土壌物性（未確認の場合のみ）	透気性，空隙率，土壌水分量など
汚染物質によるフリープロダクト（LNAPL）と地下水面接触位置および汚染プルーム範囲の確認	モニタリング井戸による直接的な確認が必要（なお，井戸本数は確認精度に直接影響するため，多くの井戸を配置する必要がある）
（フリープロダクトの）スラーピング試験	最低4日間
（地下水の）水位低下試験	2日程度
土壌ガス吸引試験（必要な場合のみ）	1日程度

出典) Hoeppel.R. et al.: Application Guide For Bioslurping Volume Ⅱ, 1988（一部加筆）.

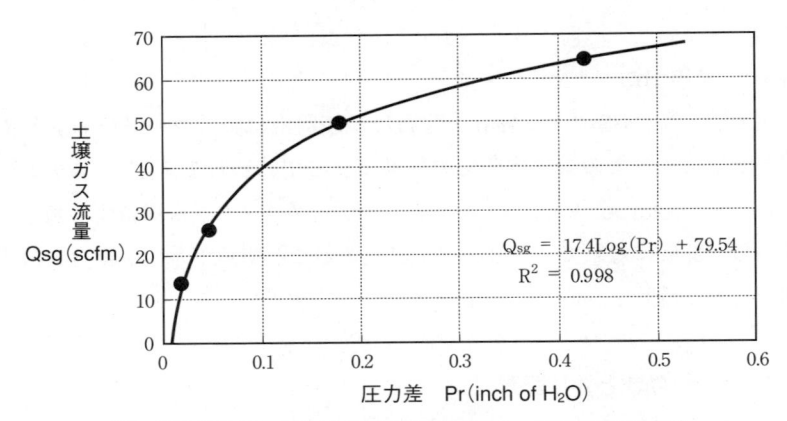

$$Q_{sg} = 17.4 \text{Log}(P_r) + 79.54$$
$$R^2 = 0.998$$

注) 試験井戸として，φ3 inchのPVC管（80スタック）を使用した場合．

図6-7 スラーピング井戸における吸引圧（圧力差）とガス流量との関係

圧力差（大気圧との差）を確認することで，スラーピング井戸から回収可能なガス流量および酸素供給量を求めることができる．なお，圧力差が0.1 inch H_2O（=2.5mmH_2O）の場合のガス流量は40ft^3/sec（=1.1m^3/sec）と高いレスポンスを示すが，これ以上の圧力差では徐々に低下する．このように，必要以上のガス吸引はシステム的な非効率を招くだけではなく，土壌水分の減少による微生物分解の遅延，あるいは同時に吸引される液体（LNAPL）中に多量の気泡を発生させ吸引管内の揚圧を低下させるといった悪影響を及ぼすことがある[14]．

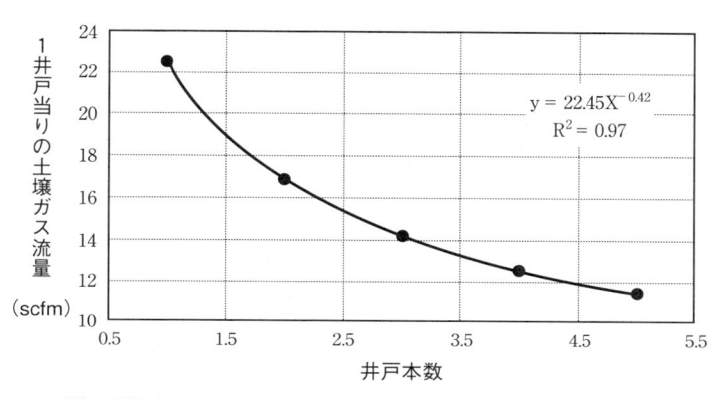

第6章 石油類による土壌・地下水汚染の浄化・修復技術

```
                                y = 22.45X^(-0.42)
                                   R² = 0.97
```

(グラフ: 横軸 井戸本数 (0.5〜5.5), 縦軸 1井戸当りの土壌ガス流量 (scfm) 10〜24)

注）吸引圧：4.89psi（=252.9mmHg）の場合．

図6-8　複数井戸を利用した場合の土壌ガス回収効果

　Hoeppelらはフリープロダクトの回収と微生物分解を効率よく行うためには，ガス流量を維持しつつ吸引管内のガス流速を抑える工夫が必要であるとして，複数のスラーピング井戸を設置することを提唱している．図6-8は同一圧力下における井戸本数と1井戸当りの土壌ガス流量との関係を示したもので，複数井戸を設置した方がガス流量（総量）を多くし，より広い範囲からフリープロダクト（LNAPL）を回収することができることを示している．

　なお，フリープロダクト（LNAPL）による汚染プルームを効率よく回収するためのスラーピング井戸（Bioslurper Well）の配置は次式より求めることができる．

$$L = 2r\cos(30) = 1.732r \qquad \text{式6-8}$$

　　ここで，L：スラーピング井戸（Bioslurper Well）の配置間隔
　　　　　r：事前試験において把握された影響半径（ROI）

　式6-8に従い，フリープロダクト（LNAPL）による汚染プルーム上にスラーピング井戸を設置する場合は図6-9に示すような井戸配置となる．

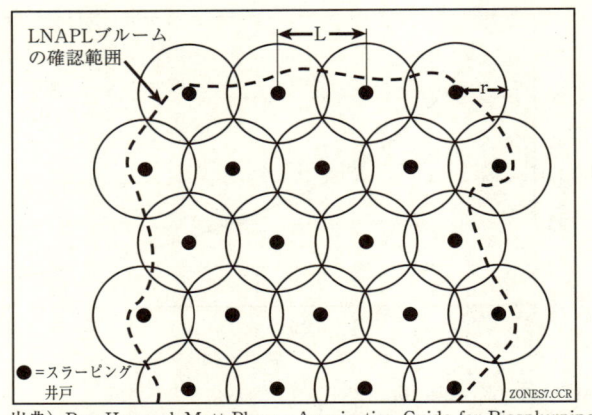

出典）Ron Hoeppel, Matt Place : Apprication Guide for Biosplurping Volume I, (NFESC), 1998.

図6-9　LNAPLプルームに対するスラーピング井戸の配置イメージ

（3）　回収物質の処理

通常，BSシステムによって回収される汚染物質は水，油分およびガスが混合した状態となっているため，図6-10に示すような気液/油水分離装置による処理が必要となる．

排ガス処理については，図6-11に示す処理方法別の適用濃度の範囲が示されている．排ガス濃度が1000ppmv以上の場合，ICエンジン[15]による燃焼や直接的な焼却処理が費用的に有効であり，これより低濃度の場合はバイオ・フィルターや再注入（原位置における生物浄化のため）が有効とされる．

6.2.4　適用効果とコスト

BSシステムによる浄化期間は適用サイトの地盤条件や汚染状況によって異なるものの，一般的には数カ月から1年程度とされている．

---

15) Internal Combustion Engineの略．ガス状物質（石油系炭化水素）を直接燃焼処理する内燃機関．

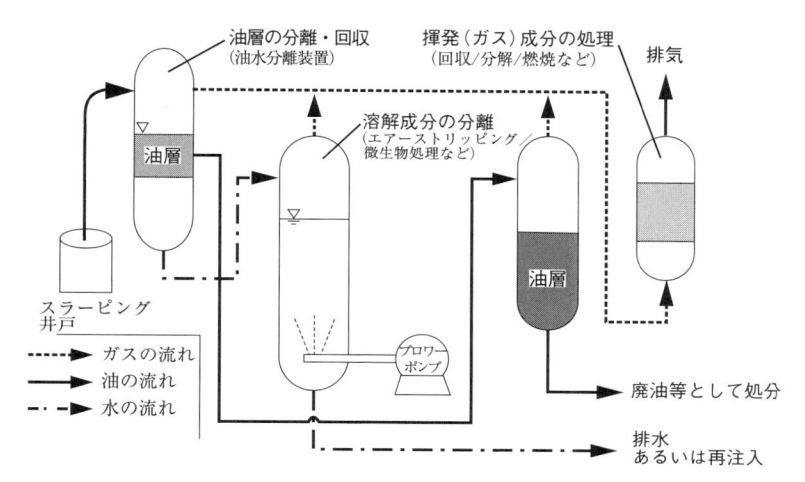

第6章　石油類による土壌・地下水汚染の浄化・修復技術

図6-10　回収物質のための浄化装置のレイアウト

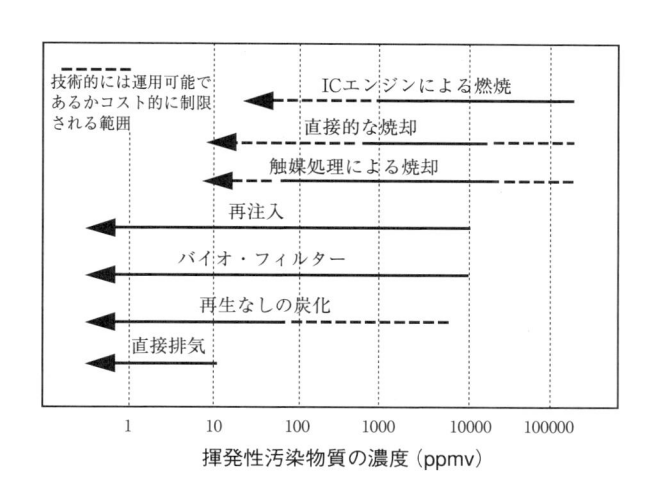

図6-11　濃度レベル別に見た処理方法の適用範囲

例えば，1993年のネバダ州 Fallon の米海軍基地における事例 8 では地下に漏洩した JP-5 ジェット燃料6500ガロン（約25m³）による汚染を BS システムによって約9カ月間で浄化・修復することに成功しているほか，ペルシャ湾岸戦争の際に Diego Garcia 島で発生したジェット燃料の漏洩事故では月平均

173

1000ガロンを回収した実績が報告されている．

　Battele社の報告書ではトレーラー搭載型のBSシステムを用いた浄化対策では12.5万ドルの経費が必要であり，このうち，パイロットシステムの設置と試験費に5万ドル，実用システムの設置工事に3万ドル（排ガス処理装置を除く）がそれぞれかかったとしている．また，GWRTACの報告書では地下貯留タンク（UST）からの漏洩サイトにBSシステムを適用し，1年間に3900Lのガソリンと軽油を回収した際の浄化・修復費用として12万ドル（設置工事費：8万ドル，運転・維持費：4万ドル）が必要であったと報告されている．

　わが国の場合，BSシステムの適用はガソリンスタンドにおいて数例ある．システムの製作・設置工事費は米国の場合と大差はないものの，回収した油分の廃油処理や排気ガス処理費（ICエンジンによる燃焼処理）が割高となるため，米国の事例に比べ20〜30%程度高い浄化・修復費用となっている．

6.3　バイオレメディエーション

6.3.1　石油汚染に対するバイオレメディエーションの特徴

　バイオレメディエーションは自然界に生息する微生物の有する分解能力を用いて汚染物質を分解する方法である．微生物は汚染物質を分解して栄養やエネルギーに変えることによって生活を営む．ただし，すべての物質が栄養などの微生物にとって有用な働きをするわけではなく，場合によっては毒物を間違って分解し自らが死滅することもある（表6-2）．石油類は天然から得られる炭化水素化合物の混合物であり，一般的には微生物にとって炭素源，エネルギー源となる歓迎すべき物質である．これに対してトリクロロエチレンやダイオキシン類などの有機塩素系化合物は分解可能な物質ではあるが，その毒性のため分解と同時に微生物は死滅する．

　石油汚染に対してバイオレメディエーションは安価な処理法として，欧米を中心として実用化されており，国内でも実績が増加しつつある．しかし，安価な反面，他の方法と比較して①処理に時間がかかる，②温度の影響を受けやす

第 6 章　石油類による土壌・地下水汚染の浄化・修復技術

表6-2　微生物の立場から見たバイオレメディエーション

微生物の状態	微生物にとっての汚染物質	汚染物質の例	注意事項
結構Happy	炭素・エネルギー源（主食として食べる）	石油，ベンゼン，畜産廃棄物　塩素系溶媒（嫌気）	リン，窒素源が不足しがち
まずまず	他の栄養源（窒素源など）（副菜として食べる）	メルカプタン，アンモニア，シアン	炭素・エネルギー源の添加が必要
かなりUnhappy	毒物（分解した微生物は死滅する）	塩素系溶媒（好気）PCB，農薬	新しい生菌の補給が必要

い，③有害な中間生成物の有無を確認する必要がある，④高濃度汚染には不向き，⑤土質の影響を受けやすい，等の問題がある．

　バイオレメディエーションの特徴は分解反応を担う生体触媒である酵素の性質に起因する．酵素は物質的にはタンパク質であり，高温や高濃度の化学物質によって不可逆的に失活する．このため「②温度の影響を受けやすい」，「④高濃度汚染には不向き」の問題が起こる．しかし，一方で酵素反応であるがゆえに，物理化学的な浄化法（熱分解など）に比べ低濃度の汚染に対する分解活性が高いという長所も有する．バイオレメディエーションが「低濃度で広範囲な汚染」に適している（3章参照）のはこの性質による．酵素は本来的には生体内での緩やかな反応を触媒するものであり，一般的には生物的に快適な20－30℃前後を最適温度範囲とする．このため「①処理に時間がかかる」，「②温度の影響を受けやすい」の問題が起こる．

　「⑤土質の影響を受けやすい」の原因は炭化水素化合物である石油類の分解反応が多量な酸素を要求することと土壌粒子中の微細穴や有機物表面などが微

175

図6-12　微生物の生育や活動に必要な栄養と酸素

生物の生育場所（マイクロハビタット）として重要であるためと考えられる．
「③有害な中間生成物の有無を確認する必要がある」という指摘はトリクロロエチレンの浄化の際に指摘された点であり，この場合には毒性の高いジクロロエタンが蓄積する．これまでのところ石油汚染に関しては有害な中間生成物の蓄積例は報告がない．しかし，バイオレメディエーションにかかわらず有害な中間生成物の蓄積が懸念されるのであれば，事前に調査をすべきである．

また微生物という生命体の観点からは，その①生育にリン，窒素や微量金属類（ミネラル）と呼吸をするための酸素を要求する（図6-12），②触媒を含んだ袋である微生物菌体が生育によって増加する，③重金属や農薬などにより死滅する，④生育に適したpH範囲（通常は中性）がある，などの性質も併せもつ．「②触媒を含んだ袋である微生物菌体が生育によって増加する」は当たり前のことであるが，条件さえ整えれば新鮮な触媒が理論的には無限大に増加する．これは無機触媒では考えられない利点である．

6.3.2　石油に含まれる物質の生分解性

石油製品は原油を主に蒸留工程を経て部分精製して製造される．蒸留も化学分析のような精密蒸留ではないため，各製品に含まれる物質は互いに重なることが多い．また原油種，精製工程や条件の違いなど多くの原因により同じ名称の製品であっても成分的には異なることが多い．石油製品の中で最も単純といわれるガソリンでさえ，同定できている主要な成分のみでもその数は300を超

第6章 石油類による土壌・地下水汚染の浄化・修復技術

え，この他にも同定できない無数の微量成分が含まれている．

バイオレメディエーションの観点（微生物分解の難易度）からは重合度，極性あるいは分子構造が重要である．一般的に低分子であるほど，また極性が高い（親水性である）ほど分解されやすい．石油製品を極性で分画する（シリカゲルカラムなどを用いる）と飽和画分，芳香族画分，アスファルテン画分，レジン画分の4つに大別することができる．ただし，各々の画分の名称は例えば「芳香族化合物が多い画分」程度の意味であり，芳香族画分のすべての成分が芳香族化合物でもなく，また芳香族化合物はすべて芳香族画分として分画されるわけでもない．一般的に飽和画分＜芳香族画分＜アスファルテン画分＜レジン画分の順番に重合度と極性が増加する傾向にある．同じく沸点も高くなる傾向にある．

また分子構造の特徴からは脂肪族炭化水素（イソ型を含む），飽和環状炭化水素（ナフテン類），芳香族化合物に分けられる．この分類も単に主要部分の特徴を示すだけのものであり，例えば脂肪族炭化水素にも分岐構造を有する物質や部分的に不飽和炭素を有する物質が含まれる．同様に飽和環状炭化水素の中にも側鎖として脂肪族炭化水素構造を有するものや，一部に不飽和炭素を有するものが含まれている．

最も微生物分解のされやすい物質は，低沸点の脂肪族炭化水素である．特に炭素数が偶数の脂肪族炭化水素は速やかな分解を受けることが知られており，汚染油の環境への放出時期を推定する情報となる（少ないほど微生物分解にさらされた，古い汚染油と考える）．次に生物分解されやすい物質は分子構造の比較的単純な単環から4環の芳香族炭化水素である．一般的に分解速度は環の数が増えるほど，側鎖の数が増えるほど遅くなる傾向を示す．低沸点であっても飽和環状炭化水素は微生物分解が遅い物質である．レジン画分やアスファルテン画分は，多くの芳香族環が複雑に重合した高分子であり，短時間ではほとんど生物分解を受けない．

おおまかな製品別に見てみると，ガソリンは低分子化合物が多く，微生物分解は早い（ただし，揮発性の高い製品であり，環境中では分解されるよりも揮

発する部分が大きいと考えられる）．灯油やある種の潤滑油は脂肪族炭化水素の含量の多い石油製品であり，微生物分解を受けやすい．ただし，潤滑油には種々の添加物（金属化合物や高分子など）が含まれており，これが微生物分解を阻害する可能性もある．軽油やA重油は製造条件にもよるが飽和環状炭化水素を多く含む傾向にあるので，やや微生物分解が遅くなる．C重油やアスファルトはそのほとんどが高分子の飽和環状炭化水素，アスファルテン画分，レジン画分であり，微生物分解はむずかしい．

さらに油分濃度が高い場合（目安として1％以上）や重質油成分が多い場合には処理に長期間を要したり，低濃度までの処理がむずかしい．また，油の成分として今後規制対象となる可能性の高い多環芳香族炭化合物（PAHs）も種類によっては難分解な物質として知られており，これらの物質を対象とした処理技術の開発が望まれている．

6.3.3　物理処理と生物処理との組み合わせ

高濃度汚染や重質油汚染土を対象に，前処理として汚染土壌を水で洗浄・分級する土壌洗浄を行い，油分濃度を数千mg/kg以下まで下げた後，仕上げ処理としてバイオレメディエーションを組み合わせる方式が試みられている．処理フローのイメージ図を図6-13に示す．

気泡連行法（6.4.1項参照）によって30000〜50000mg/Lの原油汚染土を3000mg/L以下に処理した土壌を用いて生物処理を実施した結果を図6-14に示す．実験では，通気方法を重機等で定期的に土壌を切り返して土壌間隙中に空気を供給する「切り返し法（バイオファーミング）」と，ブロワー等で土壌中に空気を強制的に供給する「強制通気法（バイオパイリング）」で実施し，通気を行わないケースとの比較を行っている．処理結果は，「切り返し法」＞「強制通気法」≫「生物的自然減衰（栄養塩のみ添加，通気なし）」≫「対照（栄養塩の添加および通気なし）」の順になっており，「切り返し法」では初期油分濃度3000mg/kgが約2ヵ月で300mg/kgまで減少し，油臭が感じられないレベルまでの処理がなされた．また，「切り返し法」では処理土壌全体にわたっ

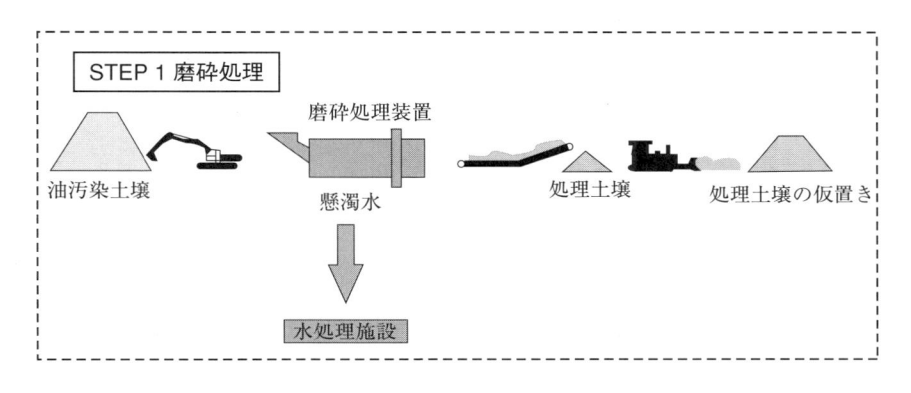

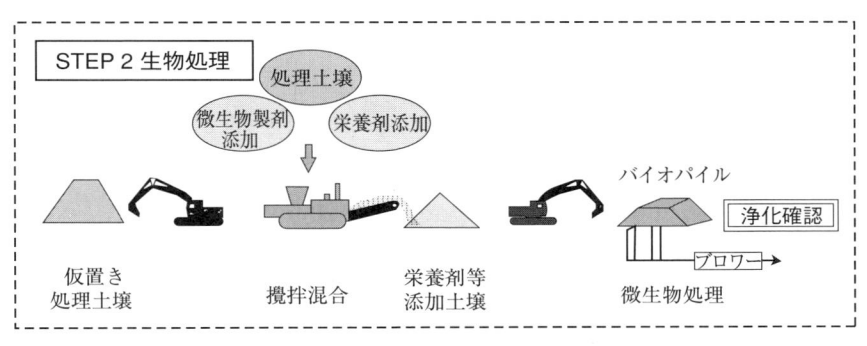

第6章　石油類による土壌・地下水汚染の浄化・修復技術

図6-13　物理処理と生物処理の組み合わせによる油汚染土壌処理全体フロー

てほぼ均一に浄化が進んでいたのに対し，「強制通気法」では一部浄化の不均一性が認められた．いずれの方法を選定するかは，サイトごとにコストや周辺環境への配慮等の要素を総合的に評価する必要がある．

　次に，磨砕処理後の土壌を用いた生物処理の事例を示す．磨砕処理の効果は6.4.1項に示すように，土質や油種・油分濃度に関係なく90％前後の高い除去率が達成される．また，気泡連行と同様に処理後の土壌は，原土壌によっては油膜・油臭がほとんど認められないレベルまで浄化され，現地盤の埋め戻し等への再利用も可能である．しかし，高濃度の重質油汚染土では処理後の油分が比較的高く，多少の油膜・油臭が残存するケースもみられる．

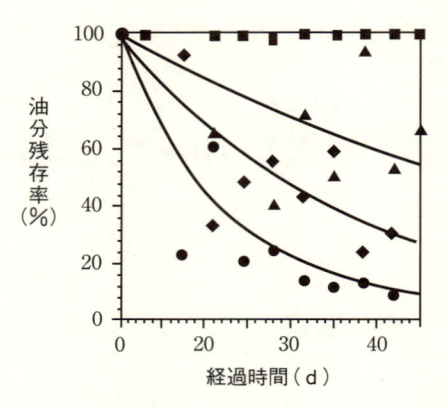

注) ●：切り返し法, ◆：強制通気法, ▲：栄養塩添加のみ, ■：対照
出典) 川端淳一他：「油汚染土壌浄化技術「気泡連行法」と「バイオレメディエーション」」

図6-14　通気方法による油汚染土のバイオレメディエーション浄化特性比較例

　図6-15は，C重油系の油で汚染された砂質土主体の実汚染土壌を用い，磨砕処理の有無による生物処理への影響を実験した結果である．原土壌の油分濃度は35000～46000mg/kgと高濃度であり，組成としても芳香族炭化水素以上の高沸点成分が約65%と難分解成分が多く含まれている．磨砕処理は，この原土壌を用いて平均3000mg/kgまで浄化（除去率約93%）している．磨砕処理前後における土壌中の油分解菌は，処理前が10^6～10^7cells/g，処理後においても10^5～10^6cells/gと1オーダー低下する程度である．他の異なる土壌でも同様の傾向が確認されており，磨砕処理では土壌中に存在する菌は完全に洗い流されることなく，十分に生物処理が行える菌数が残存することがわかっている．

　図6-16は磨砕処理前後の土壌を用いて生物処理を行った結果である．生物処理は，栄養剤のみを添加して土着の菌を活性化させる方法と市販の微生物製剤を添加する方法の比較を行っている．磨砕処理前の土壌を用いた生物処理では，製剤を添加した系においても40日後で約10000mg/kgの分解（除去率約20%）が進んだ程度であり，処理も停滞している．一方，磨砕処理後の油分約3000mg/kgの土壌を用いた生物処理は，12週後には370～440mg/kgまで分解（除去率約87%）が進んでいた．

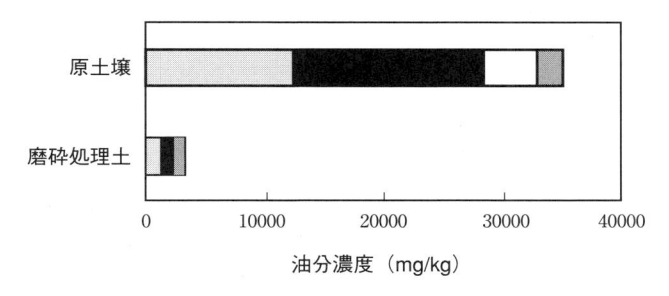

第6章　石油類による土壌・地下水汚染の浄化・修復技術

注）　□飽和分　■芳香族分　□レジン分　■アスファルテン分

図6-15　磨砕処理前後の油分性状

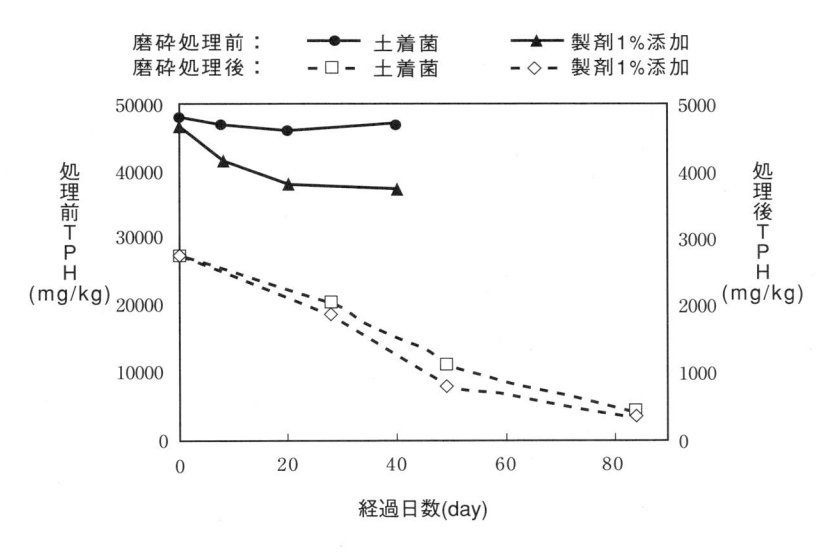

図6-16　磨砕処理前後の土壌を用いた生物処理結果

以上のように，高沸点・高濃度の油汚染土壌に対して，生物処理の前処理として物理処理を組み合わせることで，極めて短期間で効率的な処理が行えることが確認されている．

また，物理処理を前処理として用いるのではない別の活用例もある．通気性

の観点から生物処理には不適とされる粘性土を対象に，磨砕処理した砂質土を混合することで通気性の改善を行い，生物処理の適用可能性を検討した実証例である．

実験に用いた汚染土壌は潤滑油を主体とした油で汚染された粘性土（実汚染土）で，油分濃度97000mg/kgと極めて高濃度であり，一般的には粒径の細かさおよび濃度の高さから生物処理はほとんど不可能と考えられる土壌と言える．通気性改善のために添加した土壌は，上記粘性土汚染の周辺に存在する砂質土壌である．砂質土は油分濃度28200mg/kgであり，これを磨砕処理し油分濃度130mg/kgまで浄化したものを混合用土壌として用いている．油分解菌は各々$10^5 \sim 10^6$cells/g存在することを確認している．

処理結果を図6-17に示す．実験では，粘性土1に対し磨砕処理した砂質土を0.5混合（Case 1），また，重油によって培養を重ねた分解菌馴養土壌を5%添加して生物分解を促進させる実験も行っている（Case 2）．Case 3，4は，コントロールとしてCase 1，2に砂質土を混合させない条件である．16週後のCase 1の油分除去率は約70%であり，粘性土のみのCase 3の除去率約15%と比較すると油分の分解が促進されている．磨砕処理砂質土の混合により通気性が向上し，生物処理が促進されることが明確となっている．さらに，Case 1に馴養土を添加したCase 2では，平均して10～30%の除去率向上が確認されている．Case 3とCase 4の比較においても同様の傾向がみられ，5%程度の分解菌馴養土壌の添加でも油分の分解に大きな影響を与えていた．

6.3.4 コンポストを用いたバイオレメディエーション

ベンゼン以外の油成分として将来規制対象となる可能性の高い多環芳香族炭化水素（PAHs）は，一般的には難分解な物質として知られており，早期の処理技術の確立が期待されている．これらの難分解物質の生物処理には，土着の油分解菌を用いるバイオスティミュレーションより，分解能力の高い微生物を投与するバイオオーギュメンテーションが有効と言われている．その一例として，コンポストを利用した油汚染処理技術の紹介を行う．

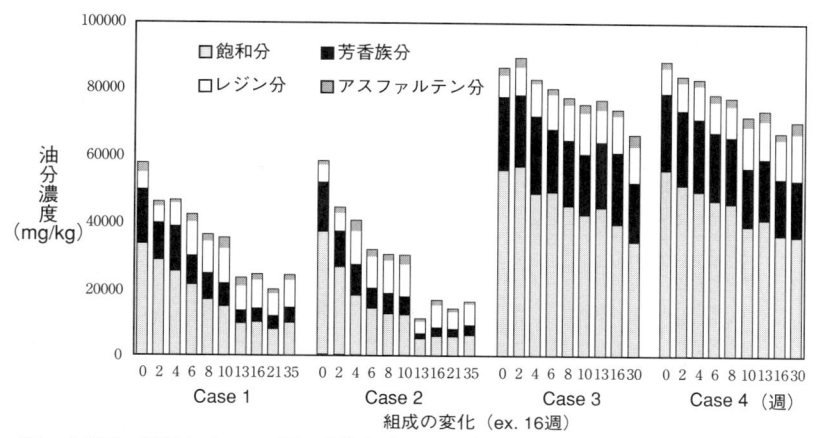

第6章 石油類による土壌・地下水汚染の浄化・修復技術

注）飽和分：混和土（70～84％），粘性土（28～35％）
芳香族分：混和土（73～82％），粘性土（19～27％）

図6-17 粘性土生物処理結果

　コンポストには，通常の土壌における10～100倍の微生物が存在し，その中にはPAHs等の分解能力を有すると考えられている放線菌も多く含まれている．表6-3にコンポストにPAHs試薬を添加して馴養した実験結果を示す．コンポストは，コミュニティプラントの余剰汚泥を主原料として作成した完熟堆肥を用いた．PAHs試薬はフェナントレン，フルオレン，アントラセン，フルオランテンを各100mg/kg，ピレンを50mg/kg投与している．表は馴養50日後のPAHs分解生菌数を計測した結果である．従属栄養細菌数と比較して，フェナントレンおよびピレン分解菌数は，1万～10万倍に増加しており，馴養作業によりPAHsを分解する能力が高められたことが確認された．

　図6-18は重質油汚染土壌に馴養コンポストを投与して，分解特性を室内実験で確認した結果である．馴養コンポストは40g/kg投与，さらにフェナントレンを100mg/kg補給している．その結果，処理開始5～10日間の油分およびフェナントレンとも，分解能力が馴養コンポスト投与により大きく向上しているのが確認された．

表6-3 馴養前後におけるPAHs分解生菌数の変化（CFU/g）

	未馴養コンポスト	馴養コンポスト
従属栄養細菌数	9.1×10^7	6.8×10^{10}
フェナントレン分解菌数	2.2×10^5	3.4×10^{10}
ピレン分解菌数	1.0×10^5	3.9×10^9
芳香族炭化水素分解菌数	4.2×10^4	3.0×10^6

出典）高畑陽他：『コンポストを用いた石油汚染土壌のバイオレメディエーション』

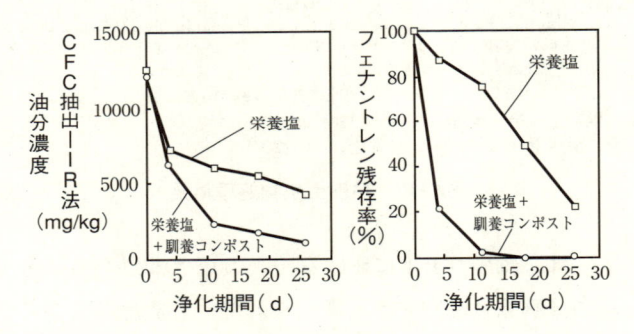

出典）高畑陽他：『コンポストを用いた石油汚染土壌のバイオレメディエーション』

図6-18 馴養コンポストによる油分濃度およびフェナントレン濃度の経時変化

6.3.5 その他

バイオレメディエーションの欠点の1つに，低温期の生物活性低下による処理性能の低減がある．低温耐性菌の利用や土壌の加温・覆蓋等が検討されているが，コストや安全性に課題が残っている．ここでは，新たな試みとしてのバイオミキシング法について概説する．本法は，汚染土壌をシートパイルにより周辺土壌と隔離し，汚染土壌を掘削しながら通気管等を設置する．掘削した土壌は栄養塩類等を添加後に埋め戻す．概念図を図6-19に示す．本方法では，ランドファーミングやバイオパイルと比較して外気温の影響が少ないのが特徴である．

本法の確認として，寒冷地の重油汚染サイトにおいて浄化実験を行ってい

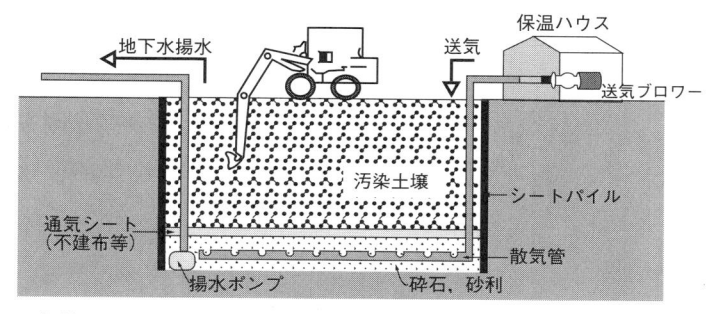

第6章 石油類による土壌・地下水汚染の浄化・修復技術

出典）田崎雅晴他：『バイオミキシング法による油汚染土壌の修復（寒冷地冬期生物処理の可能性）』

図6-19　バイオミキシング法の概念図

る．処理面積は50m×12m，対象土量は約12000m^{3}である．実験では，掘削した下面に設置した通気管からの給気の他，週1回のバックホウによる耕転を並行して実施した．積雪時には耕転を中止し，表面をシート養生している．ブロワーはビニルハウス内に設置，給気親管を防熱材で保温した．図6-20は実験中の土壌温度および生物分解の効果を表している．外気温が氷点下において，1m以深では5℃を下回ることもなく，土壌の半分は最低でも5～10℃を保てることが確認された．一方，油分濃度の変化は，最高気温の平均が−0.3℃であった12月でも顕著な低下が認められた．積雪時でも確実に油分の減少が進んでいることが確認できた．

　バイオレメディエーションのもう1つの短所である処理時間の長さについても，従来の固相法（個体である土壌をそのままの状態で用いる方法）に変わる方法として，スラリー法（土壌に水を混ぜて泥漿状態にして行う方法）による浄化が検討されている．固相法と比べて，スラリー法では浄化速度が5～10倍高められることが確認されている．しかし，水を混ぜるため全体の体積が増加すること，スラリーを撹拌するための大型施設が必要であるなどの問題点もある．

　近年米国でMNA（科学的自然減衰）が注目を浴びている．特に油汚染に対するEnhanced Natural Attenuation（促進自然減衰）として，米国Regenesisi

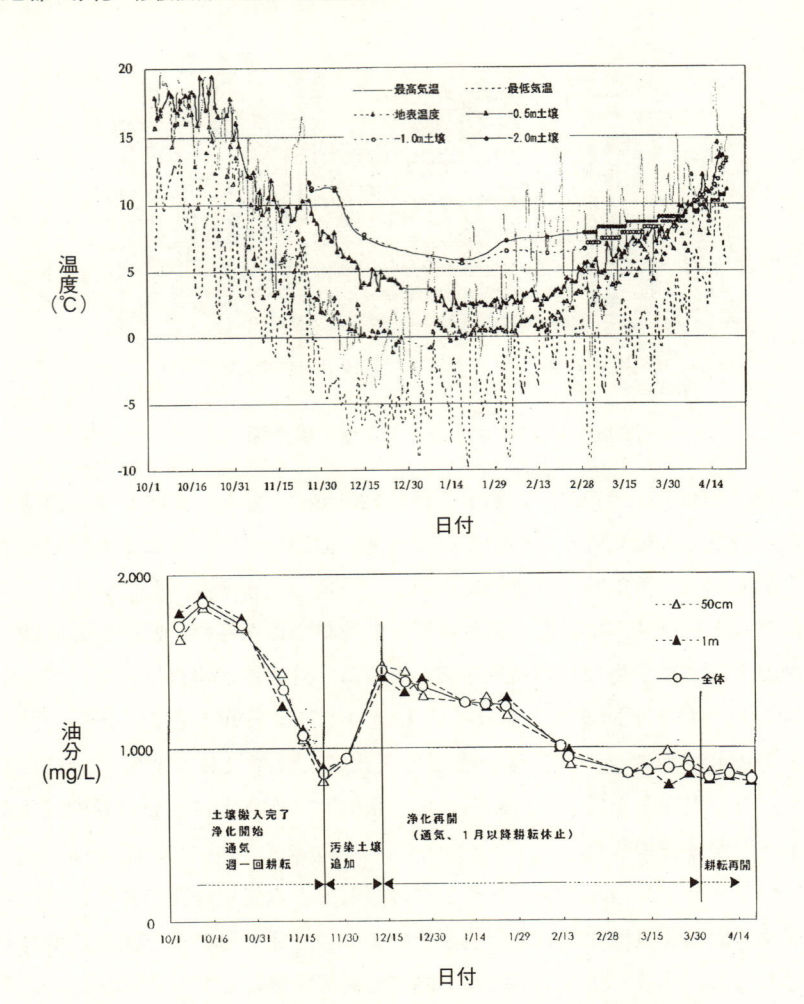

第Ⅱ部　浄化・修復技術の適用と最新技術

出典）田崎雅晴他：『バイオミキシング法による油汚染土壌の修復（寒冷地冬期生物処理の可能性）』

図6-20　浄化サイトの気温および土壌温度（上図）および汚染土壌の油分濃度の推移（下図）

社が開発したORC（Oxygen Release Compound：徐放性酸素供給剤）を用いた処理技術がある．ORCの主成分は過酸化マグネシウム（MgO_2）であり，地

下水中で水和により酸素を放出する．これによって，土着の石油分解菌を活性化させ，ガソリンや灯油，軽油，A重油等の自然界での分解を促進させる．ORCの特徴は反応が6～12カ月持続することであり，施工後は機械的な操作やメンテナンスが一切不要とされている．ガソリンスタンド等の小規模汚染の浄化対策や，構造物下の汚染対策として普及が期待されている．

今後，バイオレメディエーションの問題点を解決する手法として，ここで示した種々の方法とともに，技術の確立が期待されるところである．

6.4 土壌洗浄

土壌洗浄法には，5.2節で述べたとおり，原地盤に薬剤を注入することで洗浄を行う土壌フラッシング法と敷地内にプラントを設置して洗浄処理を行う方法の2種類がある．国内の傾向としては，土壌洗浄法は重金属より油汚染土壌への適用が積極的に行われている．また，油の性状から土壌フラッシングよりはプラントによる洗浄が多く用いられている．処理方式は，水による機械洗浄の他，アルカリ水と微細気泡を用いた気泡連行法，混気ジェットを用いた水洗浄法，有機溶媒による洗浄法等がある．

処理のプロセスは，重金属処理とほとんど変わりないものの，油の種類によっては水と油がエマルジョンを形成し，油水分離が十分に行われないケースもある．また，油水分離された油には，シルト・粘土等の微細な土壌粒子が混じっているため，再利用ではなく産廃処理しているケースが多い．排水処理後の脱水ケーキも油分が高濃度に濃縮しているため，通常は産廃処理等が必要である．

土壌洗浄法による油汚染土の処理は機械洗浄のため，あまり油種や油分濃度に影響されることなく，一定の処理性能が得られる．特に，生物処理等には不適とされている高濃度汚染や重質油等の処理に適している．ただし，低濃度までの処理が必要な場合には，6.3項に述べたようにバイオレメディエーション等との組合せ処理が有効と言える．

以下に，いくつかの洗浄処理方式の具体事例について概説する．

6.4.1 磨砕処理
（1） 処理システム

磨砕処理とは，図6-21に示すような磨砕処理装置により精米するように土壌粒子を擦り合わせて表面に付着する有害物質を剥離し，その後分級・洗浄して土壌粒子を回収する土壌洗浄技術である．システムの心臓部である磨砕処理装置は，図に示すように回転する外胴（シェル）とその内部に偏心して設けられた内胴（ロータ）で構成され，外胴と逆回転する内胴により圧縮力・せん断力が発生し，土壌粒子を擦り合わせている．そして，土壌粒子が擦り合わされることにより，土壌粒子の表面に付着した油分等が剥離される．

磨砕処理を利用した洗浄処理システムのフローを図6-22に示す．油分等が剥離された土壌粒子は，加水によりスラリー化され排出される．排出されたスラリーは，その後分級・洗浄・固液分離され，洗浄処理土壌と排水に分離される．排水は凝集沈殿処理等の処理後，洗浄水として再利用される．

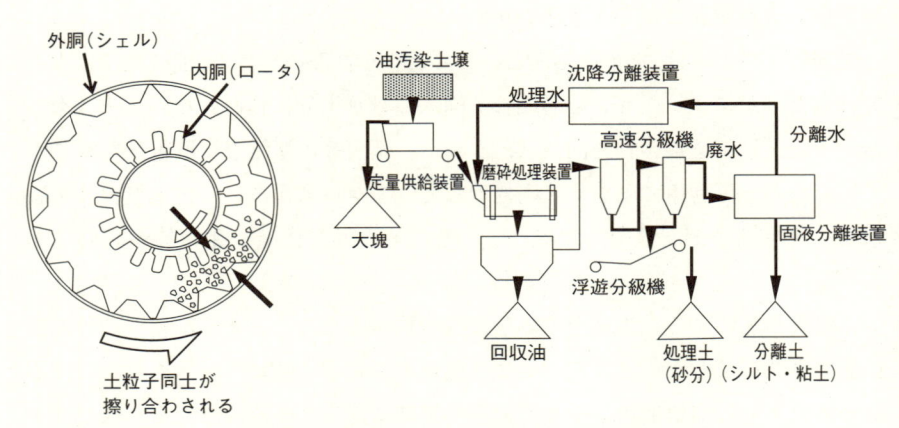

図6-21　磨砕処理装置の構造

図6-22　プラントフロー図

（2） 処理結果の一例

　磨砕処理の効果を確認するため，種々の油汚染土壌を用いて処理性能の把握を行った．表6-4に処理結果の一覧を示す．磨砕処理には0.5t/hrの処理能力を持つ実験プラントと15t/hrの処理が可能な実規模プラントを使用した．

　①～④の試料は土壌の粒径が大きい砂質系土壌，⑤が粒径の小さい粘性土である．また，油種としては軽油，重油，原油，潤滑油と種々の油を対象に磨砕処理を行った．その結果，除去率は土質や油種・油分濃度に関係なくすべて90％以上が達成されている．別途実施した油の組成分析の結果，低沸点成分から高沸点成分まで偏りなくほぼ均一に洗浄処理されているのがわかった．処理の原理から考えると，粒径が細かいシルト・粘土分（粒径75μm以下）は磨砕効果が小さいと想定されたが，粘性土でも砂質と同等の効果が得られることが確認された．ただし，粘性土では後工程における分級でシルト・粘土分が洗い流されてしまうため，回収率は①～④の90％前後に対し，⑤の試料では約42％と低くなっている．5.2.2項に述べたように，磨砕処理も50％以上のシルト分を含む土壌には適用がむずかしいと言える．

　表6-5は，原油等で汚染された土壌に対して磨砕処理を適用した浄化工事の実施例である．約7000m³の汚染土壌を約3ヵ月間で処理を行った．原土の油含有量（TPH）は636～1015mg/kgであったが，処理土では38mg/kgとなっている．n-ヘキサン抽出による油含有量で見ると，原土700～8400mg/kgが平均して100～300mg/kgまで処理されている．また，処理土では濁りもまったくなく，油膜はほとんど確認されなかった．処理土は原位置への埋め戻しに再利用した．

表6-4　油汚染土壌の磨砕処理結果一覧

油汚染土　試料No.		①	②	③	④	⑤
油種		軽油	重油	原油	潤滑油	潤滑油
土質		砂質土	砂質土	砂質土	砂質土	粘性土
油分濃度 (mg/kg)	原土壌	9500	44107	1015	28200	97000
	処理土壌	870	3076	38	130	9603
除去率（％）		91	93	96	99	90

表6-5 TPHs による油含有量分析結果

名 称	TPH (mg/kg)			合 計
	$C_6 \sim C_{10}$	$C_{10} \sim C_{28}$	$C_{28} \sim C_{44}$	
原 土1	<10	697	308	1015
原 土2	<10	442	184	636
処理土1	<10	17	11	38
処理土2	<10	18	10	38

6.4.2 気泡連行法

気泡連行法の概念図を図6-23に示す.油汚染土壌を弱アルカリ溶液(pH 8～10程度)に浸した状態で微細気泡を発生させると,微細気泡が油表面に疎水吸着すると同時に,その浮力によって油を土壌粒子から剥離し,激しい撹拌を行わなくとも高い浄化効果を得ることができる技術である.微細気泡の発生には,過酸化水素溶液中での自己分解による酸素気泡が非常に有効かつ効率的に作用する.

図6-24に気泡連行法による連続処理プラントの概念図を示す.プラント下部のリボンスクリューにより汚染土壌を連続的に搬送しながら,気泡連行作用による浄化を行う.リボンスクリューは汚染土壌を常に上下に入れ替えるための作用をしており,剥離させた油を土壌中に巻き込まないように,静かに撹拌させながら輸送させることができる.液面に浮いた油は十分な量を浮かせた後に,油回収装置により回収される.洗浄水はほとんど交換のないまま連続的に使用可能であるが,簡易な水処理により再利用可能なシステムの構築もできる.

処理事例としては,2～4％の原油による汚染土壌(細砂,$D_{50}=0.15$mm)に対する適用例がある.処理目標として,処理土壌を土木資材として再利用する観点から油分濃度0.05％程度以下,かつ油臭のしないことと設定した.処理の結果,気泡連行法の特徴を生かして原油のみが回収され,精製原料として再利用されたほか,洗浄水についてもほぼ全量再利用された.

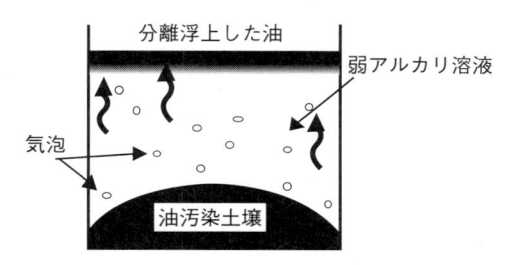

第6章 石油類による土壌・地下水汚染の浄化・修復技術

出典) 川端淳一他:「油汚染土壌浄化技術「気泡連行法」と「バイオレメディエーション」」

図6-23 気泡連行法の概要

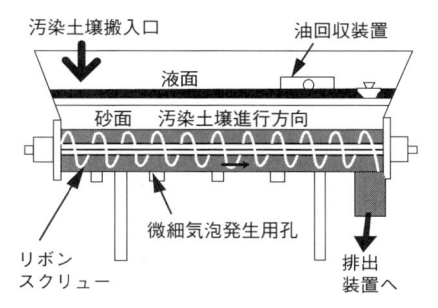

出典) 川端淳一他:「油汚染土壌浄化技術「気泡連行法」と「バイオレメディエーション」」

図6-24 気泡連行法連続処理プラント概念図

6.4.3 混気ジェットを用いた水洗浄法

　混気ジェットポンプは，図6-25に示すエジェクタ効果を用いたジェットポンプに，積極的に空気を混入させる特殊な装置である．キャビテーションの抑制や揚水効率の向上が図られる．混気ジェットポンプ内部では，水と空気が混合して混気ジェット水が形成され，極めて強力な攪拌作用を配管内で生じさせることができる．この混気ジェットポンプに吸入水の代わりに油汚染土を投入すると，砂と水と空気が強力に攪拌され，砂同士の摩擦，砂と配管内壁の摩擦，気液分離力等により油が砂から脱離される．また，それと併せて処理後の混合水から混入空気の気泡により油の浮上が促進される．

　実験では，混合配管に直管と洗浄効果の向上を目的としたボルト付き配管を

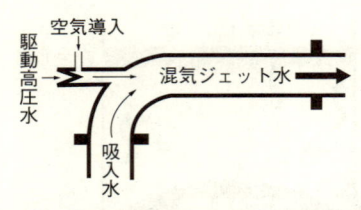

出典) 大野川裕一他:『混気ジェットポンプを用いた油汚染土の洗浄実験』

図6-25 基本原理

使用した．山砂にB重油を添加した模擬汚染土壌を用いて実験した結果，洗浄前の油含有量1.5%が直管を用いた洗浄では0.13%まで浄化できた．ボルト付き配管を用いた場合，ボルトの挿入本数とともに油含有量の低減が見られ，18本で0.07%程度までの浄化がなされた．

6.5 加熱処理法

加熱処理法とは，石油類のうち中沸点（沸点300～500℃）の物質（以下油分）を含む汚染土壌を油分の沸点以上の温度に加熱して揮散させるもので，分離した油分は燃焼分解し，その排熱は再利用する．

この方法には，加熱炉内の汚染土壌に直接熱風を送り込んで接触させ油分を揮散させる直接加熱法と汚染土壌を投入したレトルトの外部を熱風で加熱し揮散させる間接加熱法がある．ここでは，ロータリーキルン式の間接加熱法の処理プラントを紹介する．

6.5.1 概　要

処理フローを図6-26に示す．油汚染土壌をまず乾燥炉（外熱式ロータリーキルン炉）に投入し熱風により加熱する．熱風は熱風発生炉にて発生させ乾燥炉の内筒外壁を熱する．伝熱により内筒にある土壌を熱することになる（加熱温度350～550℃）．このとき，揮発する油分を含むガスは熱風発生炉へ送られ熱風製造の燃料として利用される．乾燥炉の例を写真6-1に示す．

第6章　石油類による土壌・地下水汚染の浄化・修復技術

　乾燥炉から排出した土壌は保持炉（外熱式ロータリーキルン炉）に送られ，ここで再び同様に加熱（加熱温度350〜550℃）され，排出される．この2度の

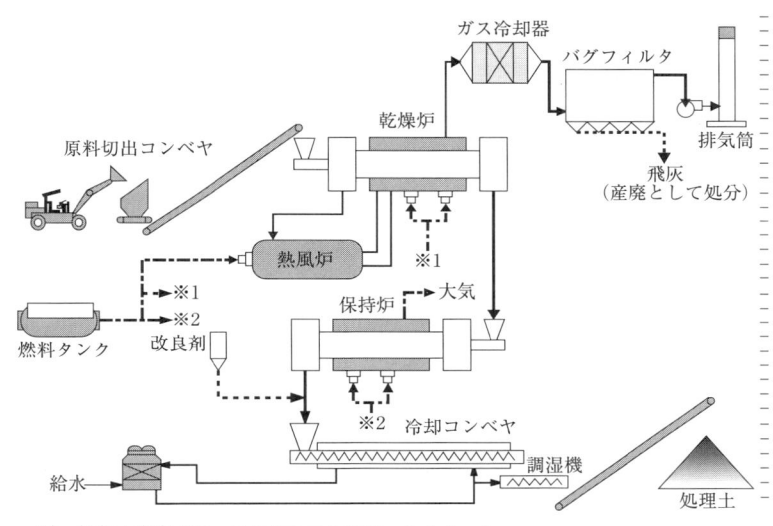

注）　提供：東京ガス・エンジニアリング，ハイメック．

図6-26　間接加熱設備のフロー

注）　提供：東京ガス・エンジニアリング，ハイメック．

写真6-1　乾燥炉

表6-6 処理対象土壌の性状と処理条件（一例）

項　目	処理対象土壌	処理土
粒度条件	50mm以下	－
含水率（％）	10～30	目標13％（調湿後）
油分（mg/kg）	10000～40000	100以下
シアン（mg/L）	10以下	検出されないこと
その他重金属	含まれないこと	－

注）　提供：東京ガス・エンジニアリング，ハイメック．

　加熱工程により，油分が土壌から揮散分離される．

　保持炉から排出された処理土壌は浄化され埋め戻し可能な土壌となる．炉から出た土壌は高温，絶乾状態のため，冷却及び発塵防のため調湿をしたのち置場に移送される．また，キルンから発生するダストはバグフィルタにより回収され，産業廃棄物として処分される．

　処理プラントの処理性能を表6-6に示す．油分に加え，シアンについても処理可能である．ただし，前提条件として径50mm以上のレキ分や重金属は含まれてはならない．

　処理プラントの特徴は，以下の3点である．

　① 間接加熱により汚染土壌から揮散するガスは熱風発生炉で完全燃焼処理する．

　② 直接加熱に比べダストの発生量が少なくなる．

　③ 実際の土壌に含まれる水分量にはバラツキがあるため，汚染土壌の乾燥時間にもバラツキが出てくる．このことは，油分の完全な分離（揮散）するための乾燥時間の管理に影響を与える．そのため，処理の確実性を確保するため乾燥を主体とする乾燥炉および油分，シアンを揮散させる保持炉の二段式となっている．

6.5.2　加熱処理法における留意点

　加熱処理法による油分，シアンの分離においては土壌の温度管理が最も重要であり，原則，土壌の温度を各油分の沸点にまで加熱する必要がある．本処

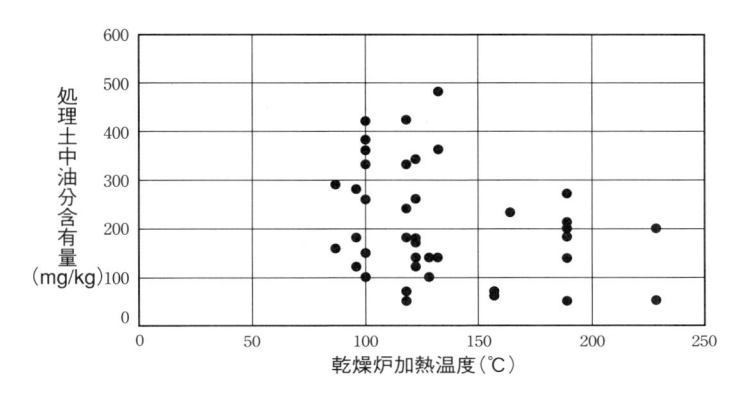

注）提供：東京ガス・エンジニアリング，ハイメック．

図6-27　乾燥炉出口土壌温度と処理土の油分量の関係例

　プラントの場合，分離対象としている油分の沸点は300〜500℃の中温域にあるため乾燥炉，保持炉ではこの温度にまで加熱している．しかし，土壌中に水分が含まれていれば土壌温度は100℃以上とならないため乾燥炉で確実に水分を蒸発させている．

　実際の土壌では掘削の深さや天候によって土壌の含水率は大きく変化するため，土壌の乾燥温度を管理しながら処理を行うことが重要である．油汚染土の場合は乾燥炉出口における土壌温度の計測，制御することにより処理土の油分量もコントロールすることが可能となる．ここで，乾燥炉出口における土壌温度と処理土壌中の油分含有量の関係例を示す（図6-27）．

　その他，プラントの安定運転のためには排ガス処理系に影響を与えるダストの回収が重要な要素となる．本設備では間接加熱であるため直接加熱に比べてダストの発生量は少ないが，土質によって多量のダストを生じることがある．例えばシルト質土は微粒子を多量に含み，ダストの発生量が多くなる傾向にあるため，設備上はサイクロンとバグフィルターを設置している．

6.5.3　処理事例

　油分およびシアンに汚染された土壌の処理事例の結果を表6-7に示す．

表6-7　処理結果例

項目		原土壌		処理土壌	
		含有量(mg/kg)	溶出量(mg/L)	含有量(mg/kg)	溶出量(mg/L)
A	油分	2900	<1	<50	<1
	シアン	36	0.3	<2.5	不検出
B	油分	3500	<1	<50	<1
	シアン	<2.5	0.1	<2.5	不検出
C	油分	3000	<1	70	<1
	シアン	<2.5	0.2	<2.5	不検出
D	油分	3300	<1	<50	<1
	シアン	<2.5	0.1	<2.5	不検出

注）　提供：東京ガス・エンジニアリング，ハイメック．

【参考・引用文献】

［1］　AFCEE："Bioventing Performance and Cost Results From Multiple Air Force Test Sites", 1996, AFCEE.

［2］　U.S. Navy：Restoration Development Branch："Bioslurping", USN, Naval Facilities Engineering Service Center, Port Hueneme, Ca, 1996.

［3］　USAF：Technology Profile：Vacuum-Mediated LNAPL Free Product Recovery/Bioremediation (Bioslurper), Air Force Center for Environmental Excellence (AFCEE), Brooks AFB, TX, 1994.

［4］　Leeson.A. et al.："Test Plan and Technical Protocol for Bioslurping", In Applied Bioremediation of petroleum Hydrocarbons, Battele Press, Columbus, OH, 1995.

［5］　Miller, R：Bioslurping, GWRTAC：Ground-Water Remediation Technologies Analysis Center, TO-96-05, 1996.

［6］　Sayles G.D. et al.："Cold Climate Bioventing with Soil Warming in Alaska," In Situ Aeration, Bioventing, and Related Remediation Processes., Battelle Press, Columbus, OH, 1995.

［7］　伊藤洋，川口謙治，柴田浩彦，渡辺輝文，門倉伸行，土路生修三：「重油汚染土の磨砕による固液分離と分級・生物処理について」，『土壌環境センター技

第6章 石油類による土壌・地下水汚染の浄化・修復技術

術ニュース』,No.2 , 2001年, 40-45ページ.
[8] 川端淳一,河合達司:「油汚染土壌浄化技術「気泡連行法」と「バイオレメディエーション」」,『用水と廃水』, Vol.45, No.1 , 2003年, 39-44ページ.
[9] 門倉伸行,土路生修三,竹田三恵:「土壌洗浄と生物処理を組み合わせた油汚染土壌処理技術(その1~その3)」,『第31回石油・石油化学討論会講演要旨』, 2001年, 142-144ページ.
[10] 土路生修三,門倉伸行,竹田三恵:「高濃度油含有粘性土の生物処理の実験検討」,『地下水・土壌汚染とその防止対策に関する研究集会』, 第8回講演集, 2002年, 335-336ページ.
[11] 高畑陽,瀧寛則,帆秋利洋:「コンポストを用いた石油汚染土壌のバイオレメディエーション」,『用水と廃水』, Vol.45, No.1 , 2003年, 45-51ページ.
[12] 田崎雅晴,岡村和夫,熊本進誠:「バイオミキシング法による油汚染土壌の修復(寒冷地冬期生物処理の可能性)」,『地下水・土壌汚染とその防止対策に関する研究集会』, 第8回講演集, 2002年, 417-420ページ.
[13] 宮地伸也,高木幸夫,野邑武史,藤田峰齋,熊谷仁志:「バイオレメディエーションによる石油汚染土壌の浄化」,『第32回石油・石油化学討論会講演要旨』, 2002年, 249ページ.
[14] 日さく地盤環境室:「ORCTM(徐放性酸素供給剤)による燃料油汚染の原位置浄化法」,『用水と廃水』, Vol.45, No.1 , 2003年, 74-75ページ.
[15] 今村聡:『土壌における難分解性有機化合物・重金属汚染の浄化技術-土壌汚染浄化の実話例-』, エヌ・ティー・エス社, 2002年, 128-129ページ.
[16] 渡辺輝文,川口謙治,伊藤洋:「磨砕処理による油汚染土壌の浄化プラント」,『建設の機械化』, No.624, 2002年, 24-28ページ.
[17] 川端淳一,河合達司:「油汚染土壌浄化技術「気泡連行法」と「バイオレメディエーション」」,『用水と廃水』, Vol.45, No.1 , 2002年, 39-44ページ.
[18] 大野川裕一,柿木弘志,高田尚也,漆原知則:「混気ジェットポンプを用いた油汚染土の洗浄実験」,『地下水・土壌汚染とその防止対策に関する研究集会』, 第8回講演集, 2002年, 79-82ページ.

7 ダイオキシン類による土壌・地下水汚染の浄化・修復技術

7.1 溶融固化法

7.1.1 技術の位置づけ

　平成10年9月に大阪府北部にある豊能郡美化センターの焼却施設から高濃度のダイオキシン類が検出されたことを1つの契機として，ダイオキシン類汚染物の無害化，汚染土壌の浄化対策が大きく促進されたと考えられる．

　厚生省(当時)は，平成10年12月に高濃度ダイオキシン類分解技術を公募し，実汚染物を試料とした実証試験を行ったうえで，技術的成熟度が実用レベルにあると考えられる7技術を取り上げ，平成11年12月に「高濃度ダイオキシン類汚染物分解処理技術マニュアル」をまとめた．このマニュアルに記載された技術は以下のとおりである．

① 溶融方式
② 高温焼却方式
③ 気相水素還元方式
④ 還元加熱脱塩素方式
⑤ 超臨界水酸化分解方式
⑥ 金属ナトリウム分散体方式
⑦ 光化学分解方式

　また環境庁（当時）は，平成11年5月にダイオキシン類で汚染された土壌を安全かつ確実に浄化できる実用的な技術を確立するために浄化技術の公募を行い，処理原理の確実性，安全性，浄化効率等を評価したうえで，現地での実証調査が可能と考えられる技術として次の2技術を選定した．

① 溶融固化法
② アルカリ触媒化学分解法

　本節で紹介する溶融固化法は上記環境庁の①で選定された技術であり，また

厚生省のマニュアルでは①溶融方式の中の電気抵抗式として掲載された技術である．

7.1.2 溶融固化法の技術概要
（1） 技術開発の経緯
　溶融固化法は，米国エネルギー省傘下のバテル・パシフィック・ノースウエスト国立研究所において，放射性物質に汚染された土壌を修復するために開発された技術である．実用化以後しばらくの間は放射性物質による汚染土壌の修復に用いられていたが，その優れた特長を生かし，ダイオキシン，PCBなどの難分解性化学物質やクロム，ヒ素，鉛などの重金属による汚染土壌の浄化にも展開されてきた．わが国には平成7年に技術導入され，民間4社出資によるライセンス保有会社を設立，主としてダイオキシン類による汚染土壌の無害化に適用されている．

　この技術はもともと原位置ガラス固化法（In-situ Vitrification）と呼ばれ，その名が示すとおり原位置による処理を基本とし，米国やオーストラリアでは汚染土壌を掘削することなく原位置で処理を行い，処理後に生成されるガラス質の固化体を地中に存置したままにしておくという方法（原位置固化方式）が多く用いられている．しかし，日本国内においては，地下水位が高い場所が多いため地下水と溶融場所を分離する必要があること，浄化後の土地再利用にあたって存置した固化体が支障となる可能性があることなどの理由から原位置による処理はあまり実用的ではなく，掘削した汚染土壌を現地に設置した溶融ピット内に集積し，外部環境と隔離した条件で処理が行われる方式（ステーショナリーバッチ方式）が主に行われている．

（2） 技術の原理
　溶融固化法の処理原理はいたってシンプルなもので，処理対象となる汚染土壌中に炭素電極を挿入し，電極間に通電することによって発生するジュール熱で汚染土壌を電気的に加熱，溶融し，ダイオキシン類を高温熱分解するもので

ある．技術の原理を図7-1に示す．

溶融するにあたっては，電気抵抗の大きい土壌に通電しやすくするために，電気抵抗値を調整したカーボングラファイト等からなる材料を用いて初期導電性抵抗路を敷設する．土壌が溶融し始めると電気抵抗が小さくなり，以後は通電するだけで溶融が継続し，溶融体が拡大する．なお，溶融処理はバッチ式（非連続）で行われる．

（3） 処理システムの構成

処理設備は電力供給設備，溶融設備，オフガス処理設備，非常用オフガス処理設備から構成される．処理システムを図7-2に示す．電力供給設備は溶融およびオフガス処理に必要な電力を供給する設備で，商用電力の引込み方式とディーゼル発電機による方式を選択できる．

溶融設備は汚染土壌等を溶融し無害化する設備で，地中あるいは地上に設置される．溶融体の中心温度は1600℃以上になるため，溶融体の周囲となる部分には耐熱性の材料が用いられる．溶融部全体をオフガスフードで覆い，フード内部を大気圧に対して負圧とすることで溶融中に発生したガスが外部に漏出す

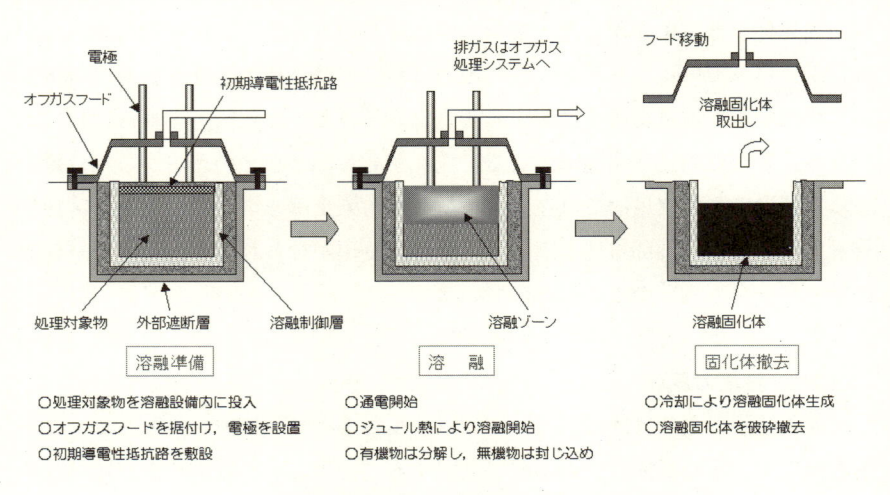

図7-1　溶融固化法の処理原理

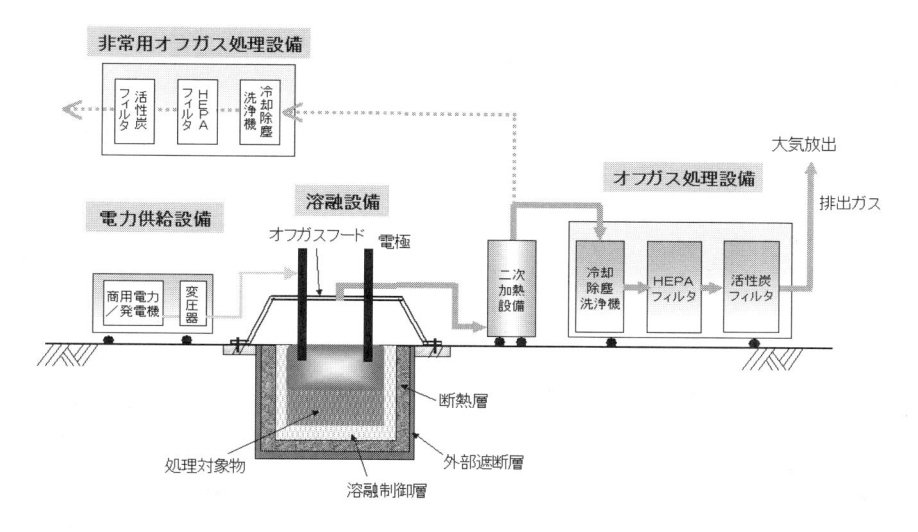

図7-2　溶融固化法の処理システム

ることを防止している．

　オフガス処理設備は溶融部から発生したガスを処理して大気放出する設備である．オフガスフードから吸引されたガスは二次加熱設備に送られ850℃で2秒間加熱される．さらに湿式洗浄工程を経てHEPAフィルタ（High Efficiency Particulate Air Filter），活性炭フィルタを通って大気放出される．これらフィルタ等の二次廃棄物は次の溶融バッチで処理することも可能である．

　非常用オフガス処理設備はバックアップとしてのガス処理設備であり，通常のオフガス処理設備に動作不良等が生じた場合に自動的に起動される．

　現在，国内には1回の溶融でそれぞれ10kg，200kg，1t，10t，100tの溶融固化処理を行うことのできる5タイプの設備があり，トリータビリティー試験，実証試験，小規模処理，大規模処理の各ステージでそれぞれに適したサイズの設備を適用している．写真7-1に100t/バッチ設備の外観を示す．

（4）　技術の特長

　溶融固化法の特長は次のとおりである．

写真7-1　処理設備（100t/バッチ設備）

① 溶融体の中心温度が1600℃以上になるため，ダイオキシン類等の難分解性有機物を確実に無害化できる．これまでの処理実績では溶融過程におけるダイオキシン類の分解率は99.9％〜99.99％程度，オフガス処理を含めた総合分解除去率は99.999％〜99.9999％程度である．

② 土壌だけでなく汚泥，金属，可燃物等を事前分別することなくそのままの形状で一括処理できる．ただし，溶融媒体として60％程度（溶融対象物全体に占める重量比率，以下同じ）の土壌成分が必要であるため，金属含有率15％程度以下，可燃物含有率5％程度以下，水分含有率20％程度以下を処理の指標としている．

③ 有機化学物質は溶融過程で熱分解され，重金属は固化体中に封じ込められるかオフガス処理設備で除去される．したがって，有機物と重金属などによる複合汚染物にも適用可能である．

④ 溶融処理後に生成される固化体は極めて安定で，有害物質を半永久的に閉じ込めることができる．また，固化体は再生砕石として路盤材等へのリサイクルが可能である．

⑤ 設備が可搬式であり，汚染サイト内での処理が可能．汚染物の運搬リスクを回避できる．ダイオキシン類汚染物を処理するにあたっては，地域住民の意向に大きく影響され，他所で発生したダイオキシン類汚染物

第7章　ダイオキシン類による土壌・地下水汚染の浄化・修復技術

をある地域にもち込んで処理することについて理解を得るのは極めて困難である．したがって，汚染されている現地に設備をもち込み，オンサイトで処理ができることは非常に重要である．

溶融固化法では，処理対象物に関する制約条件が比較的ゆるやかであるため，無害化処理に先立って汚染土壌が掘削・除去されて，ドラム缶やフレキシブルコンテナバックに保管されている場合などでは，保管容器ごとの処理が可能であり，汚染土壌の取り扱いに伴う汚染粉塵の飛散等を低減できる利点を有している．

7.1.3　溶融固化法によるダイオキシン類浄化事例
（1）　ごみ焼却施設内ダイオキシン類汚染物無害化実証試験

一般廃棄物焼却施設内の汚染物を対象として，1 t/バッチ設備を使用した無害化実証試験の事例を示す．処理対象物は高濃度のダイオキシン類に汚染された混合物で，土壌のほか耐火レンガ，炉底灰，プラスチック等を含んでいる．平均のダイオキシン類濃度は410000 pg-TEQ/g，汚染物質量は93.7kgである．処理フローを図7-3に，ダイオキシン類の分析結果および総合分解除去率を表7-1に示す．

表7-1に示すように，高濃度のダイオキシン類汚染物が高効率に無害化されている．処理に伴って発生する固化体はダイオキシン類の土壌環境基準（1000

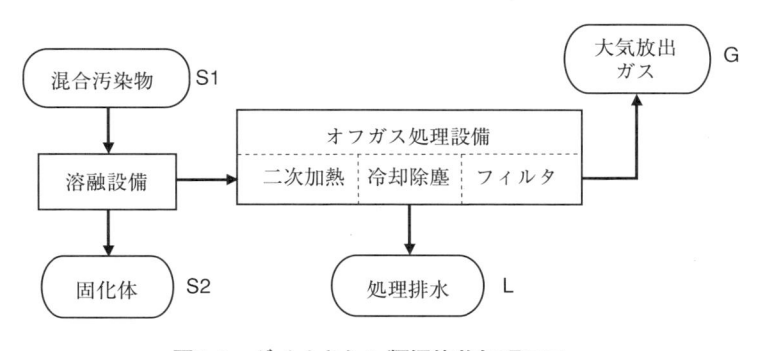

図7-3　ダイオキシン類汚染物処理フロー

表7-1　処理結果

記　号	S1	S2	L	G
物　質　名	混合汚染物	固化体	処理排水	大気放出ガス
ダイオキシン類濃度[*1]	410 (ng-TEQ/g)	0.000070 (pg-TEQ/g)	1.8 (pg-TEQ/L)	0.0044 (ng-TEQ/Nm^3)
質量・容積	93.7 (kg)	505 (kg)	140 (L)	2700 (Nm^3)
ダイオキシン類総量[*1]	38000000 (ng-TEQ)	35 (pg-TEQ)	250 (pg-TEQ)	12 (ng-TEQ)
ダイオキシン類分解除去率	$\dfrac{S1-(S2+L+G)}{S1} \times 100 > 99.9999$ (%)			

*1：毒性等価係数はWHO-TEF (1998) による．

pg-TEQ/g) を大きく下回っており，処理排水はダイオキシン類の排水基準 (10 pg-TEQ/L) を満足している．また，大気放出ガスは廃棄物焼却炉のガス排出基準値の最も厳しい値 (0.1ng-TEQ/Nm^3) を十分にクリアしている．このように溶融固化法では，汚染土壌だけでなく種々の高濃度のダイオキシン類汚染混合物を一括して処理することが可能である．

（2）　焼却炉解体に伴って発生したダイオキシン類汚染物の無害化

　この事例は，和歌山県橋本市にあった産業廃棄物焼却施設の解体に伴って発生したダイオキシン類汚染物15.6m^{3}を無害化処理したもので，国内で初めてのダイオキシン類現地無害化処理事業として注目された．

　処理対象となった汚染物の種類，数量を表7-2に示す．無害化処理には1t/バッチ設備が使用され，36バッチの処理が2001年5月～9月にわたって行われた．地域住民との間に締結された環境保全協定に従い，処理中に3回のダイオキシン類モニタリングを行った．表7-3にモニタリング結果を示す．

　ダイオキシン類汚染物が実事業レベルで無害化処理され，かつモニタリング結果はいずれも環境基準を満足したものとなっている．また固化体からの重金属溶出についても同時に分析が行われ，各項目において定量下限値未満であることが確認された．

第7章　ダイオキシン類による土壌・地下水汚染の浄化・修復技術

表7-2　処理対象のダイオキシン類汚染物

対象物	数量(m^3)	比率(%)
焼却灰	7.3	46.7
汚泥（排水処理汚泥）	3.1	19.9
鉄錆，鉄くず	2.9	18.9
ガラス繊維	0.8	5.0
カートリッジフィルタ	0.4	2.5
その他	1.1	7.0
合　計	15.6	100.0

表7-3　ダイオキシン類濃度モニタリング結果

		単位[*1]	1回目 第1バッチ	2回目 第15バッチ	3回目 第30バッチ	処理前
処理前対象物		－	焼却灰，土	排水処理設備汚泥	浮き錆	－
		pg-TEQ/g	79000	190000	140000	－
処理後固化体		pg-TEQ/g	0.011	0.16	0.14	
大気放出ガス		ng-TEQ/Nm^3	0.0047	0.015	0.0042	－
敷地境界濃度[*2]	No. 1 地点	pg-TEQ/m^3	0.26	0.080	0.049	0.21
	No. 2 地点		0.33	0.16	0.10	0.14
	No. 3 地点		0.10	0.11	0.060	0.095
	No. 4 地点		0.098	0.096	0.047	0.18

*1：毒性等価係数はWHO－TEF（1998）による．
*2：敷地境界は処理場所から25m～50m離れている．

　この溶融固化法は，同場所での次の浄化ステップ（恒久処理）である旧焼却施設周囲の3000pg-TEQ/gを超えるダイオキシン類汚染土壌約670m^3の無害化処理にあたり，100を超える応募技術の中から処理技術として採用され，2002年11月より100t/バッチ設備による大規模浄化事業が行われている．

7.2　DCR脱ハロゲン化工法によるダイオキシン類無害化処理

7.2.1　DCR脱ハロゲン化工法

　本工法は，「DCR工法」と「脱ハロゲン化工法」を併用した一連の環境修復技術であり，常温でダイオキシン類の無害化処理を行うものである．加えて，油や重金属といった汚染物質との複合汚染に対しても有効な処理工法である．

（1） DCR 工法

DCR 工法とは「Dispersing by Chemical Reaction（化学反応による分散）」の意味である．この工法は，特殊な疎水性処理をした酸化カルシウムを主体とする微粉末状の薬剤（商品名：ハイビックパウダー；以下 HP）を添加，攪拌することによって，速やかに処理対象物を微細に分散・粉体化させ，処理対象物の化学反応性を活性化させる働きをもつ．同時に，分散・粉体化された処理対象物は，添加した HP の疎水性と炭酸カルシウムへの化学変化による疎水性効果によって不溶化され，環境への拡散が防止される．

DCR 工法によりオイルスラッジ，油や水等を多量に含んだダイオキシン類汚染土壌・焼却灰などの処理や運搬が困難な汚染物をその性状に関係なく乾燥状粉体に変えることができる．処理後の物質はさらにさまざまな化学反応によって効率よく無害化処理することも可能である．

欧米において，油性の液状物質や重金属に汚染された廃棄物や土壌の処理に多く用いられ，大手石油会社等で採用された実績がある（表7-4）．

（2） 脱ハロゲン化工法

脱ハロゲン化工法は，塩素置換した芳香族環をもつ PCB，ダイオキシン類を初めとする有機塩素化合物から塩素を脱離させて無害化させる技術である．

本工法の原理は，窒素雰囲気・常圧下において触媒を用いて，ナトリウムやアルミニウム，鉄などの金属類をハロゲン化することで，有害ハロゲン化合物

表7-4　欧米における DCR 処理実施例（一部抜粋）

事例	汚染状態	処理後の利用方法
MOBILOILAG Wilhelmshaven, Germany	有害廃棄物ピットと油汚染土壌	建設資材として再利用
NWO PIPELINE Wilhelmshaven, Germany	パイプライン事故	土壌改良
NAPHTACHIMIE Marseille, France	オイルラグーン（石油化学工場からの廃棄物を伴うもの）	建設資材，材料として再利用
DEPATMENT DU FINISTERE Brest, Germany	"AMOCO CADIZ 号"のタンカー事故	Brest 湾の工業地域の建設に利用

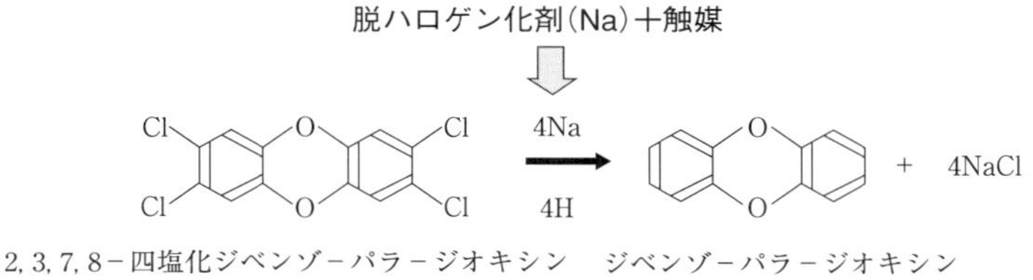

第7章　ダイオキシン類による土壌・地下水汚染の浄化・修復技術

$$\text{2,3,7,8-四塩化ジベンゾ-パラ-ジオキシン} \xrightarrow[4H]{4Na} \text{ジベンゾ-パラ-ジオキシン} + 4NaCl$$

脱ハロゲン化剤(Na)＋触媒

図7-4　脱ハロゲン化技術によるダイオキシン無害化図

を脱ハロゲン化させ，無害化を図るものである（図7-4）．ナトリウムの場合は常温・常圧という危険性の極めて少ない条件下で無害化処理を簡易に行える長所があり，アルミニウムや鉄などの金属類の場合は200〜300℃程度で脱ハロゲン化を可能にする．

汚染物に金属類と触媒を混入した後，混合・微細化を兼ねた高速攪拌，粉砕により，PCBやダイオキシン類などの有機塩素化合物に結合している塩素などのハロゲン原子を脱離・水素置換させることができる．遊離したハロゲン原子は，例えば塩素の場合は塩化ナトリウムあるいは塩化アルミニウムなどに変化する．

本技術は，トランスオイル中のPCBや塩化ベンゼン，PCB汚染土壌，ダイオキシン類汚染土壌，焼却灰や埋め立て物中のダイオキシン類などさまざまな有機塩素化合物の含有物等に適応可能な技術である．ノルウェーにおいてPCB汚染土壌約1000tを無害化処理した実績を有する．

7.2.2　処理工程

汚染土壌への処理工程の一例を図7-5に示す．実際の土壌には多くのレキや草根等が含まれており，処理効率を高めるためにそれらを取り除く必要がある．そこで，手選別や篩機，解砕機等を用いて土壌のみを分級する．水分の影響で分級作業が困難な場合には，事前の乾燥工程や一部DCR処理等を用いてから行うことも考えられる．分級された汚染土壌は，DCR処理，脱ハロゲン化処理を経て無害化された土壌へと生まれ変わる．また，重金属に汚染されて

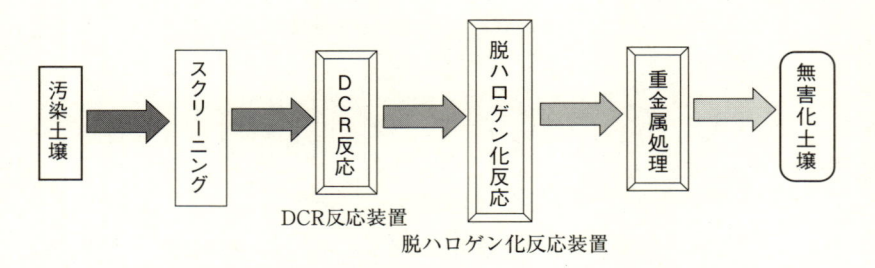

第Ⅱ部　浄化・修復技術の適用と最新技術

```
汚染土壌 → スクリーニング → DCR反応 → 脱ハロゲン化反応 → 重金属処理 → 無害化土壌
                              DCR反応装置    脱ハロゲン化反応装置
```

図7-5　汚染土壌無害化処理フロー

いる場合には，ダイオキシン類を無害化処理した後に重金属の不溶化処理を行うことで無害化が可能である．本工法に使用する機械装置は汚染物質の抽出・濃縮などの複雑な工程を有しないものであるため，汚染対象物を直接処理することが可能である．そのため，本処理技術を組み合わせることでさまざまな汚染状況に合わせて簡便で適切な処理を実現できる．

7.2.3　実　施　例

実際にDCR脱ハロゲン化工法を用いてダイオキシン類の無害化処理実験を実施した鹿児島県川辺町の例を紹介する．過去に最終処分場に埋め立ててきた焼却灰に対し本工法を用いた結果，ダイオキシン類濃度を1 pg-TEQ/g以下にまで無害化処理することができた（表7-5）．飛灰に対しても処理後のダイオキシン類濃度を極めて低い濃度にまで低減することができた．また，高濃度のダイオキシン類を含むある地域の汚染土壌に対しても，同等の結果が得られている（表7-6）．

現在，鹿児島県川辺町において本処理技術を用いた実用プラント(写真7-2, 7-3)が稼働しており，町営の焼却施設（ストーカー炉式）から排出される残灰（ボトムアッシュ）および飛灰中のダイオキシン類および重金属の処理を行っている．今後同プラントを使用して汚染土壌の処理も計画されている．

第7章 ダイオキシン類による土壌・地下水汚染の浄化・修復技術

表7-5 鹿児島県川辺町での無害化処理実験結果

サンプル	ダイオキシン類濃度 (pg-TEQ/g)		分解率 (%)
	処理前	処理後	
焼却灰 (処分場埋設物)	480	0.25	99.95
		0.30	99.94
集塵機補集灰 (飛灰)	910	0.33	99.96
		0.41	99.95
	8800	28	99.68
		40	99.55

表7-6 某地域のダイオキシン類汚染土壌の無害化処理実験結果

サンプル	ダイオキシン類濃度 (pg-TEQ/g)		分解率 (%)
	処理前	処理後	
汚染土壌	21000	9.8	99.95
	25000	13	99.95
	28000	26	99.91

写真7-2 無害化処理プラント(川辺町)　　写真7-3 脱ハロゲン化反応装置 (タワーミル)

7.2.4 DCR脱ハロゲン化工法の特徴

本工法の特徴を整理すると次のようになる．

① 常温常圧での安全な無害化処理

高温での処理を行わないため，処理中のダイオキシン類の再合成や，気化および拡散の可能性が極めて少ない．

② 無害化装置の管理・運用が安全

各反応装置は常温常圧で使用するため，設備の管理・運用の安全化，簡便化が可能．

③ 複合汚染の処理に対応

有害物質が複合的に汚染している土壌や焼却灰に対して，複雑な工程を用いずに無害化処理が可能．

④ 汚染現場での直接処理にも対応

無害化装置はコンパクトなものであるため設置・撤去時間が短く，現場での直接処理にも対応．

⑤ 処理対象物からダイオキシン類・PCBを抽出することなく直接処理

⑥ 脱離された塩素は塩化ナトリウムに変化

7.3 ダイオキシン類汚染水処理技術

ダイオキシン類による汚染水には，ダイオキシン類汚染土壌の掘削時に揚水される地下水のほか，焼却場の解体に伴う洗浄水や最終処分場の浸出水などがある．

ダイオキシン類汚染水の処理では，例えば処分場においては，その処理に凝集沈殿を基本とする処理法が用いられている．これは，浸出水に含まれるダイオキシンのほとんどが浮遊粒子(SS)に付着しているため，その浮遊粒子を浸出水から除去すればよいとの考えに基づいている．

しかし，排水中に多量のダイオキシン類が溶解していることもある．ある焼却場の「排ガスを洗浄するために循環して使っていた洗浄水では，浮遊粒子は5 mg/L以下にもかかわらず，ダイオキシン類は1300000pg-TEQ/Lも存在していた」とする報告があり，「排ガスには多くの物質が含まれ，特に水溶性と脂溶性の両方の性質をもつタール状の物質や木酢状の物質が洗浄水中に溶けて

くる．こうして水の性質が変わるために，ダイオキシン類を高濃度に溶かすようになるのである」と見解が述べられている．

7.3.1 凝集法

この方法は，従来から行われている排水や汚染水の処理法の1つであり，浮遊粒子を凝集させ凝集した粒子を沈殿あるいは膜等により水から分離する方法である．ただし，この処理法では排出される汚泥にはダイオキシン類が含まれるため，別途処分する必要がある．

この処理法はダイオキシン類汚染土壌の堀削工事に付随して生じる汚染水の処理ばかりでなく，処分場の浸出水，焼却場解体時に生じる洗浄水などにも用いられる（図7-6）．

ダイオキシンのうち浮遊粒子に付着する成分は凝集反応および沈殿分離により除去され，溶解している成分は混合されるTRP-DXN（天然ゼオライトを含む無機質の処理剤）により吸着，除去される．さらに残るダイオキシン類は，ろ過および活性炭吸着により除去されるというもので，ダイオキシンを分離するためのプロセスを重ねている．さらに溶解する重金属についても凝集分離が可能である．

この処理プラントを用い，解体工事を行った作業員の靴底洗浄機等から生じる洗浄水を処理したときのデータを表7-7に示す．

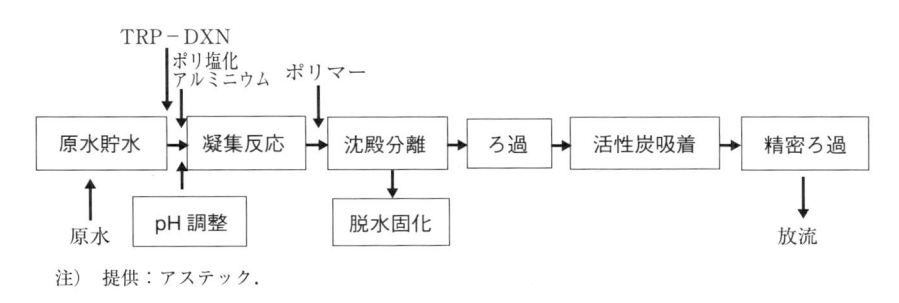

注）提供：アステック．

図7-6　処理フロー

表7-7 ダイオキシン汚染水の処理データ

種類	原水 (pg-TEQ/L)	処理水 (pg-TEQ/L)
Total PCDFs	817.51	0
Total PCDDs	661.80	0.01234
Total coplanar PCB	38.32	0.00049
Total dioxins	1500	0.013

7.3.2 分解法

排水に溶け込んだダイオキシン類を分解・無害化する処理法として開発された光化学分解法は，排水中に溶け込んだダイオキシン類を紫外線およびオゾンの併用効果により分解・無害化するもので，前述した焼却場の高濃度ダイオキシン汚染水の処理にも適用され，良好な結果を得ている．処理フローを図7-7に示す．

高さ3m程度の縦型形状のタンク（通常2塔）となる分解装置の下部から凝集沈殿により浮遊粒子が取り除かれた汚染水が流入する．タンク底部からは

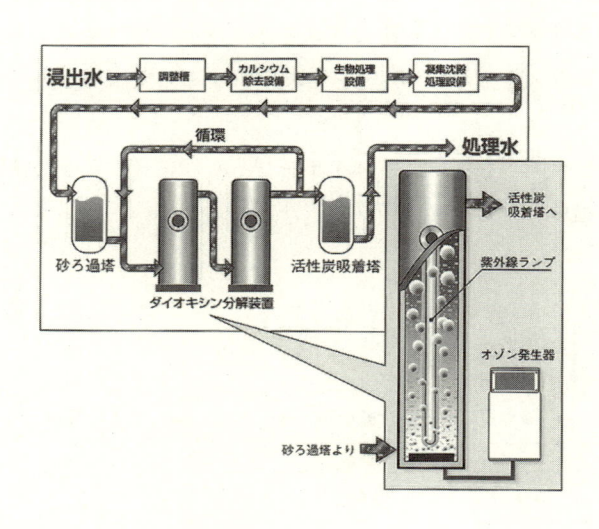

注）提供：クボタ．

図7-7 処理フロー例図

表7-8 実施例

	原水	処理水量 (m^3)	処理フロー	原水ダイオキシン濃度 (pg-TEQ/L)	処理水ダイオキシン濃度 (pg-TEQ/L)
①	湿式洗煙塔残置水，冷却水槽残置水	1	ダイオキシン分解装置＋高度処理装置（活性炭吸着塔等）	2600000	0.0031
②	池水	3650	凝集膜ろ過装置＋ダイオキシン分解装置	200程度（計画値）	0.1以下（保証値）

注）提供：クボタ．

　オゾン発生器により発生したオゾンが送り込まれ，これが汚染水とともに混合上昇する．タンクには紫外線ランプが点灯しており，この紫外線により水中のダイオキシンが分解するしくみである．この処理を2つの分解装置を直列に用いて2回繰り返し，処理水は活性炭吸着塔を経て排水される．これまでの実績により，処理水中のダイオキシン類を0.1pg-TEQ/L（水質環境基準1 pg-TEQ/L）以下まで分解可能であり，分解により新たな有害物質が生じないことを確認している．この分解装置を含む水処理プラントによる実施例を表7-8に示す．

　本装置の特徴は以下のとおりである．
　① 紫外線とオゾンの併用効果によるダイオキシン類の強力な分解力（オゾン酸化反応，紫外線は光反応）がある．
　② 低濃度（数 pg-TEQ/L）から高濃度（数百万 pg-TEQ/L）までのダイオキシン類に対応できる．
　③ 常温常圧下での処理のため熱対策や振動対策が不要であり，燃料や特殊薬品を使用せず，運転・維持管理も容易で維持管理要員に特別な資格を必要としない．
　④ 中和剤以外の薬品を使用しないため，コストを低く抑えることができる．
　⑤ 有機物，SS除去を有する水処理施設であれば，前処理設備を新設す

ることなく，水処理プロセスに容易に組み込むことができる．
⑥ 最終処分場埋立浸出水，工場廃水，洗煙廃水，池水，湖沼水，汚染土壌からの浸透水，地下水などの低濃度（数 pg-TEQ/L）から高濃度（数百万 pg-TEQ/L）までの汚染水に対応可能である．

7.4 PCB汚染土壌処理技術

　ポリ塩化ビフェニール（PCB）は油の一種として電気絶縁性，難燃性などの工学的に優れた特徴を有するため，コンデンサーやトランスに利用されてきた．しかし，カネミ油症事件などの発生により，PCBやPCBの副産物であるダイオキシン類の毒性が明らかとなり昭和47年に製造や新たな使用が禁止され，それまで製造されたPCBは保管されることになった．一方，PCBが環境中へ拡散していることは，近海域における海生物への蓄積や，土壌への漏洩・拡散の事例報告により明らかになっている．

　PCBは熱により分解することから，使用が禁止された当初は焼却による処理が行われたが，焼却場周辺の住民の反対などがあり，この方法による処理は進まなかった．そこで，プラント各社は低温を条件とするPCB分解処理技術の開発に努め，現在では確立されてきている．保管されたPCBを処理するため全国の広域処理センターに設置されるPCB分解装置は，現在までのところ，すべてこの低温型の分解処理技術になる予定である．

　一方，開発されているPCB汚染土壌を処理するプラントの基本プロセスは，まず汚染土壌からPCBを分離し，次に，これを分解処理するというプロセスからなる．

7.4.1 溶剤抽出システム

　本法はPCB汚染土壌に溶剤を加えてPCBを抽出し，汚染土壌を浄化する方法である．溶剤からPCBは分離され，溶剤は精製されて再利用される．

　この技術はアメリカから導入された溶剤抽出システムであり，アメリカ環境

保護局（EPA）の認証を受け，多くの実績を有している．

本システムは3つの処理プロセスから構成される．汚染土壌から溶剤によりPCBを抽出するシステム，PCBを抽出した溶剤を精製するシステムおよび抽出を終了した土壌に残存する溶剤を除去するシステムである．

PCB汚染土壌の処理フローを図7-8に示す．

まず，汚染土壌を抽出塔に投入する．ここに精製溶剤を注入し，しばらく汚染土壌に浸したのち溶剤を排出し，排出溶剤タンクに回収する．この操作を何度か繰り返し汚染土壌を浄化するというものである．

回収されたPCBを含む溶剤は精製ユニットにより溶剤とPCBに分離される．溶剤は再利用され，PCBは濃縮して後述のように処分される．また，抽出完了後の処理土壌には溶剤が残存する．そのため，加熱した空気あるいは蒸気を抽出塔に送り溶剤を気化させ，溶剤回収装置により回収する．

分離されるPCBの処分方法には，いったん倉庫に保管し，PCB特別措置法により設置が予定されている広域処理センターへもち込み処分する方法がある．現場での分解が必要であれば，別途確立されている分解プラントによる処分も可能である．

本処理法は，シンプルなシステムであり，そのため安全性も高く，下記に示す特徴をもっている．

① 常温・常圧により処理するため安全で，かつ処理土壌の性状が変化しないため再利用可能である．
② 化学的に安定な溶剤を使用しており，熱・化学反応によるダイオキシン類などの非意図的な有害物質の発生リスクがない．
③ クローズドシステムによる処理であるため周辺への二次汚染の心配がない．
④ さらに，溶剤のロスが少なく再利用できることやバッチ処理によるためロットごとの浄化確認の管理が可能である．
⑤ システムに可動部がほとんどないため，機器のトラブルが少なく信頼性に優れている．

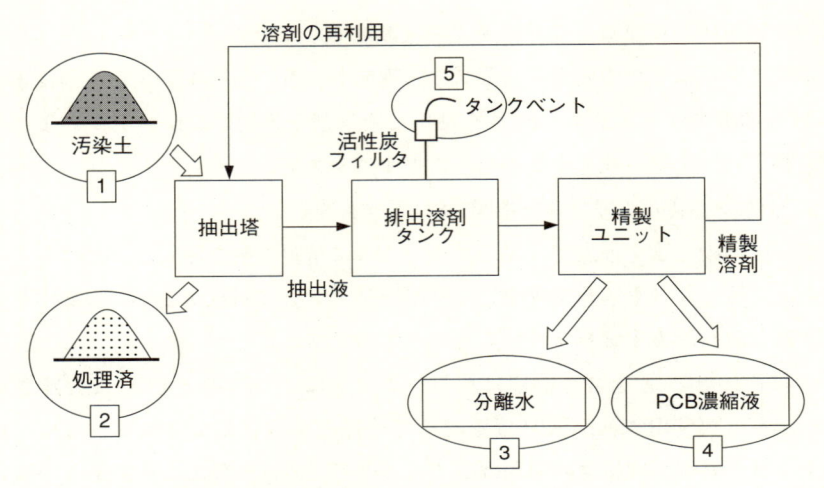

第Ⅱ部　浄化・修復技術の適用と最新技術

注）提供：三菱重工業（数字はエミッションポイントを示す）．

図7-8　PCB汚染土壌の概略処理フロー

7.4.2　還元加熱脱塩素法と金属Na分散体法の組合せシステム

本法は，PCB汚染土壌からPCBを気体として分離させ浄化する方法であり，分離されたPCBは並置する装置により分解される．

本システムは2つの処理プロセスから構成される．汚染土壌を還元加熱状態におきPCBをガス状として分離するプロセス（還元加熱脱塩素法）と排出される排ガス中のPCBを分解するプロセス（金属分散体法（SP法））である．前者のプロセスからは浄化された処理土壌が得られ，後者からは清浄ガスと処理水が排出される．

還元加熱脱塩素法はダイオキシン類汚染飛灰や土壌中に含まれるダイオキシン類の分解を目的に開発されたものであり，SP法はPCBそのものを分解する処理法としてすでに確立された技術である．本処理法はこれらを統合した技術となっている．本処理法の特徴は，上記2つのプロセスを連続して運転できるコンパクトな2つのコンテナに収め，PCB汚染土壌が発生する場所において処理することができる点にある．処理プロセスを図7-9に示す．

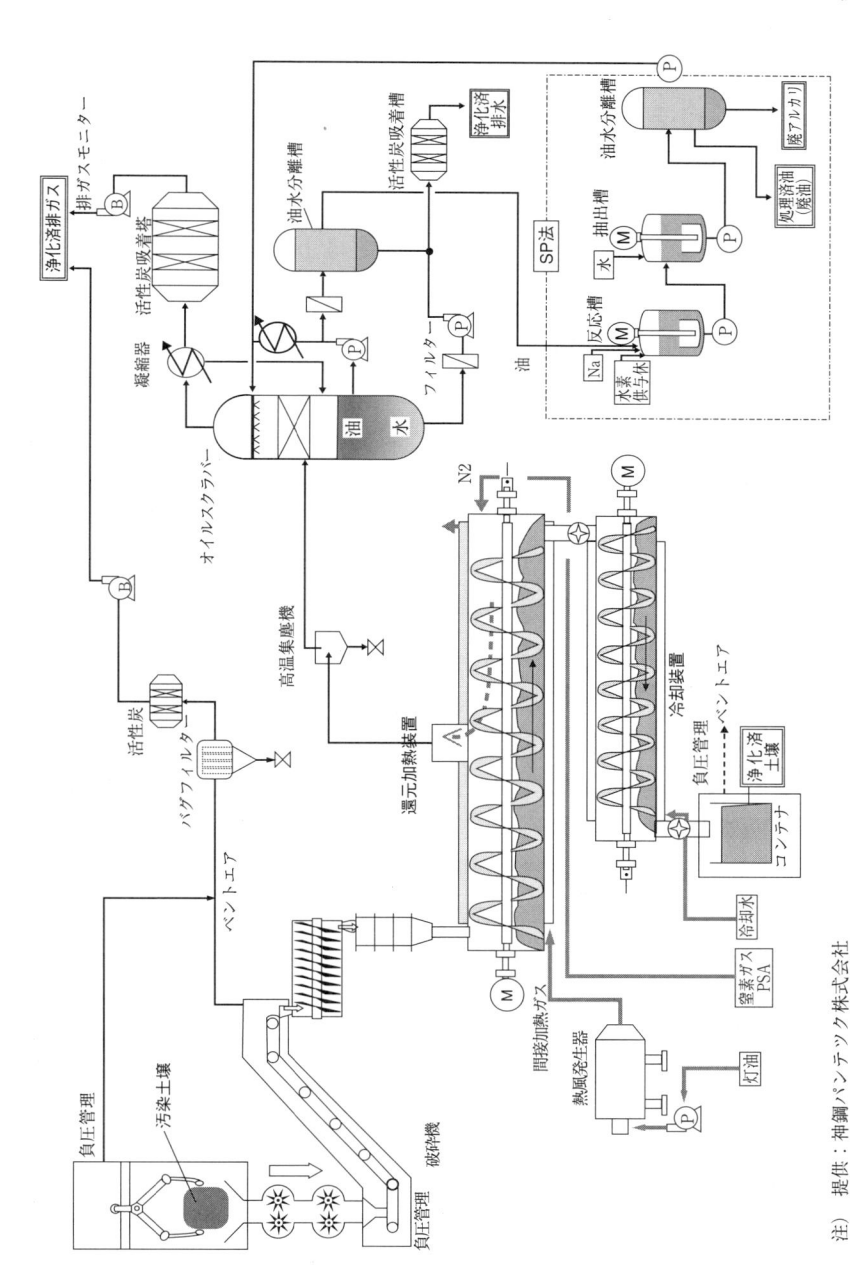

第7章　ダイオキシン類による土壌・地下水汚染の浄化・修復技術

図7-9　還元加熱法＋SP法のフロー

注：提供：神鋼パンテツク株式会社

汚染土壌は，まず還元加熱装置へ入れられる．汚染土壌中に間接加熱ガスが送り込まれ，窒素ガスによる還元下でPCBは脱着され，一部は分解される．この時の加熱ガスの温度は300〜500℃である．このプロセスにより汚染土壌は浄化され，生じるPCBを含むガスはオイルトラップされる．このPCBを含む洗浄油は油水分離により水を分離したのち金属Naおよび水素供与体の添加により脱塩素無害化処理される（SP法）．

本処理法の特徴は，以下のとおりである．

① 処理の原理がシンプルで，低温・常圧の技術であるため複雑なトラブルも少なく操作も容易である．
② 通常の土壌であれば，土壌中のPCB濃度を3μg/L（溶出量）以下（DXN類は100pg/g以下）までに処理できる能力がある．
③ 汚染土壌は浄化されるため，再利用が可能である．
④ 完結したプロセスであるため，二次汚染物や廃棄物の発生がなく，後工程が不要である．
⑤ 汚染土壌の性状の液体，固体の状態にかかわらず処理できる．

ここで，大型実証試験の結果を表7-9に示す．PCBsおよびダイオキシン類の分解率は99.9%および99.3%と高い数値を示している．

表7-9 大型試験結果

種類	単位	原土壌	還元加熱プロセス			SPプロセス		分解率
			処理済土壌	排ガス洗浄油	排ガス（活性炭後）	処理済油	処理排水	
PCBs	mg/kg mg	26 1100	0.0038 0.15	9.8 180	0.53^{*1} 0.0093	0.055 1.0	0.0002 0.00015	99.9
ダイオキシン類	pg-TEQ/g ng-TEQ	130 5600	0.93 36	1.7 32	0.038^{*2} 0.67	0.22 3.9	— —	99.3

注） $*1：\mu g/m^3 N$, $*2：ng\text{-}TEQ \cdot m^3 N$
提供：神鋼パンテック．

第 7 章　ダイオキシン類による土壌・地下水汚染の浄化・修復技術

【引用・参考文献】

［1］　厚生省生活衛生局水道環境部環境整備課：『高濃度ダイオキシン類汚染物分解処理技術マニュアル』, 1999年12月.
［2］　宮田秀明：『ダイオキシン』, 岩波新書.
［3］　滝上秀孝, 栄藤徹, 西尾司, 酒井伸一：「溶剤抽出法によるPCB汚染土壌浄化処理とモニタリング」, 『地下水・土壌汚染とその防止対策に関する研究集会』, 第9回講演集, 2003年, 450－453ページ.
［4］　栄藤徹, 藤田謹也, 寺倉誠一, 荒井利明, 荒岡衛, 上島直幸：「土壌汚染技術の開発状況」, 『三菱重工技法』, Vol.39, No.5, 2002, 274－277ページ
［5］　小倉正裕, 加賀城直哉, 井出昇明, 川井隆夫：「還元加熱脱塩素法＋金属Na分散体法によるPCB汚染土壌処理技術」, 『土壌環境センター技術ニュース No.6, 2003.3』, 25－28ページ.
［6］　川井隆夫, 小倉正裕：「PCB, ダイオキシン類等有害有機塩素系化合物汚染土壌の浄化技術」, 『資源処理学会シンポジウム「リサイクル設計と分離精製技術」, 第3回「廃プラスチック材料のリサイクルと分離精製技術」』, 資料集別刷, 2003年2月, 24－27ページ.

8 土壌掘削および現地外処分

　土壌掘削は汚染土壌の対策方法に現地処理あるいは現地外処分の対策をとれば，これに伴って生じる工事である．この工事には新たな技術を必要とせず，通常の土木工事の技術によって十分に対応可能である．しかし，掘削する土壌に有害物質が含まれているため，それらの二次汚染の防止など配慮すべき点も多い．

　現地外処分は，これまで汚染土壌を産業廃棄物に準じたものとみなし最終処分場等への処分などが行われていたが，これらの処分方法が法的に認められることになった．汚染土壌を掘削して場外へ搬出する場合は，土壌汚染対策法のもとに環境大臣が定める「搬出する汚染土壌の処分方法」（平成15年3月環境省告示第20号）に従うことになる．その確認は「汚染土壌の適正処分に係る確認方法」（平成15年3月環境省告示第21号）に従って行うことが必要である．また，収集運搬は産業廃棄物の収集運搬業にあたらず，汚染土壌は一般の運送業で運搬を行うことができる．

　処分できる方法は以下の3つである．
　　① 最終処分場への搬入または埋立場所等への排出
　　② 汚染土壌浄化施設における浄化
　　③ セメント工場等での原材料としての利用

8.1　土壌掘削工事

8.1.1　概　　要

　土壌汚染は有害物質の種類によって揮発性有機化合物（VOC），重金属および石油類等による汚染に分類できる．重金属の場合には比較的浅い深度の汚染である場合が多いのに対し，VOCの場合には深い深度まで汚染されている場合が多く，地表下数十mに及ぶ事例がある．油は浅い場合が多いが，VOCと

連なってかなり深い深度まで到達していることもある．土壌汚染が4，5mの深さまでの汚染であれば，掘削工事が伴う対策方法も検討されるが，それ以深の場合には封じ込めや，原位置処理などの対策方法がとられ，掘削工事は行われないことが多い．したがって，掘削工事を行う土壌汚染では重金属汚染の場合が多いと考えられる．

ここでは，汚染土壌の掘削工事において注意すべき点を取り上げ，二次汚染の防止という観点から重要な工程となる水替工および水処理工について述べる．

8.1.2　掘削工事

土壌汚染調査では，原則として10m×10mの格子状の単位区画ごとに汚染範囲が定められ，鉛直方向には数十cmから1〜2mピッチに区分される．そのため，対象地はそれぞれ濃度が定まったサイコロ状の区画に分割され，掘削はこの区画ごとに行われる．2mを超える深度の掘削においては，土壌が崩壊しないよう土留工が仮設される．

ここでは，汚染土壌の掘削工事を工程管理，掘削工およびその他の環境管理の項目について述べる．

（1）　工程管理

掘削工事の計画では，1日当りの掘削量の検討が重要である．

掘削後，現地内で処理を行う場合には1日当りの処理量とストックヤードの有無，ストックヤードがある場合には可能なストック量などが勘案されて1日当りの掘削量や全体工程が計画される．

現地外へ搬出の場合，汚染土壌は掘削され，運搬車両により場外に搬出されるが，汚染土壌の1日当りの掘削量は，現場の掘削条件よりも運搬できる運搬車両の延べ台数が条件になることが多い．

現場から中間処理場あるいは汚染土壌処理プラント等への距離や通過する道路の交通状況，さらに現場付近における運搬車両の待機場所の有無などにより

運搬車両の1日当りの延べ台数は制限を受ける．したがって，1日当りの掘削土量はこの運搬車両の台数をもとに決まる．掘削工事に特別な条件がなければ，1日30台の運搬車両（10t積載，およそ150m^3）を見込むことが多い．現場にストックヤードが確保できる場合には，それを勘案して掘削工程を決めることになる．

土壌汚染対策は，工場敷地を売却する場合に行われることが多い．そのため，対策工事が工場の解体と同時に進められることも少なくない．解体工事が対策工事の前工程であるため，その進捗は掘削工事に大きく影響を与える．そのため，掘削工事と解体工事は同一の会社によって行われることが望ましいが，異なる場合には工程の十分な調整が必要である．

また，工場の解体によって排出されるガレキ等は産業廃棄物であり，その運搬車両のトラブルは現場の工程に影響を及ぼすことになる．汚染土壌を最終処分場へ搬出する場合においても同様であり，これらの運搬の管理には工事と同等の注意が必要である．さらに，解体工事の関係者は汚染土壌について詳しくないこともあり，例えば汚染土壌上を車両で走行し，汚染を拡散した事例もある．

このように，解体工事と対策工事が重なる場合には，事前の十分な打合せが必要であり，工事中においても緊密な情報交換が必要である．

（2） 掘削工

土留工を仮設する場合には，一般に遮水性のある鋼矢板が用いられる．この計画では地下水の状況や周辺地盤の状況をふまえ，通常の土木工事において検討される土留工の設計を行うことが必要である．

掘削工事では，区画ごとに濃度が区分されており平面的には掘削の管理に問題は少ないが，鉛直的には隣接区画ごとに掘削深度が異なることがあり，区画間の汚染拡散の防止など掘削手順に管理が必要となる．

また，二次汚染の発生をできるだけ少なくすることが重要である．例えば，同時に2つの区画の掘削は控え，できるだけ一区画にすることが挙げられる．

また，ストックヤードを設置する場合においては，汚染土壌のストックはできるだけ少なくする，といったことも重要である．これらは，大気に開放される汚染土壌の面積をできるだけ少なくして重金属の飛散の防止や雨水の浸入を防ぐためである．

汚染土壌の掘削工事は通常の土木工事や建築工事とは異なり，何か構造物を構築するためのものではない．したがって，各区画の掘削が終了すれば，直ちに良質土によって埋め戻す

（3） その他の二次汚染防止対策

その他の二次汚染の防止対策を挙げれば以下のとおりである．

1） 揮発性物質による大気拡散の防止

揮発性物質であるVOCや水銀による汚染土壌においては，掘削時，これらは大気へ開放されるため揮発する．そのため，掘削場所をテントなどによって覆い，有害物質を外部へ拡散させないことが必要である．このとき，テント内部は負圧に維持する．水銀の場合には，あらかじめ硫化物を汚染土壌に混合し，水銀を揮発しにくい硫化水銀とすることも行われている．

2） 雨水の浸透防止

雨水により，汚染土壌中の有害物質が拡散するおそれがある．そのため，掘削期間中の汚染土壌にはシートでの養生や，テントで覆うなどにより雨水の浸透をできるだけ少なくすることが必要である．

工場の解体工事が伴なう場合，土間コンクリートが解体されることが多いが，土間は雨水の土壌への浸透防止や汚染土壌の飛散防止に役立つため，掘削工事の開始前までは解体撤去しないことが対策上有利である．

3） 作業者の保護

掘削中，作業者が有害物質に暴露される揮発性の有害物質の場合には大気から，重金属などは汚染土壌そのものからであり，そのため，作業者は防護マスク，メガネなどによる保護を図るとともに，場外へ退場する際には，手洗い，衣服の交換などを義務づけることが大事である．

8.1.3　水　替　工

　前述したように，掘削工事を行う対策には重金属による土壌汚染の場合が多い．したがって，ここでは重金属汚染土壌の掘削に伴う水替工について，次項では水処理について述べる．

（1）水替工の目的

　土壌汚染がよく見られる工場跡地は，臨海部あるいは河川周辺部にあることが多く，地下水位が高い．そのため汚染土壌が地下水面下に存在することが多く，水替工を行って掘削が進められる．その場合，周辺からできるだけ掘削場所への地下水の浸透を防止するため，鋼矢板に止水剤を塗布し遮水性を高めることがよく行われる．これによる費用が発生するが，ドライな状態で掘削工事が行われるため，かえって工事が順調に進むことになる．

　ここで，水替工の目的は以下のとおりである．
　1）　掘削作業のワーカビリティ（作業性）の向上
　汚染土壌が飽和状態であればバックホウなどによる掘削が困難になる．そのため地下水を汲み上げ，土壌を不飽和状態にして掘削のワーカビリティを向上させる．
　2）　掘削した汚染土壌からの水分の排除
　汚染土壌の含水比が高ければ，掘削時に周辺に汚染水を拡散させ，汚染土壌を場外へ搬出する運搬車からは汚染水が流出するおそれがある．このため，水替工により土壌から水分をできるだけ排除する必要がある．この水分の排除は汚染土壌重量の低減にもつながる．
　3）　汚染水の掘削エリアから外部への浸透の防止
　地下水の汲み上げにより掘削部の地下水位が下がる．これにより掘削部の地下水位が外部より低くなり汚染水の外部への浸透を防止する効果が生じる．

（2）水替工の種類

　水替工はポンプ等により地下水を地上へ汲み上げる工程であり，その方法に

は釜場方式，ディープウェル方式およびウェルポイント方式がある（図8-1参照）．

1）釜場方式

釜場方式は，掘削面から1～2mの深さに掘削の進捗に応じて順次釜場（ピット）を設け，ここに地下水を集めポンプにより汲み上げる方法である．この方式はよく用いられ，費用が抑えられるものの地下水の汚染濃度や濁度は比較的高い．また，掘削土壌の含水比も大きく低下させることはできない．

2）ディープウェル方式

ディープウェル方式は掘削底面より深い深度にポンプを設置して地下水を汲み上げる方法で，通常，掘削開始前から汲み上げる．そのため土壌の含水比低下の効果が大きく，掘削作業による影響が少ないため汲み上げる地下水の汚染濃度や濁度は低くなる．ただし，この方式はポンプを掘削底面下に設置するため，汚染土壌を撹乱するおそれがある．設置には十分な配慮が必要である．

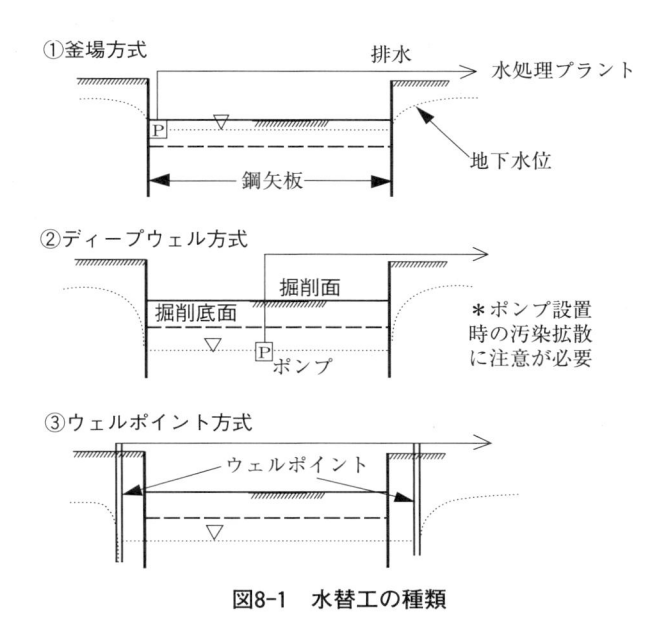

図8-1 水替工の種類

3） ウェルポイント方式

ウェルポイント方式は遮水壁の外側に揚水井戸をつくり，掘削底面より深い深度にバキュームポンプを設置する方法である．掘削部が砂層など透水性が高い地盤において，上記2つの方法では地下水がよく排水できない場合などに用いられる．ディープウェル方式と同様に汲み上げる地下水の汚染濃度や濁度は比較的低くなり，含水比の低減も大きいが，費用は高くなる．

水替工により生じる地下水位などの変動は土留工の設計に影響を与えるものであり，事前の検討が必要である．また，地下水の汲み上げは，周辺地盤の沈下など地下水障害の原因となることも多く，このような事象の可能性のある現場では，施工中の地下水位や地下水の濁りなどに注意を払わなければならない．

掘削と運搬の工程の調整や汚染土壌から水をできるだけ排除する目的で，汚染土壌をいったん場内にストックする場合がある．このような場合においても，汚染土壌の大気への飛散防止，浸出水の周辺への拡散や地下への浸透の防止について対策を講じることが必要である．

8.1.4　水処理工

水替工により汲み上げられる重金属汚染水は，水処理を行って河川や下水道などの公共水域へ排水される．また場内では運搬車両の洗浄水，汚染土壌ストックヤードからの浸出水や場内の雨水排水など，汚染の可能性のある水が発生するため，その汚染状態によっては同時に処理される．

（1）　重金属汚染水の特徴

掘削工事に伴って発生する重金属汚染水は以下の特徴をもつ．

①　重金属イオンの溶存
②　土粒子等による高い濁度
③　流量および濃度の大きな変動
④　短期間に発生

通常の土木，建築工事の掘削工事では，濁りとなる砂分や懸濁物質の分離，およびpH調整などが主な排水処理となるが，重金属汚染水を処理する場合には，加えて溶存する重金属イオンの処理を行う必要がある．

また，釜場方式による排水や場内の雨水排水は濁度が高くなることや，掘削作業の工程によって流量や濃度が大きく変化すること，また掘削作業を行うバックホウなどからの油分漏れにも注意を払う必要がある．

工事期間は，通常，数カ月から1年程度までの場合が多く，水処理施設は仮設的なものとなる．

(2) 排水基準等

重金属汚染水を処理して排水する場合には，排水する水域を考慮のうえ，かかわる法律や条例に定められた基準を遵守しなければならない．

表8-1には，対象とする重金属（健康保護項目）について，水質汚濁防止法で定められた公共用水域への排水基準（排水基準を定める総理府令，以下排水

表8-1 対象とする重金属（健康保護項目）および生活環境項目の排水および排出水質基準(mg/L)

	項目	公共用水域への排水基準	公共下水道への排出水質基準
対象重金属（健康保護項目）	カドミウム及びその化合物	0.1	0.1
	鉛及びその化合物	0.1	0.1
	六価クロム化合物	0.5	0.5
	ヒ素及びその化合物	0.1	0.1
	水銀，アルキル水銀その他水銀化合物	0.005	0.005
生活環境項目	水素イオン濃度(pH)	海域以外の公共用水域5.8以上8.6以下，海域5.0以上9.0以下	5.0以上9.0未満
	浮遊物質量(SS)	200（日間平均150）	600未満
	ノルマルヘキサン抽出物質含有量（鉱物油類）	5	5以下
	銅含有量	3	なし
	溶解性鉄含有量	10	なし
	その他の項目	BOD,COD,ノルマルヘキサン抽出物質含有量(動植物油脂類)，フェノール類含有量，亜鉛含有量，溶解性マンガン含有量，クロム含有量，フッ素含有量，窒素含有量，リン含有量，大腸菌群数	BOD,ノルマルヘキサン抽出物含有量(動植物油脂類)，フェノール類含有量，亜鉛含有量，溶解性マンガン含有量，クロム含有量，フッ素含有量，窒素含有量，リン含有量，ヨウ素消費量

出典）水質汚濁防止法排水基準，下水道法排出水質基準

基準）および下水道法で定められた公共下水道への排出水質基準（施行令第8条の2に定める公共下水道への排水基準値，以下排出水質基準）を示す．また，水域の環境を保全するため生活環境項目として定められている物質(pH含む)についても併記する．

表8-1より，重金属の排水基準と排出水質基準は同じ値を示す．排水基準の生活環境項目には，銅，鉄，亜鉛などの金属の項目がある．これらの金属は土壌環境基準項目に入っておらず，排水する水域が公共用水域の場合には，確認する必要がある．なお，排出水質基準にはこれらの金属の項目は含まれていない．

ここで2，3の注意すべき点がある．

重金属汚染の土壌掘削工事自体は，水質汚濁防止法に定められた「特定施設」に該当せず，水質汚濁防止法は適用されない．しかし，水処理プラントが付随する場合には，自治体の指導により，通常，上記の排水基準の遵守が求められる．同時に自治体には条例により上乗せ基準が定められており，この確認も必要である．また，河川への排水量が50m^3/日以上である場合には，「特定施設」の有無にかかわらず河川管理者への届出（河川法施工令第16条の5）が必要となる．

下水道への排水には下水道法が適用され，水質汚濁防止法は適用されない．下水道への排水には，自治体へ下水道使用料を支払うことが必要であり，長期間の工事により排水が多量になった場合には相当額の費用となる．そのため，最近では，この経済的な面に加え，環境保全を図る立場から水平井戸を利用した処理水の地下への還元（浸透）も試みられている．

以上，自治体の条例による上乗せ基準を別にすれば，重金属汚染水の排水処理計画では，水質汚濁防止法に定められた排水基準が目標値となる．ただし，実際に行う水処理プラントの設計においては，通常，排水基準よりも厳しい水質環境基準を目標値としている．

（3） 重金属汚染水の処理方法

重金属汚染水には，水に溶解する重金属などイオン類のほか，懸濁物質とい

われる小さな土粒子や，砂あるいはシルトなどの大きな土粒子が含まれる．ただし，重金属はイオンとして水へ溶解するだけではなく懸濁物質や砂，シルトなどへの吸着成分としても存在する．

水処理とはこれらを原水から分離することであり，これを合理的，かつ経済的に行わなければならない．

1） 砂分など大きな土粒子

砂分などの大きな固形物については，その重力を利用して沈降させ分離する方法が用いられる．これは水替工からの原水を沈砂池やノッチタンクに入れ，原水がその設備を流れる間に固形物を沈降させるものである．

2） 懸濁物質

自然沈殿により分離できない懸濁物質（小さな土粒子）は，凝集分離という方法が用いられる．これは，凝集剤を排水に混合し，懸濁物質を凝集してフロック（粗大粒子）を形成させ，沈殿させる方法である．

懸濁物質のうち，1μm以下の大きさの土粒子から分子状で分散している0.001μmの土粒子までの範囲の粒子をコロイドと呼び，凝集分離の対象となる．コロイド状の土粒子は負の電荷をもち，土粒子同士の反発により分散している．そのため，正の電荷をもつコロイドやイオンを添加して電荷の中和を図り，粒子間の引力がこの電荷による反発力を上回るようになれば凝集するものと考えられている．土粒子の負の電荷を中和し，コロイド粒子を凝集させるため，表8-2に示す凝集剤を用いる．

表8-2 凝集剤

凝集剤	物質名（化学式）	通称
無機	硫酸アルミニウム　$Al_2(SO_4)_3 \cdot 14 \sim 18H_2O$	硫酸バンド
	塩基性塩化アルミニウム　$[Al_2(OH)_n Cl_{6-n}]_m$	PAC
	硫酸鉄（Ⅲ）　$[Fe_2(OH)_n(SO_4)_{3-n/2}]_m$	ポリ鉄
	塩化鉄（Ⅲ）　$FeCl_3$	塩鉄または塩化第二鉄
有機	ポリアクリルアミドの部分加水分解物	高分子凝集剤

このうち無機の凝集剤により形成されるフロックの機械的強度はあまり大きくなく，フロックの大きさや沈降速度に限界がある．そのため，架橋作用のある有機の高分子凝集剤を加えてフロックを粗大化し，機械的強度を強くして沈降速度を大きくすることがある．実際には，排水の状態を考慮して，無機，有機の凝集剤を選定，組み合わせて使用される．ただし，有機凝集剤の多量の使用は COD の増加となり，注意が必要である．

3) 重金属イオン

溶存する重金属イオンを排水中から分離する方法には，不溶性の水酸化物や塩を生成させ，あるいは他の物質の主沈殿に共沈させ，これらを凝集沈殿により分離する方法が，一般に用いられる．イオンの状態のままイオン交換樹脂や活性炭などの吸着剤で分離する方法があるが，前処理が必要なことや費用が高くなることから，主要な処理法としては用いられない．重金属イオンの分離によく使われる方法を表8-3に示す．

カドミウムおよび鉛のイオンについては，その溶解度の pH 依存性を利用し，これらのイオンが含まれる排水にアルカリを加え pH を上昇させ，難溶性の水酸化カドミウムや水酸化鉛を生成させる．

六価クロムは，まず，硫酸酸性条件下において鉄粉や硫酸鉄（Ⅱ）などの還元剤を添加して，三価クロムに還元する．還元後，この排水にアルカリを加え

表8-3 重金属イオンの分離法

重金属	処理方法	生成物	処理方法の概要
カドミウム	水酸化物沈殿法	$Cd(OH)_2$	pH10以上のアルカリ性により処理
鉛	同上	$Pb(OH)_2$	pH 9〜10のアルカリ性により処理
六価クロム	同上	$Cr(OH)_3$	三価に還元後，pH 6〜7のアルカリ性により処理
ヒ素	同上（共沈法）	$FeAsO_4$	Fe（Ⅲ）または Al（Ⅲ）を添加し，これらの水酸化物と共沈
水銀	硫化物沈殿法	HgS	生成量が少ないため，Fe（Ⅱ）または Zn（Ⅱ）との共沈を併用

pHを上昇させ水酸化クロムを生成させる．

ヒ素では，鉄やアルミニウムの水酸化物に共沈させる方法がとられる．特に，鉄の水酸化物との共沈法が広く利用されており，鉄イオンが含まれる排水にアルカリを加え，生じる鉄の水酸化物を主沈殿として利用する．

水銀については，排水に硫化ナトリウムを加えて硫化水銀を生成させる．しかし，この硫化水銀（HgS_2）は硫化物イオンが過剰に存在すると再溶出するため，鉄塩を加えて硫化鉄を生成させ，共沈させる．

以上，重金属イオンについて，その分離法の一般例を紹介した．しかし，排水の汚染状態によっては，他の方法についても検討し，最適な処理法を計画することが必要である．

8.1.5　水処理の事例

掘削工事に伴って発生する重金属汚染水の水処理プラントの実例を紹介する．

（1）　概要

対象地は再開発が予定された工場跡地において，土壌中からカドミウム，鉛，ヒ素および水銀による汚染が確認された場所である．対策では，基準値を超過する土壌を掘削除去し，良質土により埋め戻す方法がとられた．掘削工事では土留工が仮設され，水替工では釜場方式により地下水が汲み上げられた．場内に設置された水処理プラントにより汚染水は処理され，排水された．

排水の特徴として，上記重金属が含まれるほか，昼間の工事中においては釜場方式のため濁度が1000～5000mg/Lと非常に高いのに対し，夜間は工事が行われないため，数10mg/Lと低い濁度であった．

（2）　水処理プラント

設置した水処理プラントのシステムを図8-2に示し，全体写真を写真8-1に示す．図8-2に示す各設備の機能は以下のとおりである．

① 沈砂槽

水替工によって汲み上げられる原水を受け止めるタンクであり，ここで，砂分など大きな土粒子は沈殿し，原水から分離される．また，原水が次工程である反応槽へ定量供給される．掘削工事においては，バックホウなどの重機から油が漏れ，これが排水中に含まれることがある．ここでも油吸着マットを装備し，浮上する油を吸着回収した．

② 反応槽

添加剤により排水中の重金属イオンを，水酸化物の生成，主沈殿への共沈あるいは他の物質への吸着などにより，溶存状態から懸濁物質への移行を図る反応槽である．エジェクターポンプによるエアレーションにより酸素を供給し，排水を酸化雰囲気とする．これにより，三価のヒ素を五価のヒ素に変えて水酸化鉄への共沈作用を高め，さらにエジェクターの撹拌作用により原水と添加物の混合もよく図られることになる．

水酸化ナトリウムの添加により排水のpHを上昇させ，カドミウム，鉛の重金属イオンを水酸化物に変える．ポリ鉄の添加により水酸化鉄を生成させ，ヒ素を共沈させる．以上の添加剤のほか，補助剤として陽イオン交換容量の大きいアルカリ土類金属を含む天然ゼオライト（含水アルミナ珪酸塩鉱物）を主成分とする無機ミネラル剤（以下，ミネラル剤）を添加する．このミネラル剤は未反応の重金属イオンの吸着を主な機能とし，重金属イオンの粒子状物質への固定化を促進させる．

③ 凝集反応槽

反応槽から送られてくる排水に凝集剤であるPACおよび高分子凝集剤を添加し懸濁物質を凝集させる．

④ 沈殿分離槽（シックナー）

凝集反応により生じるフロックを沈殿させ，その汚泥と清浄水を分離させる．

⑤ 汚泥調整槽

汚泥の濃度を調整する．

第8章　土壌掘削および現地外処分

```
                          ┌─ ─ ─ ─ ─ ─ ┐
            水の流れ        │   水替工    │
              ↓            └─ ─ ─ ─ ┬ ─ ┘
                                    ↓
                           ┌────────────────┐
                           │ ①沈砂槽        │
                           └────────┬───────┘
  （添加剤等）                        ↓
  ┌──────────────┐         ┌────────────────┐
  │ エアレーション │ - - →  │ ②反応槽        │
  └──────────────┘         └────────┬───────┘
  ┌──────────────┐                  ↓                  （添加剤）
  │水酸化ナトリウム│         ┌────────────────┐         ┌──────────────┐
  │ミネラル剤    │ - - →  │ ③凝集反応槽    │ ← - - - │ PAC          │
  │ポリ鉄        │         └────────┬───────┘         │ 高分子凝集剤 │
  └──────────────┘                  ↓                  └──────────────┘
                           ┌────────────────┐
                           │ ④沈殿分離槽    │
                           └───┬────────┬───┘
                               ↓        ↓
                    ┌──────────────┐  ┌──────────────┐
                    │ ⑤汚泥調整槽  │  │ ⑦ろ過槽     │
                    └──────┬───────┘  └──────┬───────┘
                           ↓                 ↓
                    ┌──────────────┐  ┌──────────────┐
                    │ ⑥脱水設備    │  │ ⑧放流監視    │
                    └──────┬───────┘  └──────┬───────┘
                           ↓                 ↓
                    ┌ ─ ─ ─ ─ ─ ┐    ┌ ─ ─ ─ ─ ─ ┐
                    │   処分    │    │   排水    │
                    └ ─ ─ ─ ─ ─ ┘    └ ─ ─ ─ ─ ─ ┘
```

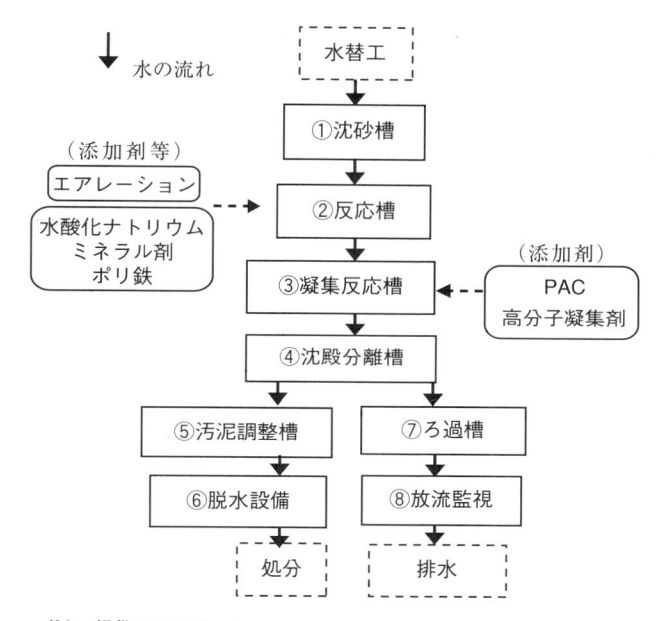

注）　提供：アステック．

図8-2　水処理プラントシステム図

注）　提供：アステック．

写真8-1　水処理プラント全景

233

⑥ 脱水設備（フィルタープレス）

濃度が調整された汚泥を脱水し，ケーキ状の汚泥にする装置である．フィルタープレスにあっては，そのプレスの効果を高めるため，凝集剤を多量に使用して排出汚泥が多量になるものがある．前述のミネラル剤を併用した場合には，良好な脱水が行われるため凝集剤の添加量が抑制され，発生する汚泥の量も少なくなることが確認されている．

⑦ ろ過槽

沈殿分離槽において沈みきれないピンフロック等の浮遊物質や残存する油分を吸着ろ過する．ここでは，アクリル繊維を利用した簡易ろ過槽を考案して使用した．ろ過槽は，この繊維を包むネットを300Lほどの容器に充填した簡単なもので，ここを処理水が通過するとさらに浄化されるというしくみである．

アクリル繊維は，ろ過性と油吸着特性に優れ，軽く，取り扱いが容易であること，洗浄により再利用が可能であること，さらに動力を必要としないなどの大きなメリットに注目し，活用した．

⑧ 放流監視

処理水の放流直前において，流量，pHおよび濁度を自動計測する．

水処理プラントの各設備の運転は，ほとんどが自動化されているものの，薬品類の各タンクへの補給や溶解作業，pH電極の洗浄・校正，また沈砂槽の排砂・搬出などはプラント管理者による作業とした．

（3）　水処理データ

水処理プラントの運転管理では，処理水の清浄性確認のため，定期的に採水して分析を行った．結果の一部を原水のデータ，排水基準および水質環境基準と併せて表8-4に示す．いずれの項目も排水基準とともに水質環境基準も満たしている．銅および溶解性鉄においても排水基準を満足する結果であった．

表8-4 原水および水処理後の水質データ

注) 単位:mg/L, ただし pH を除く.

測定日	水処理開始直後		1カ月後		7カ月後		排水基準(水質汚濁防止法)	水質環境基準(環境基準)
測定項目	処理前	処理後	処理前	処理後	処理前	処理後		
pH	6.8	7.5	6.8	7.7	5.8	7.5	5.8〜8.6	
SS	200	1	8700	2	160	2	200(150)	
カドミウム	<0.01	<0.01	<0.01	<0.01	<0.01	<0.01	0.1	0.01
鉛	0.11	<0.01	3.2	<0.01	0.01	<0.01	0.1	0.01
ヒ素	0.03	<0.01	<0.01	<0.01	<0.01	<0.01	0.1	0.01
総水銀	<0.005	<0.0005	<0.0005	<0.0005	<0.0005	<0.0005	0.005	0.0005
銅	0.22	<0.01	3.8	<0.01	0.02	<0.01	3	
溶解性鉄	3.9	0.02	1.5	0.09	14	0.20	10	

8.2 最終処分場

8.2.1 概　　要

　土壌汚染対策法に係る解説書（参考・引用文献［1］）では，汚染土壌の種類およびその濃度と受け入れ可能な最終処分場等が対応づけられている．これを表8-5に示す．

　第一種および第三種の特定有害物質の溶出量値が第二溶出量基準を超える場合には，どのような処分場等も受け入れられない．ただし，第二種の場合には，第二溶出量基準を超える場合にも処分できる．また，第二種において含有量値が土壌含有量基準を超える場合，溶出量値が土壌溶出量基準に適合する場合に限り，どのような処分場等においても処分可能である．

8.2.2 中間処理

　汚染土壌の溶出量が第二溶出量を超える場合などにおいて，溶出量値を低減させるため中間処理が行われてる．

表8-5 搬出する汚染土壌の適正な処分の方法における最終処分場等の位置づけについて

特定有害物質の種類		第一種特定有害物質(揮発性有機化合物)		第二種特定有害物質(重金属等)				第三種特定有害物質(農薬等)	
基準	第二溶出量基準	不適合	適合	不適合	適 合			不適合	適 合
	土壌溶出量基準	−	不適合	−	不適合	海防法判定基準[4]不適合	適合	−	不適合
	土壌含有量基準	−	−	−	−	−	不適合	−	−
処分場[1]	遮断型	×	×	○	○	○	○	×	×
	管理型(一廃・産廃)	×	○	×	○	○[5]	○	×	○
	安定型[3]	×	×	×	×	×	○	×	×
埋立場所[2]	遮断型	×	×	×	×	×	○	×	×
	管理型処分場相当[3]	×	○	×	○	×	○	×	○
	安定型[3]	×	×	×	×	×	○	×	×

1) 「処分場」とは廃棄物処理法の最終処分場をいう.
2) 「埋立場所」とは海洋汚染および海上災害の防止に関する法律の埋立場所等をいう.
3) 「安定型」「管理型処分場相当」とは処分場または埋立場所の所在地,区域を管轄する都道府県知事が認めたものに限る.
4) 「海防法判定基準」とは海洋汚染および海上災害の防止に関する法律施行令第5条第1項に規定する埋立場所等に排出しようとする金属等を含む廃棄物に係る判定基準を定める省令,第1条第2項又は第3項に規定する基準,別表第1に掲げる基準をいう.
5) 海洋汚染防止法の埋立場所等であるものを除く.

これには,各種の方法があるが,ここでは化学的不溶化を行っている中間処理場を写真8-2に示す.

8.2.3 留意点

新たな処分場の建設が困難になってきていることは,報道等により知るところである.一方,産業廃棄物の不法投棄は大きな社会問題となっており,一部では,税金を投入して処理が行われている.

ここで示した汚染土壌の最終処分場への処分においても,処分場の逼迫から不法投棄されることが十分に考えられる.そのため,「汚染土壌の適正処分に係る確認方法」が告示されたとも言えるのであるが,汚染土壌の最終処分場等への処分においては,信頼できる業者の選定が最も重要であると思われる.

第8章 土壌掘削および現地外処分

注) 三友プラント提供.

写真8-2　中間処理場

8.3　汚染土壌浄化施設

　土壌汚染対策法では，都道府県知事等の確認を受けた汚染土壌浄化施設での処理が示されている．浄化施設での具体的な浄化法には熱処理や洗浄処理，化学処理，生物処理などが挙げられており，浄化された処理土壌は再利用が可能となる．

　8.2節の汚染土壌の廃棄処分場への埋め立て処理は，処分場の運用面から見れば，本来処分すべき産業廃棄物の処分可能量が少なくなることを意味する．新たな最終処分場の建設が困難になっている現状を憂慮すれば汚染土壌をできるだけ再利用することが望まれる．ここで示す浄化施設による汚染土壌の再利用のシステムはこの処分場問題にも資することになる．

　同様な浄化施設による汚染土壌の浄化および再利用は，オランダにおいてすでに進められており，汚染土壌の問題解決の大きな柱となっている．わが国においても，同様の施設が民間機関によってすでに営業ベースで進められている．今後，同様の施設の建設が進み，汚染土壌を浄化して再利用するシステム

第Ⅱ部　浄化・修復技術の適用と最新技術

はこの分野に広がる可能性が高い．

8.3.1　熱処理による汚染土壌浄化施設例

　この施設は熱処理によって汚染土壌を浄化し，浄化後の土壌をリサイクル（製品）するもので，焼成炉（ロータリーキルン）を装備したプラントとなっている．その処理能力は月間約10000tの規模である．浄化後の土壌は，建設工事における埋め戻し材あるいは処分場の覆土として販売され，汚染土壌を掘削した場所に埋め戻されることもある．

　ここで，この浄化施設による汚染土壌のフローを図8-3および8-4に，焼成炉の写真を写真8-3に示す．

　汚染土壌を積載した運搬車は施設入り口の計量器で重量が測定され，汚染土壌の土量が算定される．汚染土壌は焼成炉に隣接するストックヤードにて保管され，順次処理される．このうちVOCなどの低温で揮発する有害物質を含む汚染土壌は臭気対策施設において前処理される．

　汚染土壌の浄化の原理は，熱による有害物質の分解および揮発による分離である．ここでは1000～1200℃の熱が加えられる．分離された有害物質は排ガス処理装置により捕集され，産業廃棄物として管理型処分場に処分される．浄化された土壌（製品）はストックヤードにストックされ，販売される．

　注意すべき点として，受入れ汚染土壌の性状には土壌汚染の対象となる有害物質だけではなく，硫黄や塩素なども考慮される．これは，燃焼によるプラントへの損傷や生成物への影響を避けるためである．そのため，受入れ前には必ずサンプルによるテスト燃焼を行っている．ただし，これらの物質が含まれていても含有量が少なければ問題はなく，これまでほとんどの汚染土壌を受け入れている．

　この施設ではこれまでに数回にわたりロータリーキルンの改修を行っている．油分を含め，さまざまな有害物質が含まれる汚染土壌の熱処理を行うにあたっては予期せぬ状態が生じることは十分に考えられることである．しかし，汚染土壌の実態をふまえた処理のノウハウの蓄積があってこそ，この技術によ

第8章 土壌掘削および現地外処分

```
           ┌─────────────────┐
           │ 汚染土壌掘削 場外 │
           └────────┬────────┘
            ┌───────┴───┐
┌──────────────┐       │
│ 汚染土壌一時保管 │       │
└──────┬───────┘       │
       └───────┬───────┘
     ┌ ─ ─ ─ ─ ─┼─ ─ ─ ─ ─ ─ ─ ─ ─ ─ ┐
     │    ┌────┴────┐                │
浄化施設│  │ダンプ重量測定│                │
     │    └────┬────┘                │
     │    ┌────┴────┐    ┌──────────┐│
     │    │汚染土壌ストック├───→│ 汚染土壌脱臭 ││
     │    └────┬────┘    └──────────┘│
     │  ┌──────┴──────┐                │
     │  │焼成（ロータリーキルン）│                │
     │  └──────┬──────┘   ┌────────┐ │
     │         ├──────────→│ 排ガス処理 │ │
     │  ┌──────┴──────┐   └────┬───┘ │
     │  │浄化土壌（製品）ストック│        │     │
     │  └──────┬──────┘        │     │
     └ ─ ─ ─ ─ ┼ ─ ─ ─ ─ ─ ─ ─ ─│─ ─ ─ ┘
           ┌──┴──┐          ┌──┴──────────┐
           │ 販売 │          │管理型処分場への処分│
           └─────┘          └─────────────┘
```

注）提供：サンビック．

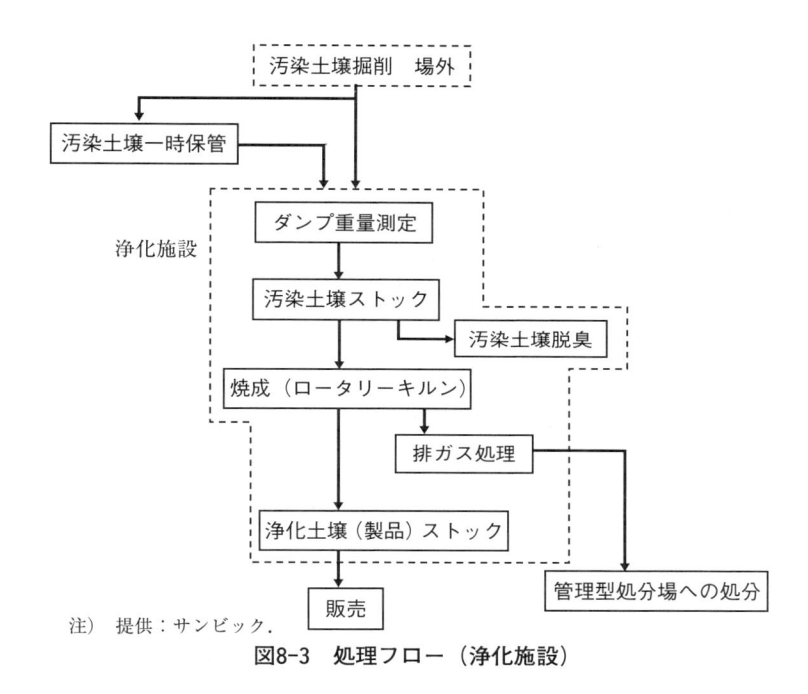

図8-3　処理フロー（浄化施設）

るビジネスが可能となったものであり，さらなる合理化も期待される．また，この施設は海に面して設置されているため，船舶による汚染土壌や浄化後の土壌の運搬が可能である．今後，処理量の増加に伴いコストの安い船舶による運搬も増えてくることが予想される．

最後に，この焼成炉の燃料には再生油が使用されている．関連会社が産業廃棄物として処分される油を再生したものであり，この処理施設がリサイクルをベースにした考えで進められていることがわかる．

8.4　セメント工場

最終処分場や汚染土壌浄化施設に加え，汚染土壌の場外搬出先としてセメント工場がある．セメント工場では，近年，産業廃棄物をセメントの原料や焼成燃料として利用することを進めており，そのノウハウが汚染土壌のセメント原

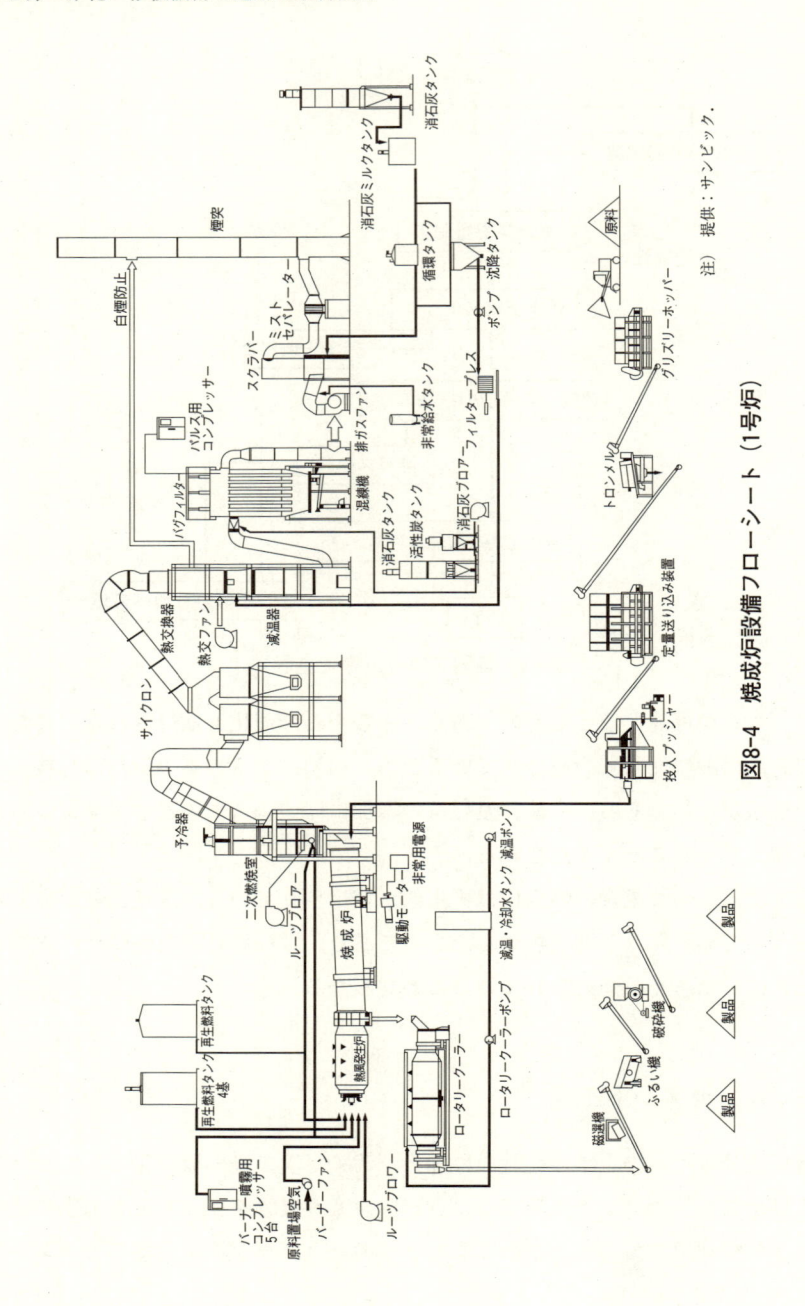

第Ⅱ部　浄化・修復技術の適用と最新技術

図8-4　焼成炉設備フローシート（1号炉）

注）提供：サンビック．

写真8-3　焼成炉

注）提供：サンビック．

料化に生かされている．

（1）セメントの製造と廃棄物

セメントの製造工程は，原料工程，焼成工程および仕上げ・出荷工程のプロセスより構成される．これを図8-5に示す．

まず，石灰石を主原料に粘土，珪石，酸化鉄を微粉砕混合する．これを主としてロータリーキルンで焼成（最高1450℃）し，1200℃まで除冷したのち急冷してクリンカー（焼塊）をつくる．最後にクリンカーに石膏を3～4％加えて微粉砕し，セメントができ上がる．

高い塔において原料（あるいは汚染土壌や廃棄物）が投入混合され，予熱が与えられる．手前のキルンによって混合した原料が熱せられ，クリンカーが製造される．

上記原料の石灰石をはじめ粘土，珪石などは地球上に多量に存在する物質である．また，セメントの化学組成である，SiO_2：20～25％，Al_2O_3：4～6％，

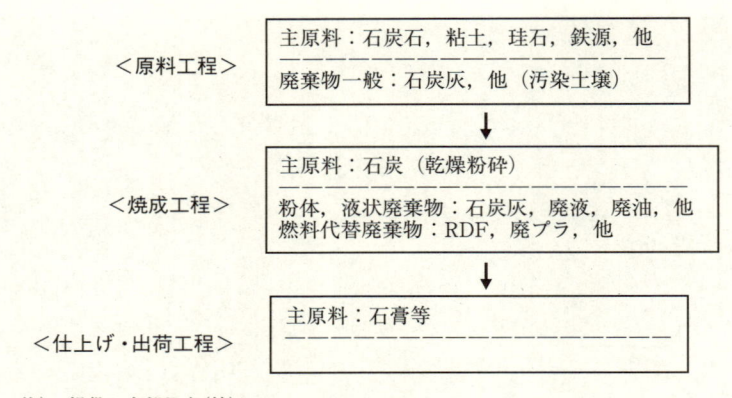

第Ⅱ部　浄化・修復技術の適用と最新技術

```
　　　　　　　　　　　┌─────────────────────────────┐
　　　　　　　　　　　│主原料：石炭石, 粘土, 珪石, 鉄源, 他│
　　＜原料工程＞　　　├─────────────────────────────┤
　　　　　　　　　　　│廃棄物一般：石炭灰, 他（汚染土壌）│
　　　　　　　　　　　└─────────────────────────────┘
　　　　　　　　　　　　　　　　　　↓
　　　　　　　　　　　┌─────────────────────────────┐
　　　　　　　　　　　│主原料：石炭（乾燥粉砕）　　　　　│
　　＜焼成工程＞　　　├─────────────────────────────┤
　　　　　　　　　　　│粉体, 液状廃棄物：石炭灰, 廃液, 廃油, 他│
　　　　　　　　　　　│燃料代替廃棄物：RDF, 廃プラ, 他　　│
　　　　　　　　　　　└─────────────────────────────┘
　　　　　　　　　　　　　　　　　　↓
　　　　　　　　　　　┌─────────────────────────────┐
　　　　　　　　　　　│主原料：石膏等　　　　　　　　　　│
　＜仕上げ・出荷工程＞├─────────────────────────────┤
　　　　　　　　　　　│　　　　　　　　　　　　　　　　　│
　　　　　　　　　　　└─────────────────────────────┘
```

　　注）　提供：宇部興産(株).

図8-5　セメント製造の工程と原料

Fe_2O_3：2～4％，CaO：62～66％，MgO：1～2％，SO_3：1.5～3.5％なども，自然界に一般的に存在するものである．

　産業廃棄物である建設汚泥，スラグ，石炭灰などにはこれらと同じ物質が多量に含まれており，上記原料の代替になり得るのである．また，カロリーの高い廃タイヤ，プラスチック，RDFなどは燃料として利用される．図8-5の各工程の主原料とその代替となる廃棄物を示す．

　したがって，汚染土壌の場合においても，有害物質が含まれるとはいえ基本的には「土」であり，汚泥などと同様にセメント原料にできるのである．

（2）　汚染土壌の受け入れ条件

　セメント工場では汚染土壌を受け入れるが，有害物質の種類や濃度等に受入条件がある．これを表8-6に示す．

　焼成工程では温度が約1500℃近くまで達するため，油や揮発性有機化合物（VOC）は分解する．したがって，これらは原則，受け入れ可能である．重金属類はセメントに微量含まれることになるが，最終的にはコンクリート内に固定化されるため二次汚染の心配はない．

　セメント工場への受け入れ条件が最終処分場や汚染土壌浄化施設と異なる点

表8-6 汚染土壌の受け入れ条件の例

汚染土壌	受け入れ条件
油	油分濃度が埋め立て基準（5％）未満であれば，原則，受け入れ可能である．
VOC	原則，受け入れ可能であるが，その濃度および土壌量に制限がある．
重金属	原則，受け入れ可能であるが，その濃度および土壌量に制限がある．
その他	塩素や硫黄の濃度が高い場合には受け入れられないことがある．また金属類，木くず，紙くず，廃プラなどは受け入れられない．

注）提供：宇部興産．

は，汚染土壌がセメントという製品の原料になることである．そのため，特定有害物質だけでなく，製造に影響を与える物質が多量に含まれる場合には受け入れないことがある．例えば，塩素や硫黄は有害物質ではないが，セメントの強度発現に影響を与え，またセメント製造プラントの損傷につながることや運転の支障をきたすことが知られている．したがって，セメント工場は汚染土壌の受け入れにおいては，自らサンプルを分析し，受け入れ可能かどうかの判断を行っている．

なお，セメント工場は産業廃棄物を処理するため，廃掃法に基づく中間処理場としての許可を得て運転している．

【参考文献】

［1］ ㈳土壌環境センター：『土壌汚染対策法に基づく調査及び措置の技術的手法の解説』，2003年．

［2］ 公害防止の技術と法規編集委員会編：『公害防止の技術と法規　水質編』，社団法人産業環境管理協会，1995年，142－143ページ．

［3］ 土質工学会編：『土質工学ハンドブック』，土質工学会，1982年，32－39ページ．

［4］ 株式会社アステック技術資料．

9　モニタリング技術

9.1　簡易分析

9.1.1　重金属等の簡易分析

　土壌汚染対策法においては，重金属類による地質汚染の調査や対策にあたって，汚染の有無や評価をする場合には公定法による分析を行うことが必要である．公定法は分析精度が高く精密な測定である，定量下限値が小さい，土壌環境項目のすべての項目が分析可能である等の長所を有する反面，分析機器が高価であり分析費用が高い，分析に時間がかかる，分析においては熟練が必要といった短所をも有する．

　これに対し簡易分析法は，分析精度については公定法に劣ることが多く相対的な値としての位置づけに留まるといった制約もあるが，分析時間が短い，分析においては熟練が不要である，分析機器が廉価であり分析費用が安い等のプラス面の特徴を有する（表9-1）．

表9-1　公定法と簡易分析法の比較

比較項目	公定法	簡易分析法
分析精度	高い	低い．再現性が少ない場合もある
定量下限値	低濃度まで可能	公定法に比べ定量下限値は大きい値となる
対象物質	すべて	分析できない成分や精度の低い物質も存在する
妨害物質への対応	対応可	対応できない場合が多い
時間	数日～数週間	即時～数日
分析費用	高い	安い
評価	計量証明書によって公的データ	相対的な参考データ
操作性	要習熟（専門家）	容易
試料の必要量	多い：500g以上	少ない（分析廃水も少ない）

注）和田信彦：「貴金属汚染の現地簡易分析法」，『第2回残土石処分地・廃棄物最終処分場にかかわる地質汚染調査対策技術の研修会資料』，NPO法人日本地質汚染審査機構，2002年，に一部加筆．

また，重金属類による地質汚染の現場においては汚染物質の分布の不均一性が大きく，わずかなサンプリング地点のズレにより，まったく異なった結果が生じることも多々経験されている．このような現場においては，必要に応じて簡易分析法にて補完を行うことは，その場の正確な把握に対して有効である．さらに，土壌浄化時においても過剰な処理や汚染土の処理残しを避けるためにも，簡易分析による現場判断は有効である．

簡易分析に求められる条件は次のような点である．
- 操作が容易で迅速であること
- 測定目的に応じた感度・再現性を有していること
- 小型軽量・安価であること
- 試薬・試料・廃液量が少ないこと

これらの条件に適した重金属等の簡易分析法には，簡易比色法や簡易分光光度計などが挙げられる．以下に，代表的な分析方法について紹介し，これらを表9-2にとりまとめた．

(1) 簡易比色法

1) 試験紙法

発色試薬を染み込ませて乾燥させた試験紙を検液につけ，イオンとの反応による色の変化を標準色と比較して濃度を求める方法である．古くから利用されているが低濃度の測定はむずかしい．pH試験紙，重金属試験紙などがある．

2) パックテスト法

パックテストは水質検査用に対象物質を簡易に検出するキットとして㈱共立理化学研究所より市販されているものである．ポリエチレンチューブの中に試薬が密閉されており，使用時に開封して試料水をスポイトのように吸い込み，指定時間後に比色する方法である．分析対象の種類が多く，試験紙に比べて一桁程度分析精度も高い．

パックテストは下記のような特徴がある．
- pH 5～9の範囲で測定が可能でpH調整が不要

表9-2 重金属等の簡易分析例(その1)

対象項目(環境基準)	測定方法	測定範囲(mg/L)
亜鉛	液体検知管,試験紙 パックテスト,比色管 検知管(ヨシテスト) 分光光度計	3−, 2− 0− 0.5− 0.01−
カドミウム(0.01mg/L)	検知管(ヨシテスト) 分光光度計	0.2− 0.002−
銀	試験紙 パックテスト 分光光度計	1000− 0− 0.01−
全クロム	前処理+試験紙 分光光度計	0.5− 0.01−
六価クロム(0.05mg/L)	液体検知管 試験紙,検知管(ヨシテスト) パックテスト,比色管 分光光度計	0.5− 0.2− 0.05− 0.01−
コバルト	分光光度計	0.01−
全シアン(不検出)	前処理+比色管,分光光度計 前処理+検知管(ヨシテスト)	0.1− 0.05−
遊離シアン	試験紙 検知管(ヨシテスト) パックテスト,比色管 分光光度計	1− 0.05− 0.02− 0.01−
シマジン(0.003mg/L)	イムノアッセイ法(試験紙)	0.004−
総水銀(0.0005mg/L)	液体検知管 検知管(ヨシテスト) 前処理+ガス検知管 分光光度計	1− 0.03− 0.005− 0.0001−
すず	試験紙 分光光度計	2− 0.5−
セレン(0.01mg/L)	分光光度計	0.003−
チオベンカルブ(0.02mg/L)	−	−
チラウム(0.006mg/L)	−	−
二価鉄	液体検知管,試験紙 検知管(ヨシテスト) パックテスト,比色管 分光光度計	5−, 1− 0.5− 0.1− 0.003−

第 9 章　モニタリング技術

表9-2　重金属等の簡易分析例（その2）

対象項目（環境基準）	測定方法	測定範囲（mg/L）
全鉄	試験紙 パックテスト 分光光度計	1 － 0.05 － 0.02 －
銅	試験紙，液体検知管 検知管(ヨシテスト)，パックテスト 比色管 分光光度計	2 －，1 － 0.5 － 0.02 －
鉛(0.01mg/L)	試験紙 検知管(ヨシテスト) イムノアッセイ法(試験紙) 分光光度計	20 － 0.5 － 0.015 － 0.003 －
ニッケル	試験紙，液体検知管 パックテスト 検知管(ヨシテスト) 分光光度計	5 － 0.5 － 0.2 － 0.01 －
ヒ素(0.01mg/L)	検知管(ヨシテスト) パックテスト 前処理＋ガス検知管，分光光度計	0.5 － 0.2 － 0.01 －
フッ素(0.8mg/L)	検知管(ヨシテスト) パックテスト 分光光度計	1 － 0 － 0.02 －
ホウ素(1mg/L)	パックテスト 分光光度計	0 － 0.02 －
PCB(不検出)	－	－
マンガン	パックテスト，検知管(ヨシテスト)， 比色管 分光光度計	0.5 － 0.1 －
モリブデン	分光光度計	0 －
有機りん(不検出)	－	－

注）　和田信彦：「重金属汚染の現地簡易分析法」，『第2回残土石処分地・廃棄物最終処分場にかかわる地質汚染調査対策技術の研修会資料』，NPO法人日本地質汚染審査機構，2002年，に一部加筆．

- 穴をあけるかアンプルを折るだけで分析器具を用いない
- 測定時間は5分以内で結果が早い（試料調整や検液作成時間は除く）
- 小さくて壊れにくく携帯性が良い

これに対して，分析精度等で下記のような限界がある．

- 共存物質（妨害物質）により誤発色することがある

- 環境規準を検出できる項目は少なく，分析できない環境基準項目（例えば，鉛など）がある

3） 比色管法

試料を試験管にとって，用意された試薬を加えて発色させ，指定時間後に比色する方法である．同仁堂化学研究所より市販されているポナールキットなどがある．パックテスト法と同様な長所，短所を有する．

4） 検知管法

処理剤や発色剤をつけた粒子を細長いガラス管に封入したもので，対象物質との反応によって着色した層の長さから濃度を求める方法である．吸水用検知管を直接検液に浸漬する方法や検液を吸引する方法，水中から気化したガスを吸引する方法などがある．シアン，水銀，ヒ素などの測定方法が開発されている．高感度の水質検知管がヨシテストとして吉冨ファインケミカル㈱から，また，各種の液体検知管などが㈱ガステック，光明理化学工業㈱などから市販されている．

（2） 簡易分光光度法

1） 分光光度計

簡易比色法の欠点である目視による個人差，詳細な数値を読み取れないことなどの問題点を解決するため，準備された試薬を加えて発色させあらかじめ検量線をプログラムした光電比色計か分光光度計で測定し，濃度を求める方法である．

測定できる項目も多く，小型化が進められているため精度の高い簡易法ではあるが，前処理（発色処理）が必要になる場合，測定項目によっては操作が煩雑になり分析時間を要する場合もある．

（3） その他

1） イムノアッセイ法

対象物質と反応する抗体を用いて抗体と抗原との特異的な反応を利用する測

定法である．鉛などを対象としたキットが発売されている．

　2) 蛍光X線分析法

　土壌汚染対策法においては含有量に対しても基準値を設定している．前出した簡易分析法は溶出量に対する分析であったが，含有量に対する検討に対しては，近年，蛍光X線分析装置を用いた手法が研究開発されている（表9-3）．

　エネルギー分散型蛍光X線分析装置（EDXRF）の特徴を以下に記す．
- 小型・軽量で現場にもち運べる．
- 100V電源で稼動し，X線管球が空冷のため冷却水が不要．
- 土壌構成元素の定性分析を迅速（数分間）に実施．
- 検量線を用いて，重金属元素の定量分析（検出限界は10ppm）が可能．
- 最新モデルはX線検出器をペルチェ冷却し，液体窒素が不要．

　今後，蛍光X線分析法で求めた含有量分析法と公定法含有量分析法の相関を求める等の検証の積み重ねにより，現場での簡易分析法として今後普及されていくことと考えられる．

表9-3　蛍光X線分析装置の各重金属類に対する対応一覧

対象項目	含有量基準値	蛍光X線分析
水銀	15mg/kg	可能
カドミウム	150mg/kg	可能
鉛	150mg/kg	可能
ヒ素	150mg/kg	可能
六価クロム	250mg/kg	総クロムのみ可
フッ素	4000mg/kg	困難
ホウ素	4000mg/kg	困難
セレン	150mg/kg	可能
遊離シアン	50mg/kg	困難

　注）　丸茂己美（2003）未公表資料より．

9.1.2 ダイオキシン類の簡易分析

(1) ダイオキシン類簡易分析法の動向

平成11年にダイオキシン類対策特別措置法が制定され，地方自治体や事業者は公定法による年一回以上のダイオキシン測定が義務づけられている．しかし，分析に多大なコストと時間を要するために日常管理的に行われることが望ましいダイオキシン類のモニタリングも年数回程度の実施が限界と言われている．このような中，多くの研究機関や民間企業がダイオキシン類を迅速・安価に分析する簡易測定法の開発・製品化を進めている．また，環境省でも2000年度から3年計画のミレニアムプロジェクトとしてダイオキシン簡易測定の技術評価検討を開始しており，2002年7月に定められた水底底質のダイオキシン類環境基準における「底質の処理・処分等に関する暫定指針」では汚染監視調査における簡易測定法の適用が認められた．今後，ダイオキシン簡易測定法に対するニーズはさらに広がることが予想される．

(2) ダイオキシン簡易測定法の種類

土壌のダイオキシン簡易測定法の開発には以下の3つのアプローチがあるが，土壌汚染のスクリーニング調査としては生物検定法（バイオアッセイ法）が多用されている（表9-4）．

1) 煩雑な前処理工程を簡素化する方法

高速溶媒抽出器やディスポーザルカラムを利用して抽出や精製・濃縮工程を迅速化する方法やサンプリングを簡便化する方法がある．

2) 普及型ガスクロマトグラフ質量分析計（GC/MS）等の安価な分析機器を用いる方法

低分解能 GC/MS やガスクロマトグラフ二重質量分析計（GC/MS/MS）など普及型機器を利用するもので，高分解能 GC/MS と比較して感度や選択性がやや劣るが特定のダイオキシン異性体の測定が可能である．また，GC/MS/MS では分析妨害物質（土壌や水などからの不純物）の影響を除いて，分析値のノイズレベルを下げることが可能であるため，比較的高い感度が得られる．

第9章 モニタリング技術

表9-4 実用化されている主なダイオキシン簡易測定

	P450HRGS法 EPAmethod4425	CALUX	Ahイムノアッセイ法	免疫測定法 （DELFIA TCDD Test Kit）	GC/MS/MS法
価格	40,000円～					
分析納期	1週間程度	1週間程度	1週間程度	1週間程度	5日間
適用	土壌,底質,焼却灰,飛灰,排ガス,排水,作業環境	土壌,底質,焼却灰,飛灰,排ガス,排水,作業環境	土壌,底質,焼却灰,飛灰,排ガス,排水	土壌,底質,焼却灰,飛灰,排ガス,排水	土壌
	バイオアッセイ（生物検定法）					機器分析
	レポーター遺伝子アッセイ法 （P450HRGS法）		イムノアッセイ法			
測定原理	ダイオキシン類の生物への毒性発現メカニズムを用いた方法で,遺伝子組み換え細胞（ヒト肝癌細胞:101L細胞）を利用した測定方法。ダイオキシン類を101L細胞に曝露させると,ダイオキシン類が細胞膜を通過し,細胞内にある多環芳香族受容体と結合して核内へ移行し,特殊なタンパクと結合．DNAの特定配列に結合することで遺伝子の転写が促進されP450酵素とともにルシフェラーゼが生成される．細胞からルシフェラーゼを抽出し,基質であるルシフェリンを加えると発光反応が起こる．このときの発光量を測定し,ダイオキシン類の毒性等量を算出する． サンプルの抽出物を用意する ↓ 101L細胞に導入し,活性化開始 ↓ 細胞が毒性物質の存在に反応し,P450酵素とルシフェラーゼが発現 ↓ 反応により生じた発光量を測定 ↓ 測定値から毒性物質の濃度を計算		ダイオキシン類が結合したAhレセプター・ARNT複合体はDREを介してウェルの底に固定する．この複合体に特異的に結合する一次抗体を添加し,さらに,発色反応を起こさせる二次抗体を加え,発色反応による色の濃さを吸光度値として測定する．得られた吸光度値を2,3,7,8-TCDDもしくは無毒性のα-ナフトフラボン標準液に対する吸光度と比較してAhレセプターに結合したダイオキシン類を定量する．		競合反応の測定原理に基づき,約40分で測定できる．第1反応：抗マウスIgG抗体を結合したプラスチックプレートにダイオキシン含有サンプルと抗ダイオキシンモノクローナル抗体を入れ反応させる．第2反応：この複合体にヨーロピウム標識ダイオキシンを反応させ,未反応の抗ダイオキシンモノクローナル抗体とヨーロピウム標識ダイオキシンが反応し免疫複合体ができる．第3反応：エンハンサーを加え,時間分解蛍光測定機でヨーロピウム濃度を測定し,ダイオキシン濃度を算出．	ガスクロマトグラフ（GC）で分離した分子をイオントラップ型MS/MSと呼ばれる質量分析計で測定する．従来法ではイオン化が1回のみで,同じ質量のイオン同士は区別することができないが,イオントラップ型では,再度解離させて目的異性体と妨害物質とが異なるフラグメントを選んで測定するため,HRGC/MSに見劣りしない質量選択性を実現している．
特徴	公定法との相関性が高く,ダイオキシンの毒性総量をTEQ値として（公定法で求めたTEQと区別するためTEQ$_{HRGS}$と表記）得ることができる．		AhイムノアッセイはWHO-TEFが定められていないダイオキシン類の異性体にも反応することから,測定結果（公定法で求めたTEQと区別するためDEQと表記）はTEQ値の約10倍程度となる．		2,3,7,8-TCDDや2,3,7,8-TCDFなどダイオキシン類の一部だけを測定しているのでTEQより低い値となる．そのため測定結果は,実測濃度およびTEQ推定値（TEQ値との相関性から算出）となる．	法的に規制される29成分のうちPCDD/PCDFは17成分すべてCo-PCB8成分に限定し内部標準法に基づいたGC-MS測定法により25成分を定量．

注）提供：㈱マッシブコーポレーション（2003）．

3) 生体応答を利用した生物検定法（バイオアッセイ法）

機器分析と比較して迅速・安価にダイオキシン類を測定できる方法として注目されている．わが国では下記2つの生物検定法が実用化されている．一般的にバイオアッセイ法は公定法より高い毒性等量を示すことから，安全サイドに立った毒性評価のスクリーニングに適した測定法といえる．

① 酵素免疫測定法（イムノアッセイ法）

ダイオキシン類を認識する抗体やレセプター（細胞の物質応答に関与するタンパク質の一種）をセンサー化して測定する方法や発色反応と組み合わせて測定する方法がある．測定キットとして市販されており，反応時間が数時間と短いためより迅速な測定が可能であるが，試料の前処理が必要である．最近では，イムノアッセイの原理を応用したイムノクロマトグラフィーや携帯型測定器の開発も進められており，オンサイトでのダイオキシン即時簡易測定の実現が期待されている．

② レポーター遺伝子アッセイ法

ダイオキシン類の生物への毒性発現メカニズムを応用した方法で，遺伝子組み換え細胞（ヒト，マウス，ラット肝癌細胞等）を利用している．高感度で公定法との相関性も高く，公定法に比べて大幅な納期短縮・コスト削減が可能である．

米国ではカリフォルニア大学医学部が開発した，レポーター遺伝子アッセイの1つであるP_{450}HRGS法をダイオキシンによる土壌汚染スクリーニング法（EPAmethod4425）として登録している．P_{450}HRGS法は，米国での汚染土壌スクリーニング調査実績が豊富である（表9-5）．

測定原理はヒト肝癌細胞に存在するダイオキシン類や多環芳香族化合物などの毒性物質と反応するレセプター（アリルハイドロカーボンレセプター）の応答反応を利用したものである．応答反応によって最終的に生産される酵素（チトクロームP_{450}）とレポーター酵素（ルシフェラーゼ）が同時に生産されるように遺伝子がデザインされている．ルシフェラーゼは，ルシフェリンを分解して発光するので，その発光量から毒性物質を定量的に測定する（図9-1）とい

第9章　モニタリング技術

表9-5　P₄₅₀HRGS法のスクリーニング調査実績例（米国）

プロジェクト名	実施数
北米太平洋岸北西地区のダイオキシン汚染スクリーニング調査	数百
EPA管理レベル10のダイオキシン汚染除去地域 （紙パルプ工場周辺の土壌や堆積物）	数百
米国海洋大気局Bioeffect支局　5沿岸地域の堆積試料	千以上
EPA管理レベル10のダイオキシン汚染除去地域 （農薬製造工場の汚染地域調査）	数十
バルディーズ号石油流出事故	－
サンディエゴ湾汚染調査	－

注）　CAS社資料による．

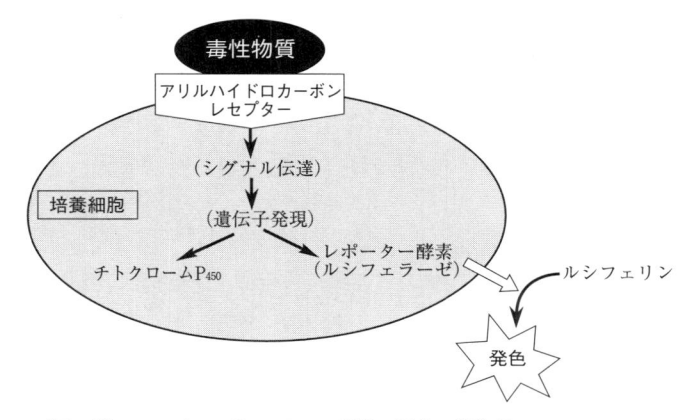

注）　㈱マッシブコーポレーション提供の図を一部改変．

図9-1　P₄₅₀HRGS法の測定原理

うもので，土壌試料における公定法との相関性（図9-2）も高く評価されている．スクリーニング調査で必要となる試料採取量は40g程度，定量下限値は10 pgTEQ$_{HRGS}$/gである．

9.1.3　揮発性有機化合物

ここでは，揮発性有機化合物のモニタリングのうち，浄化対策時の水質の監視を目的とした手法について述べる．なお，2003年2月15日に施行された「土

第Ⅱ部　浄化・修復技術の適用と最新技術

図9-2　土壌試料における EPA4425法と公定法の相関

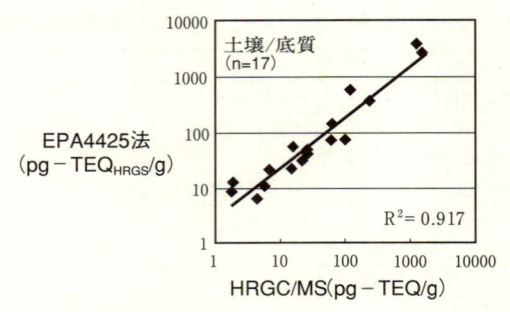

注)　日本環境㈱提供

壌汚染対策法」(以下, 土対法) では, 地下水の水質測定は, 環境省告示第17号に規定する方法 (公定分析) を用いるものとされているが, 本節で述べる分析はこれら分析を補足・補完するものとして取り扱われるものである.

(1) 簡易分析の位置づけ

揮発性有機化合物の簡易分析によるモニタリングは, 揚水対策あるいは土対法の措置後の水質監視などで実施されることが多い. 土対法における措置では, 地下水監視の頻度や方法は規定されているものの, 各サイトの固有条件(汚染物質の濃度や汚染プルームの範囲あるいは暴露経路に飲用水源が存在する場合など) によってはこれらの規定以上の頻度で分析を行う必要があることが往々にしてある. 公定分析とこれを補完する簡易分析を組み合わせることで, 長期に及ぶモニタリングの経費削減を行うことができる.

全体としてきめ細やかなモニタリングを行うためには, 地下水調査の頻度を増やすことが有効となる. この際に, 定期公定分析とこれを補完する簡易分析を併用することで精度の向上と費用負担の軽減を両立することが可能となる.

また, モニタリング精度を高めるうえでは公定法による厳格な分析よりも, ポータブル GC を用いた中感度法レベルの分析を頻繁に行う方が, 帯水層中の汚染物質の挙動の把握や周辺環境への悪影響を予見・予知するうえでむしろ有

効な場合が多い．

（2） 分析頻度

　モニタリングの頻度は，その目的やデータの蓄積の有無，地下水位や流向特性などにより大きく異なる．例えば，汚染地下水の揚水処理やその他対策（措置）直後の浄化効果の確認を目的とした場合には，モニタリング頻度を高める必要がある．しかし，数年間の揚水対策の実施後，水質が安定した状態に達している場合など分析の頻度を年1～2回と減じても管理上の問題はあまり生じない．

　また，トリクロロエチレンなどのように水より比重の重い物質が地中に浸透した場合，原液は地下水面（毛管帯）付近に一時留まった後，地下水中に溶出・拡散するようなメカニズムになることがある．このような状況下では，豊水期などに地下水位が上昇すると，地下水が原液（NAPL等）に接触し，一時的に数倍～数十倍程度の濃度上昇が発生することがある（図9-3）．こうした水位と濃度との関係は，地盤中の汚染物質の賦存状態を把握するうえで重要な知見を与えてくれるほか，このように季節的な水位変動の著しいサイトのモニタリングでは，濃度が増加する豊水期を含めたモニタリングを行うことが必要である．

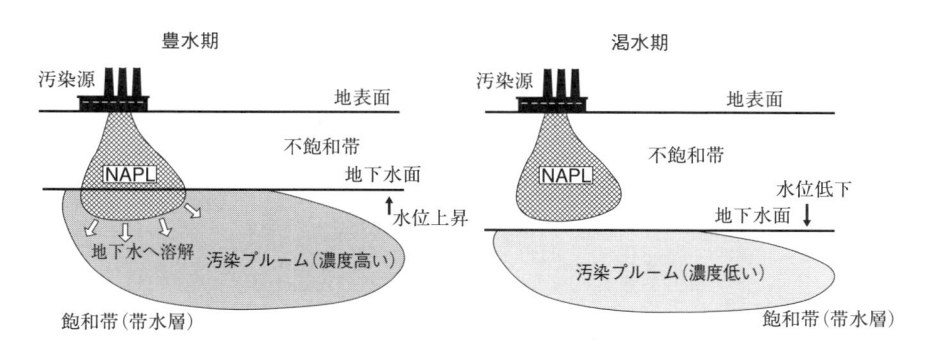

図9-3　地下水位の変動と地下水濃度の関係

(3) 採水

採水作業は，適切に行われない場合，本来の地下水の水質の把握が困難となる可能性があるため，十分注意が必要である．採水の手順は，採水前のパージ，採水，試料の保管，余剰水の処理となる．

1) 採水前のパージ

常時揚水を実施していない観測井戸では，井戸の材質や井戸設置に起因する孔内水の濁りを除去し，本来の地下水に置き換えて採水するために，観測井戸の水を揚水する．揚水する量は，井戸内の滞水量の3～5倍量を目安とする．地下水は，水中ポンプなどを使用して汲み上げ，濁りが取り除かれ，pH，電気伝導度および水温が安定していることを確認する．

2) 採取

観測井戸から地下水を採取するにあたり，現地の状況に応じて，採水器もしくはポンプ（地上式・水中）を使用した方法を選択する必要がある．いずれの採水方法においても，採水深度はスクリーン区間の中央部とする．

　a) 採水器による方法

採水器を所定深度に挿入し地下水を採取する．採水器の種類には，円筒形の容器の底部に弁がついた開放型採水器（ベーラー）と閉塞型採水器がある．

　b) ポンプによる方法

採水するポンプの種類に応じては，大きく2つの方法に分けられる．1つは裸孔内またはスクリーン管内にホースを挿入し，地上に設置した吸引ポンプで地下水を採取する地上式ポンプを用いた方法があり，もう1つは水中ポンプを所定の深度に懸垂し，地下水の試料採取を行う方法である．

3) 試料の取り扱い

採取した地下水は，ガラス製容器等，調査対象とする物質が付着・吸着または溶出しない試料容器に分取し，保冷箱や保冷剤等を利用して運搬や保管を行

う．試料を収めた容器には，地点名や番号，採水日時を記入する．

4） 余剰水の処理

採水前のパージならびに採水によって生じた地下水の余剰水について特定有害物質の濃度が地下水環境基準に合致しないものは，適切に処理を行う．

5） その他の留意事項
① 一度使用した採水器やロープは，次の試料への汚染を防止するために，使い捨てタイプを使用するか，温水あるいは純水による数度の洗浄を行うべきである．
② 汚染サイト周辺民家の井戸のように，水質観測を目的に新設した井戸以外は，スクリーンや遮水などの井戸構造の情報を収集し，採水により適切な試料が得られているかどうかを事前に十分に検討しておくことが必要である．
③ 試料ビンに地下水試料を注ぐ際には，溶解物質の揮発を少なくするため，気泡が立たないように，ビンの内側の壁を伝わせるようにする．
④ 採水後，直ちに分析ができない場合は，地下水を試料ビンに満水に注ぎ，気泡が生じないようにして保管する．ただし，試料の温度変化が生じると，試料の体積変化により試料ビンが破裂する場合もあるので，直ちに冷暗所（冷蔵庫）に移す等の措置をとる必要がある．

（4） 分析機器等

化学物質を分析する機器には，数多くの種類が出回っているが，現場分析という作業環境の不安定性を考慮すると，選定すべき機種は限られる．ここでは，機器の選定，原理，有効性および試薬等について説明する．

1） 分析機器の選定

地下水の簡易分析では，検液を直接装置に注入するのではなく，一定の気相

を残した容器に試料を入れて密栓後に振とうし，液相と気相が平衡に達した状態で気相を分析する方法が用いられている．この方法は，ヘッドスペース法と呼ばれている．現場での地下水の簡易分析では，必ずしも公定分析ほどの高い精度が求められるわけではないため，手法の選定には，安全で前処理や装置の設定の手間が少なく，現場への運搬も可能で，求められる精度を確保できる手法であることを考慮する必要がある．

これらの要件にあてはまる分析法としては，ポータブルのイオン化検出器付きガスクロマトグラフ（以下，GC-PID）が挙げられる．ここではポータブルGC-PIDを用いた手法について紹介する．

2）測定原理

GC-PIDは，装置に搭載された光イオン化検出器（PID）によってサンプルに含まれるガス分子を光子によりイオン化し，発生する電子量（電流）を電圧に変換・増幅してグラフ記録する．

3）GC-PIDの有効性

① 土対法の定める第一種特定有害物質（揮発性有機塩素化合物11項目）の全物質が分析可能であるほか，石油系物質のうち揮発性の高いBTEX等の分析に使用できる．

② ヘッドスペース法では測定ガスの湿度が高いことも多いが，ポータブルGC-PIDのイオン化検出器は高湿度サンプルでも測定可能である．

③ 裸火や水素炎（FID）等を使わないので，引火性物質の多い場所でも使用可能である．

④ 現場にもち込むため，装置はある程度の振動や温度変化にも耐えることができる．

⑤ 短時間で連続的な測定が要求される．1サンプル当りの測定時間は10分以内である（1,3-ジクロロプロペンを除くと7分程度）．

4) 試薬

GC-PID 法において必要となる試薬としては，次のものを用意する必要がある．

① 混合標準液原液

すべての調査対象物質を 1 mg/mL 含む混合標準液の原液．アンプルは冷凍保存により揮発を防止する．

② キャリアガス（窒素またはヘリウム，純度99.999vol%以上）
③ テフロンライナー付ネジ口メジューム瓶（500mL 用）
④ ガスタイトシリンジ（0.1〜10mL 用，検定済み）
⑤ マイクロシリンジ（1〜200μL 用，検定済み）

5) 光イオン化検出器の感度

光イオン化検出器は，エネルギー値の異なる紫外線ランプを使い分けることができる．一般に，ランプのエネルギーが低いほど感度が良く，現在では10.2eV と11.7eV の 2 種類のランプが選択される．10.2eV のランプは，最も寿命が長く感度がよい反面，出力が小さいために，1,1,1-トリクロロエタンや四塩化炭素などの検出レスポンスは落ちる．その場合は，11.7eV のランプを使用すればよいが，出力が10.2eV ランプの 1/20 と小さく，ランプの寿命も200時間と小さいという欠点をもつ．分析においては，対象物質の種類と必要とされる感度に合ったランプを条件に合わせて選択する必要がある．

GC-PID を用いた分析の概要を図9-4に示した．

9.1.4 石油類

「石油あるいは石油類」とは天然に産する炭化水素の混合物あるいはそれを部分精製して得られる製品群を指す一般名称である．したがって，純物質ではないので，一言に石油といっても具体的にどんな化学物質を示すのかは明確でない．石油製品の中で最も単純といわれるガソリンでさえ，同定できている主要な成分のみでもその数は300を超え，この他にも同定できない無数の微量成

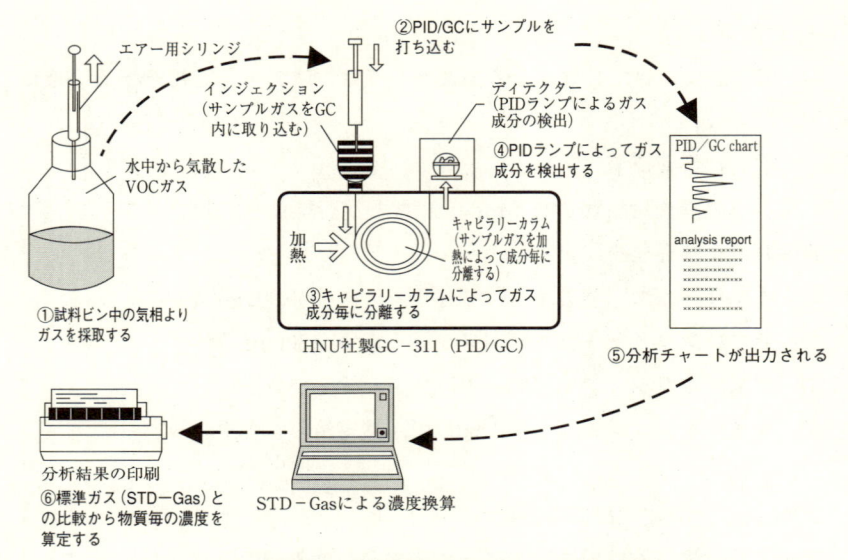

図9-4　GC-PIDによる地下水の分析方法（模式図）

分が含まれている．

　石油は原油として地下より掘り出された後に主に蒸留工程を経て部分精製され，石油製品となる．蒸留も化学分析のような精密蒸留ではないので，各製品に含まれる物質は互いに重なることが多い．さらに原油種（主に産地），精製工程の違い（製油所により異なる），精製条件の違い（例えば夏季と冬季では異なる）などにより同じ名称の製品であっても成分的には異なることが多い．このように混合物であり成分にある程度の変動幅を有しているので，通常の化学分析（特定成分のみを対象とする）とは，やや趣が異なる（表9-6）．

（1）　石油類中の芳香族化合物を利用する分析法

　石油類中の芳香族化合物を利用する分析法には，紫外線の吸収を用いた方法と蛍光を用いた方法がある．

　石油には芳香族化合物が多く含まれている．ベンゼン，トルエンなどの単環化合物，ナフタレンなどの2環化合物から構造の解明されていない多環化合物

第9章 モニタリング技術

表9-6 石油類の分析方法

分析方法		原理（分析対象物質）	特徴
分光学的方法			
	紫外線吸収法	二重結合等の紫外吸収をもつ構造の物質（芳香族化合物等）	物質や油種によって感度が異なる
	蛍光分析法	蛍光を発する物質（芳香族化合物等の一部）	物質や油種によって感度が異なる
	赤外線吸収法	C-H結合を有する物質	物質の飽和度（C:H比）によって感度が異なる
	ペトロフラッグ法	極性の違いによるエマルジョンの形成	物質や油種によって感度が異なる
GC-FID法		GCによる分離と物質の燃焼で生じる電子数の定量	ほとんどの物質で感度が同じ物質の沸点情報が得られる（油種判定が可能）
重量法		抽出物質の重量	抽出-乾燥による損失がある

までその種類は豊富である．また，これらの環状化合物の分解物と考えられる二重結合を有する化合物も多く含まれている．このため，石油は一般的に紫外吸収が強く，これを利用して定量することが可能である．つまり，紫外吸収のない（あるいは実質的に問題のない）溶媒によって土壌などから石油類を抽出して紫外吸収を測定する方法である．簡便な方法であるので現場分析などには向いている．

しかし，紫外吸収は共役位の二重結合とそれを取り巻く官能基の存在によって吸収スペクトルもモル吸光係数（分子当りの吸収強度）も異なる．つまり物質によって紫外吸収の強さと物質の量との関係が決まっているのである．したがって，たとえ混合物であっても組成が一定であるならば紫外吸収の強さによって定量することが可能であるが，組成が異なる場合には定量性はまったくなくなる．例えば灯油汚染サンプルの結果と潤滑油汚染サンプルの結果とを単純に比較することはできない．汚染状況を考慮して，同一の石油類による同一汚染源からの汚染が明確な場合にのみ定量性が確保される．

さらに紫外吸収の値は単位をもたない無次元の値であり，これを単位のある（意味のある）絶対値（例えば mg/L）に換算する必要がある．最も有効な手段は汚染現場で採取した石油類（その場所における汚染物質）を標準として換算する方法である．この方法であれば得られる値はほぼ真の値と考えて差し支えない．しかし，汚染現場で採取した石油類を標準サンプルとして扱うには，土壌などからの抽出と抽出溶媒の除去（多くの場合は風乾）の作業が必要である．比較的揮発しにくい石油類であれば抽出溶媒の除去作業での損失は無視できるが，揮発性の高い石油類（例えばガソリンや灯油，軽油の一部など）では回収サンプル量が減少してしまい，正確な定量結果は期待できない．汚染物質が揮発性の高い石油類である場合は，汚染油の蒸留性状（ガスクロマトグラフィーのクロマトパターンで代用することも可能である）を確認して油種を推定し，同様な蒸留性状を有する石油製品を標準とする必要がある．また，どうしてもこのようなキャリブレーション作業ができないのであれば，紫外吸収の値はあくまでも相対的な参考値として扱わざるを得ない．

また，石油類かどうかにかかわらず，紫外吸収のある物質（土壌有機物や色素など）がサンプルに混入すれば，検出されてしまう．特に色素などの場合はモル吸光係数が大きいのでごくわずかな混入が測定に大きな影響を与える．

紫外吸収と同様に芳香族化合物などに由来する蛍光を測定する方法もある．蛍光は紫外線を物質に照射して，励起された物質が元の状態（基底状態）に戻る際に発する光（蛍光）を測定する方法である．蛍光は無方向に発せられるので土壌サンプルのように光を通さない物質に対しても直接（抽出しないで）測定することが可能である．ボーリングマシンの先端に蛍光測定装置を装着した機器を用いて無掘削で地下の石油類による汚染を調査する技術も提案されている．

しかし，蛍光も紫外吸収と同様に石油類組成や油種によってその強度が異なること，石油類以外の物質の妨害を受ける（蛍光分析においては減光物質の存在にも考慮する）ことを忘れてはならない．

（2） 石油類が炭化水素化合物であることを利用した分析方法

石油類の基本構造は炭化水素化合物であり，一部が環状化，重合したり，酸素，窒素，硫黄などが結合したりしている．石油類の基本構造のうち C—H 結合を対象とした定量法が赤外吸収法である．

C—C 結合や C—H 結合などの原子同士の結合は電子の共有によって実現されているものであり，絶えず振動をしている．この振動は原子の組み合わせや振動様式（収縮やねじれなど）によって吸収するエネルギー（波長）が決まっており物質の化学構造を推定するための重要な情報になっている．

石油類の定量には CH_3—CH_2 結合に由来する 2930 ± 10 カイザー（cm^{-1}，赤外吸収においては波長の逆数である波数で標記する）付近の極大吸収量が用いられている．汚染調査以外にも石油製品の生物分解性試験で採用されている．

具体的には CH_3—CH_2 結合をもたない溶媒（四塩化炭素など）を用いて土壌などから石油類を抽出して赤外吸収を測定する方法である．四塩化炭素は年々使用がむずかしくなる傾向にあるので，代替フロンの一種を用いる方法もある（簡易油分計として市販されている製品もある）．簡便な方法であるので現場分析などには向いている．

紫外吸収ほどの変動はないが，赤外線においても吸収波長やその強さは物質によって若干変動する．最適な標準物質を用いたキャリブレーションや2種類以上の汚染油が存在する場合の留意点は紫外吸収の項で記したとおりである．

（3） ガスクロマトグラフィーによる分析

水素炎検出器（FID）を装備したガスクロマトグラフィー（GC）は石油製品の品質管理などで広く一般的に用いられている分析機器である．

FID は水素炎中に可燃物質が入り，燃焼する際に生ずる電子を捕らえる検出器である．可燃性の物質であれば多くの物質で質量当りのシグナル（検出感度）がほぼ一定していることが知られている．したがって，炭化水素化合物である石油類においては，いかなる組成であっても，油種が異なっていても，FID のシグナルは質量に比例する．したがって，組成や油種によりシグナル値が異

なる紫外吸収などに比べて定量性は格段に優れている．

またGCは無極性のカラムを用いることで，物質の保持時間は沸点に順ずる（沸点温度とGCのカラム温度は必ずしも直線関係にない）．したがって，蒸留性状に近い情報を得ることができるのである．GCの機種によっては，沸点のわかっている標準物質（n-アルカン）の保持時間からGCのカラム温度を沸点温度に補正して蒸留性状をシュミレーションできるものもある（GC蒸留装置と呼ばれる）．蒸留性状（あるいはこれに近い情報）を把握することで，汚染油の油種を判定することができ，さらにその汚染油の劣化具合より新しい油か古い油かの推定も可能となる．汚染油の劣化状況は汚染発生の原因を推定するうえでの重要な情報ともなる．

具体的な分析は溶媒によって土壌などから石油類を抽出してGC分析に供するのみである．蒸留性状から同様な油種を選択してこれを標準として定量する．簡便な方法であるので現場分析などには向いているが，GCは基本的に精密機器であるため高性能で可搬式のタイプがないのが現状である．しかし，分析精度がやや低下すること（汚染対策には十分な精度ではあるが）やC重油やアスファルトなどの重質油が分析できないなどの点を無視すれば，現場でも十分な分析ができる．以下にその分析例を示す．なお，資料提供は㈱エルシーエー（東京都町田市）による．

分析手順は，現場分析であっても基本操作はラボ分析と同じである．実際には現場に簡易実験室（解体していない建物やプレハブなど）を確保し，GCなどの必要な機器や器具をもち込んで分析を行う．溶媒による石油類の抽出，GC分析および分析結果報告まででおよそ1サンプル当り30分である．図9-5は分析スケジュールを従来のラボ分析と比較したものである．現場での分析であるのでサンプルの輸送の手間と時間がかからない．そのため目視などと組み合わせて汚染状況を細かく調査し，汚染範囲（汚染土壌量）を最小限にすることができる．現場によっては汚染土壌量が当初予想の50−70％になった例もある．

図9-6は実際の現場で得られたクロマトグラムとラボ分析（計量証明事業所での分析）で得られたクロマトグラムを比較したものである．現場サンプルに

第9章 モニタリング技術

分析の種類	作業内容	1日目 9 12 15 18 h	2日目 9 12 15 18 h
現場分析	現地サンプリング	●	
	現地分析	■	
	分析結果報告	☆→次の段階へ	
ラボ分析 (計量証明事業所 での分析)	現地サンプリング	●	
	試料の輸送・保管	▭▭▭▭	
	室内分析		■
	分析結果報告		☆→次の段階へ

図9-5 現場分析とラボ分析の作業時間の比較

現場分析によるGC-FIDのクロマトグラム　　　　ラボ分析によるGC-FIDのクロマトグラム
　　　　（ガソリン＋軽油）　　　　　　　　　　　　　　　　（軽油）

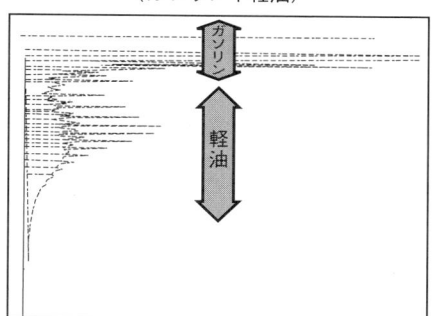

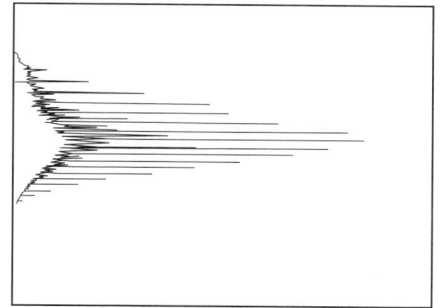

図9-6 現場分析とラボ分析のクロマトグラムの比較

はガソリンと軽油が含まれていた．軽油相当部位のみのクロマトグラムで比較すると，現場分析のクロマトグラムとラボ分析のクロマトグラムにはおおよそ同じ形状が認められる．同一サンプルを現場分析およびラボ分析において5回分析し，その結果を比較したのが図9-7である．やはり現場分析の方が値の変動が大きいが，F検定およびt検定で有意な差は認められない（いずれの検定も危険率5％）．

（4） ペトロフラッグ

ペトロフラッグとは，米国のDEXSIL社によって開発された携帯型の石油

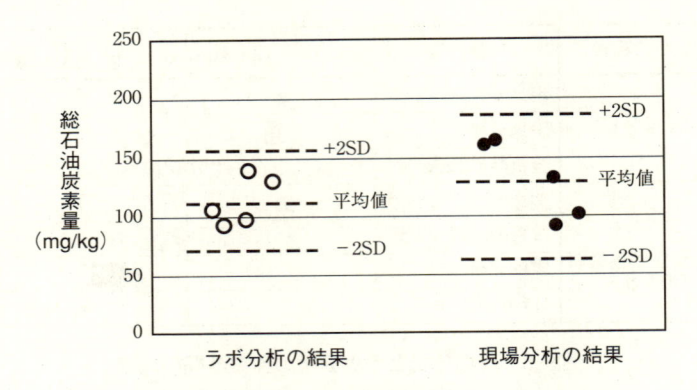

第Ⅱ部　浄化・修復技術の適用と最新技術

図9-7　現場分析とラボ分析の測定結果の比較

炭化水素濃度測定器であり，石油炭化水素（軽質油～重質油）により汚染された土壌の濃度を現地で簡便・迅速に測定できる．

1) 測定原理

本法では，土壌試料中の石油炭化水素を有機溶剤で抽出し，専用フィルタでろ過した液を界面活性剤を含む専用試薬と混合させ，混濁の程度（濁度）を光学的に測定する．石油炭化水素の種類（極性の違い）により混濁生成量が異なる．あらかじめ土壌中に含まれる石油炭化水素の種類がわかっている場合には，測定条件を選びメーターに設定することで正確な定量測定が可能となる．

本法は土壌中の多種類の石油炭化水素をまとめて測定するため，ベンゼン，トルエン，メチルベンゼン，キシレンや多環芳香族等の特定の物質を測定することはできない．オイルやグリース類の極性の低い石油炭化水素に対しては感度が高いが，極性の高い燃料として使用される石油炭化水素の測定では感度が低下する傾向がある．汚染の可能性の高い油種に合致した測定条件を設定することが必要である．

本法の特徴は以下である．
① 広範囲の種類の炭化水素濃度が分析可能である
② 事前に汚染源の油種を特定しておく必要がある

③ 小型軽量であり，現場で簡便迅速な分析が可能である
④ 1試料当りの測定時間は約20分で，同時に複数試料の測定が可能である
⑤ メンテナンスが容易である
⑥ 新品電池使用で約18000回の測定が可能である

本法を適用できる主な調査は以下のとおりである．
① 不特定の炭化水素による土壌汚染の有無を調べるスクリーニング調査
② 分析機関に公定法分析を依頼する前の予備調査（分析機関に依頼する試料数を削減できる）
③ 土壌汚染が発生していないことを確認するためのモニタリング調査
④ 汚染除去対策後のモニタリング調査

2) 使用事例

主に燃料油（軽油等）による土壌汚染が発見された現場において，汚染土壌の掘削除去に伴う油汚染濃度のオンサイト分析を本器により実施した．3週間で163検体のオンサイト分析を実施し，ノルマルヘキサン法による公定分析を実施する判断基準とした．分析器具はすべて仮設建屋内に設置し，分析作業はすべて室内で行った．分析に際してはポリ手袋を着用して，手指への抽出液の付着や濁度測定用バイアル瓶への汚れ付着に留意した．

現地で採取した土壌試料を室内にもち帰り，最初に油臭，油膜を観察記録し，ペトロフラッグ法での土壌分析試料量を決定した．土壌試料の量は油膜を元に判断するのがよく，土壌油膜が全面に広がる場合は1g，スジ状や点状に小さい場合は2g～3g，油膜がほとんどない場合は5g～10gの分析量で実施した．

試料採取は使い捨てアルミへらで行ったが，へらでポリ袋内の土壌試料を全体にかき混ぜてへらに付着させた土壌試料を分析に用いると，よい結果が得られた．

特に試薬との混合後の時間10分は厳守する必要がある．本現場での分析結果

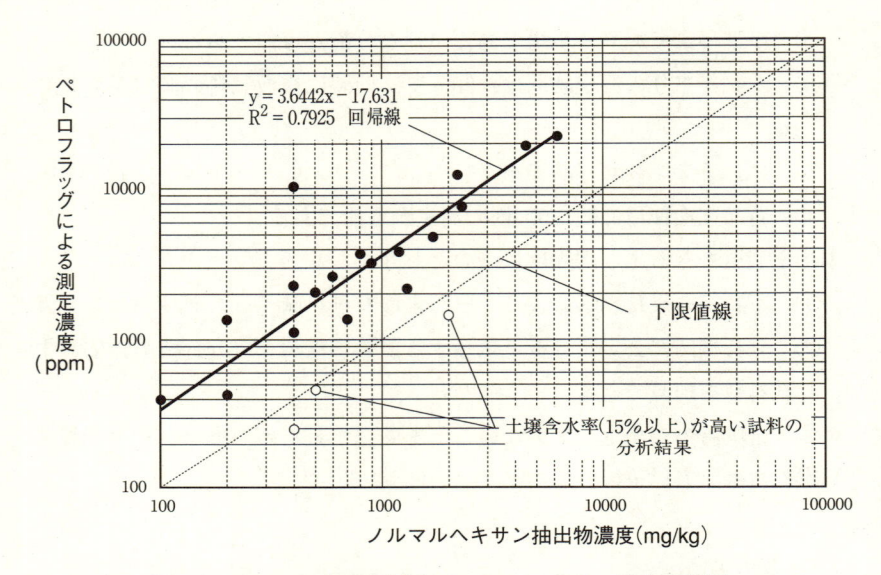

図9-8　ペトロフラッグ法とノルマルヘキサン法との相関

より，濁度は混合10分前後が最大で，以降は減少し，混合20分後では当初濁度の10%程度の減少が見られた．

本調査では，本法での測定値とノルマルヘキサン法による公定分析値との相関を取り（図9-8），本法での含有量測定値2000ppmを，ノルマルヘキサン抽出物質1000mg/kgと安全側に暫定判定した．本器での測定値が2000ppmを越えない試料（126検体）についてのみノルマルヘキサン法による分析を行った．これにより分析検体数は当初予定数の77%に抑えることができた．

9.2　モニタリング全般

モニタリングは，対策の実施中，周辺環境への影響や作業安全への影響を確認するため，対象地周辺の土壌，公共用水域，地下水および大気中の対象物質や二次的に生成されるおそれのある物質について定期的に行うものである．具体的にモニタリングの目的を分けると，次の3種類に大別される．

① 敷地外への汚染拡散を監視するためのモニタリング
② 対策工法の効果を確認するためのモニタリング
③ 対策実施中の周辺環境への影響および作業環境を監視するためのモニタリング

モニタリングの結果，周辺土壌や地下水，大気等への影響が認められる場合には，周辺環境保全対策を講じなければならない．

9.2.1 モニタリング計画

モニタリングの計画では，表9-7に示すようなモニタリング対象，対象物質，モニタリング場所・頻度，測定方法，測定者および管理基準値等について定めなければならない．ただし，計画立案にあたっては，次の点に留意する必要がある．

① 対策実施前に，対象地周辺のバックグラウンド濃度を把握し，対策実施中には周辺の環境状態が的確に把握できるように計画することが望ましい
② モニタリングは敷地境界の4地点を定点とするのが一般的であるが，必要に応じて周辺の環境を代表する地点等を追加する
③ 詳細な配置，数量，頻度については，対象地周辺の土地利用状況や地形，気象条件等を考慮して設定する
④ 測定時には同時に風向，風速，気温，湿度等を測定する
⑤ 管理のための基準は，法令による基準値等を参考にする

9.2.2 モニタリングの実施

モニタリングの実施参考例として，表9-8にモニタリング内容，方法，留意事項等を示す．また，代表的な内容について以下にまとめる．

（1）粉塵

対象地から粉塵として飛散するおそれのある汚染土壌については，大気中の

表9-7 大規模な対策を行う場合のモニタリング計画項目（例）

モニタリング計画項目	参考事例
モニタリング対象	大気浮遊物質，排出あるいは発生ガス，臭気，表層流出雨水，地下水，排水，周辺土壌面
対象物質	・環境基準等に定められた対象物質 ・油（対象物質と共存する場合） ・対策に用いた薬剤，非意図的に生成しうる物質
モニタリング場所	処理敷地の四方向，雨水排水口，地下水の上下流，排出水排水口，周辺の四方向の土壌表面
モニタリング頻度	・日常管理：項目によって毎日〜1回／週 ・定期管理：類似する法令等を参照
測定期間	処理着工前から処理完了まで
測定方法	・日常管理：簡易測定 ・定期管理：公定法
測定者	・日常管理：処理事業者等 ・定期管理：計量証明事業者等
管理基準値	法令等による基準値等

出典）　環境省水質保全局：『土壌・地下水汚染に係る調査・対策指針および運用基準』．

表9-8 主なモニタリング対象，方法および留意事項

モニタリング対象		モニタリング方法	留意事項
大分類	小分類		
大気	浮遊粉塵	ベータ線吸収法による測定	
大気	浮遊粉塵中対象物質	ハイボリュームエアサンプラによる採取，測定	風向きにより測定値が異なる．
大気	ガス状物質	ガスモニタリング機器，ガス検知管等による測定	同　上
水質	表層雨水	サンプリング瓶による採取，水質測定	降雨時に流出するおそれがある．
水質	排水	同　上	
水質	地下水	地下水の採取による水質測定	季節により地下水変動がある．
土壌	周辺土壌	ダストジャーによる採集，測定	同一場所でのサンプリング比較が必要である．
地盤沈下	周辺地盤	水準測量	地下水揚水に伴い発生する．

出典）　環境省水質保全局：『土壌・地下水汚染に係る調査・対策指針および運用基準』．

粉塵および周辺地域の表土のモニタリングを行う．特に，土壌含有量基準を越える汚染の場合には，必須である．

（2） ガス状物質

揮発性有機化合物については，対策工事に伴う大気中への揮散等，周辺環境への拡散に留意しなければならない．特に，掘削作業に伴う発生ガスや処理施設からの排ガスについてはモニタリングが必要である．対象物質に応じて，悪臭を官能試験により測定する方法もある．

（3） 水質

対象地からの排水や対象地周辺の公共用水域および地下水について，モニタリングを行わなければならない．特に，飲用に供している用水や井戸は，汚染物質濃度の他，地下水位や電気伝導度の連続測定等，配慮が必要である．

9.2.3 モニタリング頻度

モニタリング頻度の目安としては，対策中においては1回/週～1回/月程度で実施する．特に，揮発性の物質や飛散しやすい物質は，対策工事の状況に応じて頻度を多くする等の対応が必要である．

対策後のモニタリング頻度は，季節的な地下水位変動等との関係を把握するため，周辺の地下水の下流側1カ所以上の観測井により，定期的に年4回以上測定し，地下水基準を超過しない状態が2年間継続することを確認する．

モニタリング自体が対策として位置づけられる場合は，周縁の地下水の上下流側1カ所以上の観測井により，最初の1年は定期的に年4回以上測定し，その後1年に1回以上測定する．また，10年経過後は，2年程度に1回の測定でよい．

9.2.4 周辺環境保全対策

対策実施にあたっては，周辺環境への保全対策をあらかじめ講じておく必要

がある．また，対策実施中あるいは対策後は常にモニタリングの結果をフィードバックさせ，周辺土壌や地下水，大気等への影響が認められる場合には，適切な周辺環境保全対策を講じなければならない．

周辺環境保全対策を実施する場合の留意点を以下にまとめる．

（1） 発生ガス，排ガス対策

- 発生ガス対策

  不溶化処理等に伴うガス発生への注意

- 排ガス対策

  熱処理に伴い発生する排ガス対策（活性炭吸着やスクラバー等）

- 揮散防止

  揮発性物質を含む土壌掘削時の防止対策（悪臭防止と同様措置）

- 悪臭防止

  必要に応じて発生場所の被覆や消臭剤使用，脱臭設備設置等の対策

（2） 粉塵，土壌飛散対策

- 粉塵防止対策

  掘削や運搬時の粉塵防止対策，現場の状況に応じシート被覆や散水，仮囲い，防風ネットの設置等の対策

- 作業員や車両，機材等によるもち出しの防止

  作業員の衣服，手袋，車両タイヤおよび使用機材等，汚染物質の付着したものの場外へのもち出し防止対策

（3） 排水，雨水対策

- 現場に設置した処理施設からの排水，掘削工事中の湧水，雨水等の浸出水対策
- 地下浸透防止のため掘削面や仮置き土壌へのシート被覆，集水渠設置等の対策

（4） 障害，地盤沈下

- 地下水の用水や地下水位低下工法を用いる場合の周辺井戸への障害対策や用水量の変更

（5） 騒音，振動

- 対策工事に使用する重機や揚水ポンプ等による騒音・振動・悪臭対策

9.2.5 作業安全管理および関連法令

対策を現場で実施する作業員は，直接有害物質を取り扱うため，健康被害防止には十分留意する必要がある．また，現場教育等により有害物質の特性や対策内容について周知徹底させることも重要である．対策工事中の安全衛生に関する法令として，労働安全衛生法，特定化学物質等障害予防規則，有機溶剤中毒予防規則，粉塵障害防止規則，消防法等を遵守する必要がある．

また，対策工事を実施するうえでの関連法令として，次のような法令を遵守することが重要である．

① 水質汚濁防止法
② 大気汚染防止法
③ 騒音規制法，振動規制法
④ 廃棄物の処理および清掃に関する法律
⑤ 悪臭防止法
⑥ 下水道法
⑦ 河川法
⑧ 再生資源利用促進法
⑨ 建築基準法

【引用・参考文献】

［1］ 和田信彦，「重金属汚染の現地簡易分析法」，『第2回残土石処分地・廃棄物

最終処分場にかかわる地質汚染調査対策技術の研修会資料』，NPO法人日本地質汚染審査機構，2002年．
[2]　社団法人土壌環境センター：『土壌汚染対策法に基づく調査及び措置の技術的手法の解説』，2003年．
[3]　生野　朗，熱田雅信，大郷　勲，秋葉善弥：「ポータブルGCによるフィールドアナリシスについて」，『第2回環境地質学シンポジウム講演論文集』，1992年，23-28ページ．
[4]　石油連盟監修：『新・石油読本』，油業報知新聞社，1992年，31-32ページ．
[5]　JIS K2536，1996年．
[6]　石油学会編：『石油精製プロセス』，講談社サイエンティフィック，1998年，1-15ページ．
[7]　大起理化工業㈱：『ペトロフラッグシステムの特性と測定の限界』，2002年．
[8]　大起理化工業㈱：『ペトロフラッグ（土壌中炭化水素簡易分析器）取扱説明書』，4ページ．
[9]　環境省水質保全局：『土壌・地下水汚染に係る調査・対策指針および運用基準』，㈳土壌環境センター，1999年，70-75ページ．

第III部

欧米諸国にみる法規制と浄化・修復技術と今後の技術展開

- せかいのぎじゅつ
- あらたなぎじゅつ

10　欧米諸国の浄化・修復技術

10.1　欧米諸国の法規制の変遷と今後の技術動向

10.1.1　欧米諸国の法規制の変遷

　欧米では，1970年代後半から1990年代にかけて，深刻な土壌汚染問題が発覚し，対策措置を求める社会的機運が高まった．アメリカでは，1978年にニューヨーク州で発覚した化学物質廃棄場跡地の住宅地において有毒ガスが発生した「ラブキャナル事件」を契機に，1980年に「スーパーファンド法」が制定され，オランダでは，1980年に住宅地の水道管に有害物質が混入した「レッカーケルク事件」を契機に，1983年に「暫定土壌浄化法」が制定され，ドイツでは，火災事故によるライン川の汚染を契機に，1990年に「環境賠償責任法」が制定された．

　欧米諸国の法規制は，各国において有害物質の項目は異なるが，2つのレベル基準，すなわち，発動値(Intervention value)と目標値(Target value)を設定している．発動値は，政府が法的強制力をもって浄化・修復を命令できる基準値であり，目標値は，人の健康と環境への影響をリスクアセスメントに基づいた浄化・修復の目標値である．さらに，2つのレベル基準は，発動値と目標値を住宅・公園・農地・工場など用地用途ごとに定めるアメリカ型と用地用途に関係なく一律に定めるオランダ型に分けられる．また，汚染土壌の浄化・修復における法律上の責任当事者の追及，コスト負担の問題などを法制化しているのが欧米諸国の法規制の特長である．これに対して，わが国の法規制は，発動値と目標値が同一値であること，用地用途に関係なく一律であることがわかる．

　わが国の法規制を欧米諸国のそれと比べるとき，油類（石油系炭化水素）において，わが国の法規制ではベンゼンのみが規制対象であるのに対し，欧米諸国では単環芳香族炭化水素(BTEX)，多環芳香族炭化水素(PAH)および鉱物

油(Mineral Oil)が規制対象になっていることは注目すべきことである．こうした欧米諸国の法規制をふまえ，わが国における外資系企業の不動産取引において油類による土壌汚染問題が指摘されることは当然のことといえる．

(1) アメリカの法規制

1978年の「ラブキャナル事件」を契機に，1980年に「スーパーファンド法」が制定され，土壌汚染の調査や浄化・修復は，米国環境保護庁(EPA)が行い，汚染責任者が特定されるまでの間は，その費用は石油税などを原資とした信託基金（スーパーファンド）から拠出するようになった．費用負担は土地所有者だけでなく，汚染原因者，土地出入の輸送業者，土地所有者に融資した銀行などに広範に及ぶ法規制であり，この法律が世界中で最も注目を集める土壌汚染環境法の1つの要因でもある．

スーパーファンド法は，革新的かつ責任が広範に及ぶことから，一方では責任負担に対する必要以上の脅威を与え，いわゆる，「ブラウンフィールド問題」を醸成するに至った．ブラウンフィールドとは，不動産が「汚染された，汚染が想定される土地」として位置づけられることにより，不動産取引から除外，放棄され，その不動産の周辺地域が荒廃するという現象である．スーパーファンド法の「連帯責任」の追及が，ブラウンフィールドへの投資意欲を躊躇させた．

このような弊害を打破すべく，米国環境保護庁は，1993年から「ブラウンフィールド計画」を推進した．その後，1999年には「スーパーファンド再開発計画」を公表し，ブラウンフィールドを有効活用するためのさまざまな政策を展開，2002年には「ブラウンフィールド活性化法」が成立した．この新法は，善意のブラウンフィールド購入者の浄化・修復責任の一部免除等の条項が，ブラウンフィールドの開発のインセンティブとして大きな期待を集めている．

　　1980年：包括的環境対処・補償・責任法(CERCLA：スーパーファンド法)
　　1993年：ブラウンフィールド計画
　　1999年：スーパーファンド再開発計画

2001年：ブラウンフィールド活性化法

（2） オランダの法規制

　1980年の「レッカーケルク事件」を契機に，1983年に制定された「暫定土壌浄化法」は，政府が費用負担して汚染土壌を浄化・修復した後，特定された汚染原因者に費用を請求する方式を採用した．その後，1994年の法改正「土壌保護法」で，地方政府が土地所有者，汚染原因者に浄化・修復命令を発令する仕組みに変えた．用地用途に関係なく一律の2つのレベル基準，発動値と目標値が定められている．また，現法である土壌保護法では，1987年以降の汚染土壌は原則的に完全浄化・修復することが，1987年以前の汚染土壌では可能な限り浄化・修復することが義務づけられている．

　　1983年：暫定土壌浄化法
　　1987年：土壌保全法
　　1994年：土壌保護法（暫定土壌浄化法と土壌保全法の一括化，改正）

（3） ドイツの法規制

　火災事故によるライン川の汚染を契機に，1990年に「環境賠償責任法」が制定され，その後，約10年近い議論の末，1999年に「連邦土壌保護法」が制定された．従来は，各州ばらばらで行われてきた土壌汚染対策がこの連邦土壌保護法により統一された．

　現法である連邦土壌保護法では，土壌汚染の疑いのある場合は，汚染原因者および現在の土地所有者が汚染を調査する．調査の結果，汚染がなかった場合は行政側が費用の償還に応じる．汚染発見後は，汚染原因者，土地所有者など幅広い関係者が浄化・修復することが義務づけられている．

　　1990年：環境賠償責任法
　　1999年：連邦土壌保護法（土壌汚染対策措置の連邦統一化，改正）

第Ⅲ部　欧米諸国にみる法規制と浄化・修復技術と今後の技術展開

10.1.2　欧米諸国の今後の技術動向

　欧米諸国の土壌汚染対策制度は，1980年アメリカの「スーパーファンド法」を突破口に，オランダをはじめとする欧州諸国がこれに続いた．これらの土壌汚染対策制度は，浄化・修復の発動値と目標値の2つの基準値を設定するものであった．しかし，一律に基準値を遵守するためには，膨大な浄化・修復に係るコストと期間に加え，厳しい技術開発も必要になるため，社会的に必要な浄化・修復対策を円滑に実行することが困難になる問題に直面した．

　そこで，欧米諸国，特にアメリカでは，浄化・修復の基準値を一律の数値基準によらず，周辺の環境，住民との位置関係，用地の特性，将来の用途等を考慮した用地のリスクを評価して，発動値と目標値や浄化・修復対策を決定するリスクベース浄化法(Risk-Based Corrective Action：RBCA)という手法が開発され．この手法は，リスクベースを評価して基準値を設け，浄化・修復に緊急を要しないものには時間や猶予を与えたり，自然の浄化・修復力を利用するなど極力コストを抑え，汚染原因者が実際に改善措置を実行できる条件を整え，実績を上げようとする試みである．この傾向は今後も変わることなく継続するものと思われる．

　今後，汚染土壌・地下水の浄化・修復技術は，リスクベースの評価法の導入を前提に，従来の物理化学修復法に代わり，自然生態系の浄化機能（吸着・分解・濃縮）を利用した，科学的自然減衰(Monitored Natural Attenuation：MNA)やファイトレメディエーション(Phytoremediation)等のコストを極力抑え，地域住民の合意を得やすい技術を中心に展開されるものと思われる．

10.2　欧州における浄化・修復技術

　オランダは，土壌汚染問題および調査，浄化・修復技術の先進国といわれている．オランダの国土は，北側と西側に北海，東はドイツ，南はベルギーに国境を接し，北海に注ぐライン川，マース川の河口に位置している．また，国土の25%が海抜ゼロメートルの地域である．

第10章 欧米諸国の浄化・修復技術

　ライン川およびマース川の上流には，工業国ドイツが位置するため，中世代から河川を介して有害物質が長期にわたり蓄積し，ひいては後世の土壌汚染問題の原因となった．また，オランダでは飲料水の40%を地下水に依存しており，人口密度の高さと相まって土壌汚染問題，さらには，地下水汚染問題へと発展し，調査および浄化・修復技術の発達へとつながった経緯がある．
　このような経緯のもと開発された代表的技術の1つに電気的修復法がある．この修復法は，電界中の汚染土壌で発生する動電現象(Electrokinetic phenomenon)を利用した電気化学的修復法であり，汚染土壌・地下水から有害物質を安いコストで分離・除去する技術である．電気的修復法には，重金属等の無機物に対応する直流法(Electro-remediation法)および揮発性有機化合物，鉱物油等の有機物に対応する交流法(Electro-bio-remediation法)の2つの方式がある．
　また，わが国においては土壌汚染対策法が施行され，新たに土壌環境基準値として含有量基準値が示され，従来の固化・不溶化法に代わる対策措置として，Electro-remediation法は，唯一の重金属を分離・除去できる原位置修復法と位置づけることができる．
　電気的修復法のうち，Electro-remediation法について，以下に概説する．

10.2.1　重金属汚染土壌の電気的修復法(Electro-remediation法)
(1)　Electro-remediation法の概要
　Electro-remediation法は，土壌・地下水汚染ゾーンに削孔，挿入した陽極・陰極の対の電極間に直流電圧を印加することにより誘起される3種類の動電現象，すなわち，①電気分解，②電気浸透，③電気泳動の各現象の場において，陽・陰にイオン化した重金属が，それぞれ陰極および陽極に移動・濃縮する現象に着目した技術である．陽極・陰極に移動した重金属は，陰極および陽極の電解質(Electrolyte)循環系で濃縮，分離，除去する浄化・修復技術である．
　一般に，動電現象を利用した浄化・修復法は，負極近傍の水酸化物の沈殿，陽極電極の腐食，電解質の土壌への漏洩等の問題点が指摘される．このElectro

-remediation法は，電解質循環系pH調節システム，特殊透過性電極筒，耐食性電極等の導入により問題点を解決，約50件の実績を重ねている．一方，アルカリ性土壌，乾燥土壌および鉱さい等の金属系廃棄物埋立地においては，技術的，経済的効果は期待できない．

（2） Electro-remediation法の原理
1） 粘土層界面の電気化学的性質

一般に粘土層界面は負に帯電している．したがって，陽イオン化している重金属は粘土層の界面に静電力により吸着されている．この吸着が起きている場は電気的に中性であり，陰イオンが排斥され陽イオンが多く存在する．この吸着された陽イオンは，強く吸着されたものと緩やかに吸着されたものが存在する．

2） 3種類の動電学的現象
① 電気分解（Electrolysis）

土壌間隙水中の陽極・陰極では，水分子への電子の授受により水が電気分解される．

$$陽極：2H_2O \rightarrow 4H^+ + 4e^- + O_2$$
$$陰極：2H_2O + 2e^- \rightarrow 2OH^- + H_2$$

上記の反応では電気泳動現象により，陽極に発生した水素イオンは陰極側へ，陰極で発生した水酸イオンは陽極へと移動する．土壌は陽極側から酸性化し，同時に陰極側からアルカリ化する．しかし，水素イオンの移動速度は，水酸イオンの移動速度よりも速いため，酸性化領域（Acid front）が陰極側に広がることはよく知られている．

酸性化領域が陰極側へ広がると（土壌が酸性化すると），粘土層に吸着されている陽イオン重金属は，水素イオンとのイオン交換反応により脱着され間隙水中に溶出する．また，酸性化領域では重金属の沈殿物（水酸化物）も溶解される．

② 電気浸透（Electro-osmosis）

粘土層界面に緩やかに吸着されている陽イオンは，電場中におかれると陰極側へと移動する．このとき，周囲の水分子と衝突しながら陰極方向へと移動していくために，水も陰極方向へと引きずられるように移動する．この現象が電気浸透である．

③ 電気泳動（Electrophoresis）

地盤環境の間隙水に溶出した陽イオンが陰極に，陰イオンが陽極に移動する．この現象が電気泳動である．

3）Electro-remediation 法のシステム概要（図10-1）

Electro-remediation 法は，3種類の動電現象の場において陽イオン重金属（Cu, Pb, Zn, Cd 等）を陰極側に，陰イオン重金属（CN, As, Cr, F 等）を陽極側に電気化学的に移動・濃縮し，陽極および陰極の同心有孔外筒に電解質溶液をポンプ循環させ，重金属イオンを濃縮・分離・除去する技術である．その処理効率は動電現象のよしあしに依存する．

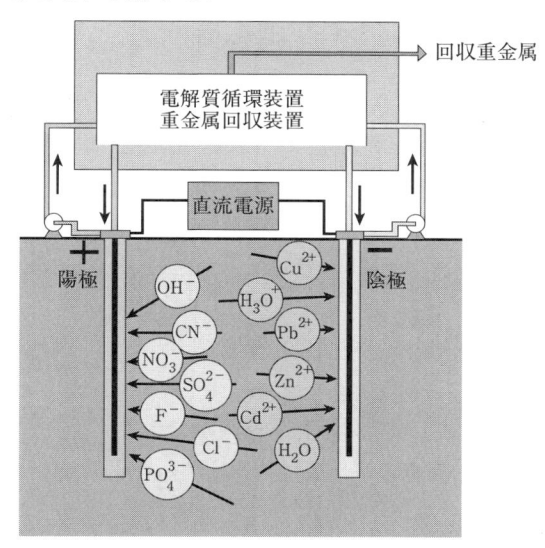

図10-1 Electro-remediation 法のシステム概要図

4) Electro-remediation 法の電気系統

　Electro-remediation 法のシステムは，電源，電極（陽極・陰極），陽極・陰極電解質循環系（電解質調整システム・重金属濃縮分離システム・循環ポンプ）で構成される．

　また，Electro-remediation 法のシステムの電気系統は，電極間隔は1.5～2.0m，必要に応じて既設埋設配管の腐食防止等の安全対策を施している．

(3) **Electro-remediation 法の特長**

　わが国の重金属汚染土壌の浄化・修復法は，固定・不溶化法，加熱・気化法および洗浄・分級法が中心であるのに対し，Electro-remediation 法は，重金属を抜本的に分離・除去できる原位置修復法であることが大きな特長である．

　また，最終処分場の残余年数が厳しくなり，汚染土壌の最終処分場への搬入が危ぶまれる昨今，Electro-remediation 法は，社会問題解決型の浄化・修復法ともいえる．

(4) **Electro-remediation 法の特長**

　1) 安いコストで浄化・修復ができる

　汚染濃度・分布，土壌の固有抵抗の大小が処理・修復コスト，期間を左右する．

　原位置修復法であることから，浄化・修復コストが安く，システムがシンプルである．

　次に，これまでの汚染土壌・地下水の浄化・修復実績の平均的数値を示す．

　① 処理電力量：$150kwh/m^3$～$200kwh/m^3$

　② 処理期間：2カ月～3年

　2) 難透水性・粘土層での浄化・修復ができる

　含水率19％以上，微細粒子，酸性の土壌の浄化・修復がベストである．

　3) 地形の制約を受けず工場・住宅の直下汚染土壌の浄化・修復ができる

　4) 天候・気候（気温・降雨・降雪）に左右されずに浄化・修復ができる

5) 土壌微生物等の自然生態系を破壊せず浄化・修復ができる
6) Electro-(bio)-remediation法で揮発性有機化合物・鉱物油等の浄化・修復もできる
7) Electro-remediation/Electro-(bio)-remediation法は，15年，47件の実績がある

10.3 米国における浄化・修復技術

10.3.1 スーパーファンド法と浄化・修復技術の変遷

米国における浄化・修復技術は1980年に制定されたスーパーファンド法[1]の動勢に大きく影響されている．米国環境保護庁(EPA)はスーパーファンド法に従い1999年までに1451カ所の汚染サイトを全国浄化優先順位表(以下，「NPL」)[2]に登録し，その約半数にあたる629カ所において浄化対策を実施している．NPLサイトに適用された浄化・修復措置の内訳は図10-2のとおりである．

適用された措置の70％以上は「汚染源もしくは地下水の浄化」と「封じ込めもしくは場外処理」を選択しており，わが国における措置の実態とあまり変わらないが，「現状・将来において措置を行わない」が全体の7％を占めている点が異なっている．「措置を行わない～」には文字どおり「浄化・修復を行わない場合」も含まれるが，その多くはMNA(詳細は11.3.2項)のような自然の浄化作用を利用した間接的な措置が占めている．ただし，「浄化・修復を行わない措置」はスーパーファンド法の制定当時から適用されていた技術ではない．図10-3に示すように米国における浄化・修復は物理的な浄化・修復技術を

---

1) 1978年のラブキャナル事件を契機に1980年に制定された土壌・地下水汚染の包括的規制法．連邦，州政府の環境法令に係る約700種類の有害物質を対象に，EPAの実施する予備調査(PA)，サンプリング調査(SI)の結果に基づく危険度順位システム(HRS)によって汚染サイトの危険度を数値化し，28.5以上のサイトを全国浄化優先順位表(NPL)に記載するとともにEPAの管轄下において恒久的措置が実施される．
2) 全国浄化優先順位表(National Priorities List)の略称．スーパーファンド法に基づきEPAによる調査と危険度診断の結果で特に危険度が高いとされたサイトを記載した全国リスト．

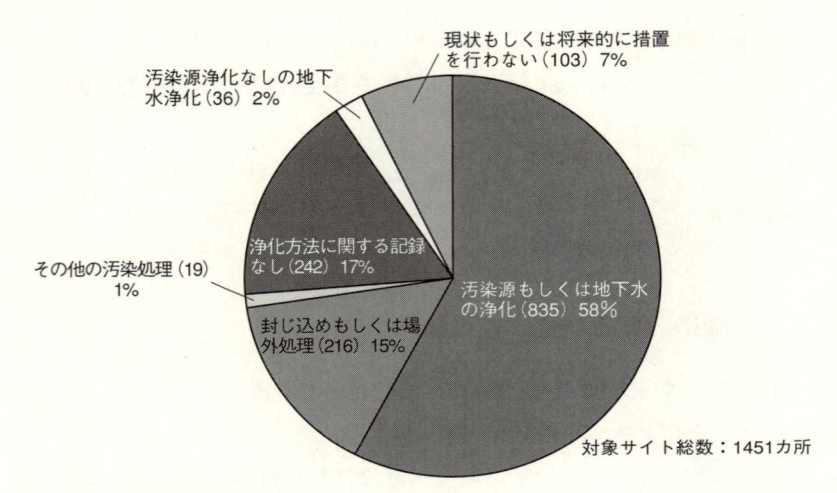

第Ⅲ部　欧米諸国にみる法規制と浄化・修復技術と今後の技術展開

- 現状もしくは将来的に措置を行わない（103）7%
- 汚染源浄化なしの地下水浄化（36）2%
- その他の汚染処理（19）1%
- 浄化方法に関する記録なし（242）17%
- 封じ込めもしくは場外処理（216）15%
- 汚染源もしくは地下水の浄化（835）58%

対象サイト総数：1451カ所

出典）米国環境保護庁："Treatment Technologies for Site Cleanup", *Annual Status Report*, 2001.
注）1982年～1999年の期間に登録済みあるいは修復が復完了したサイト．

図10-2　NPLサイトにおける浄化・修復措置の内訳

中心に進められてきたが，多くの汚染サイトが浄化費用や効率の問題によって行き詰まりを見せ始めた1990年代に入ってMNAを含めた革新的な技術の導入が提唱され始めたのである．

「汚染源浄化」は1989年に73%まで適用率が上昇したが，浄化の長期化[3]や措置完了に至る割合の低さ[4]のために1990年以降減少し始め1999年には全体の47%までになっている．これに対して，MNAを含む「その他の浄化・管理」は1990年代に入って徐々に増え始め，1999年には全体の20%前後を占めるまでになっている．また，浄化・修復費用の高騰と浄化の長期化はリスクベース浄化法（RBCA）に代表される人と生態系に対するリスクに基づいた浄化・修復措置の発達に結びついている．

3）RODsに登録されたサイトのうち汚染源浄化（土壌・地下水）を適用したサイトを対象に浄化・修復期間に要した期間を平均すると約10年となる．
4）EPAの2001年次報告では，汚染源における土壌浄化によって浄化完了に至った割合は23%（2000年8月次），同様に地下水浄化が完了した割合は5%（同左）と報告されている．

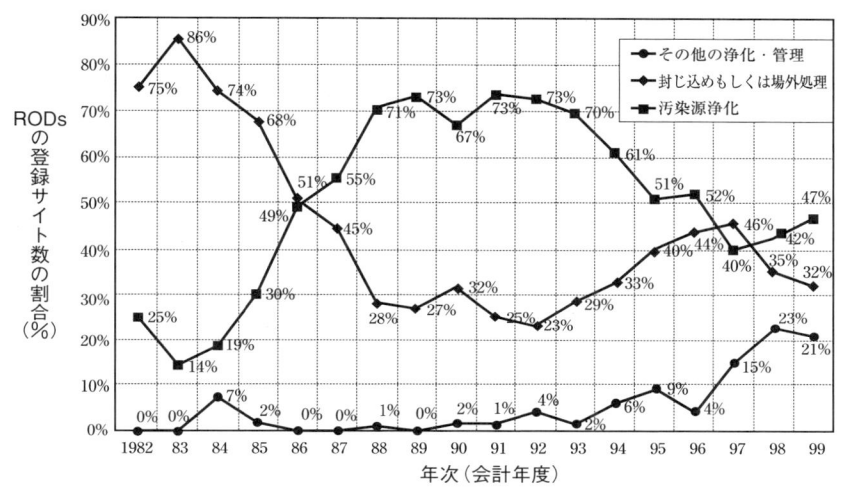

第10章 欧米諸国の浄化・修復技術

出典) EPA : "Treatment Technologies for Site Cleanup", *Annual Status Report*, 2001.

図10-3　RODs[5]登録サイトにおける措置方法の経年変化

こうした「経験」と「実績」は革新的な浄化・修復技術[6]の開発と異種技術の複合化とに結びついている．ここで言う複合化とは，汚染物質あるいは汚染媒体の特性を活用して異分野の技術を相互に利用するものであり，物理的な技術と生物化学的な浄化技術を結びつけたバイオベンティング，バイオスパージングといったハイブリットタイプの技術と，異なる技術の併用あるいは浄化レベルに応じて適用技術の段階的な移行を行うマルチタイプの技術とに大別される．マルチタイプの場合，NAPL の分離・回収に土壌ガス吸引やエアースパージングを用いて一定レベル（例えば，浄化目標値の10倍以内）まで浄化を行った後，バイオスティミュレーション[7]や MNA を適用して最終的な浄化・修復

---

5) Records of Decision System の略．スーパーファンド・サイトの浄化・修復措置に関する決定記録からサイト個別の情報までを含んだ全文記録を提供するシステム．1999年までに2292サイトが登録されている．

6) スーパーファンド・サイトに適用された浄化・修復技術のうち143件（全適用例の19%）が従来にない革新的な技術として紹介されている．このうち84件（同11%）をバイオレメディエーションが占めており，ソイル・フラッシングの16件（同2%），化学的浄化の15件（同2%）がこれに次いでいる．

を行う場合が多い[8].

10.3.2 浄化・修復技術の適用実態

汚染物質と適用される浄化・修復技術との関係を表10-1に示す．同表はスー

表10-1 汚染物質別に見た浄化・修復技術の適用状況（件数）
（スーパーファンド・サイトにおける適用状況：1982年～1999年）

技術 ＼ 汚染物質	ハロゲン化揮発性有機化合物	BTEX（ベンゼン等）	重金属	非ハロゲン化揮発性有機化合物（除く殺虫剤・除草剤）	ハロゲン化半揮発性有機化合物（除くPAHs）	非ハロゲン化半揮発性有機化合物（除くBTEX）	多環芳香族炭化水素（PAHs）	有機系殺虫剤・除草剤	PCB類	技術別総数
エアースパージング	36	20	0	1	4	3	3	1	0	68
バイオレメディエーション	19	38	2[1]	8	39	25	42	28	1	202
化学的処理	3	1	8[2]	4	0	2	1	3	3	25
2相抽出[4]	11	6	0	3	2	2	1	1	0	26
電気分解	1	0	0	0	0	0	0	0	0	1
焼却	48	29	2[3]	63	37	23	22	32	38	294
機械的土壌エアレーション	4	1	0	1	0	0	0	0	0	6
野焼き/野外爆発	0	0	0	0	1	0	0	0	0	1
透過性反応浄化壁	4	0	3	0	0	0	0	0	0	7
物理的分離	0	0	0	0	0	0	0	1	0	1
ファイトレメディエーション	3	2	1	0	0	0	0	1	0	7
ソイル・フラッシング（原位置）	8	6	4	4	5	5	3	1	0	36
土壌ガス吸引（SVE）	171	91	0	24	25	31	12	2	2	358
土壌洗浄	0	0	3	1	1	0	1	1	1	8
固化/不溶化	15	7	155	35	13	11	11	12	30	289
溶媒抽出	2	0	0	3	1	1	1	0	3	11
熱脱着	29	20	0	20	13	12	14	9	12	129
加熱回収（原位置）	2	2	0	0	0	0	4	2	0	10
ガラス化	2	1	0	2	0	0	0	0	1	6
井戸内曝気	2	1	0	0	0	1	0	0	0	4
総数	360	225	178	169	141	116	115	94	91	1,489

注1) 微生物反応による六価クロムの還元処理（→三価のクロム化合物に還元）．
注2) 六価クロムの化学的還元（→三価のクロム化合物に還元）．
注3) 銅，水銀の高温度金属回収を伴う有機物の焼却．
注4) バイオスラーピングのように気相/液相に広がる汚染物質を同時に分離・抽出する技術．
出典) EPA："Treatment Technologies for Site Cleanup", *Annual Status Report*, 2001.

---

7) バイオレメディエーション技術の一種．地盤環境中に元来生息する微生物を活用した浄化方法で，微生物の分解生成反応を促進するために好気/嫌気環境場を整えたり栄養塩類の添加を行う．アクティブなMNAとも言える．

パーファンド・サイトを対象に汚染物質別に見た浄化・修復技術の適用状況をまとめたもので，ハロゲン化/非ハロゲン化揮発性有機化合物から難揮発性の有機化合物，重金属までが汚染物質物質として取り扱われている．

ハロゲン化揮発性有機化合物の場合，全体の47.5％が土壌ガス吸引法（SVE）を適用しており，バイオレメディエーションの適用事例は5.3％に留まっている．BTEX[9]の場合も同様である．一方，半揮発性有機化合物の場合，SVEの適用が13.4％，バイオレメディエーションが20％と逆転している．このほか，揮発性/半揮発性有機化合物から多環芳香族炭化水素，PCB類までの有機化合物全般を通じて「焼却」による処理が適用され，全体の19.7％を占めている．重金属の場合，全体の87％が「固化/不溶化」を適用しており，六価クロムに対する化学的処理（還元反応による無害化）が一部サイトで適用されているに過ぎない．

次に，適用技術の浄化・修復の進捗状況を表10-2に示す．

原位置の土壌浄化の多くはSVEを適用しており，このうちの20.9％が浄化完了となっている．地下水浄化の場合，エアースパージングによる浄化が50.5％と適用される割合が高いものの，浄化が完了したサイトの割合は6.3％と低い．これに対して，場外における土壌浄化では「固化/不溶化」と「焼却」が合わせて64.2％と多用されており，その60.4％が浄化完了となっている．このように，重金属等の「固化/不溶化」，有機化合物の「焼却」といった原理的には単純な技術が，より複雑で高度な技術を必要とする土壌ガス吸引やエアースパージングよりも適用率・完了率が高いことに留意しておく必要がある．

今日の米国における土壌・地下水浄化・修復技術の発展は，スーパーファンド法制定を契機とした20年以上に及ぶ「経験」と「反省」に裏づけられたもので，紆余曲折を経て登場してきた革新的な技術，あるいは既往技術の複合化は，

8）EPAの2001年次報告では，複合浄化の実例（Treatment Train）としてRODsより12サイトを事例に工学的浄化と生物化学的な技術の組み合わせを含めた異なる技術の複合化による浄化事例が示されている．

9）ベンゼンなど石油系炭化水素のうち炭素数が10未満の高揮発性有機化合物．BTEXはベンゼン，トルエン，エチルベンゼンおよびキシレンの頭文字を取った略称．

表10-2　浄化・修復技術の適用内容とその進捗状況
（スーパーファンド・サイトにおける適用状況：1982年～1999年）

技術名称	適用サイト数	完了サイト数	完了率
◆場外（on-site/off-site）における土壌汚染浄化			
固化/不溶化	137	86	62.8%
焼却（on-site/off-site）	136	79	58.1%
熱脱着	61	40	65.6%
バイオレメディエーション	49	14	28.6%
化学的処理	10	4	40.0%
中和	7	4	57.1%
土壌洗浄	6	2	33.3%
機械的土壌エアレーション	5	4	80.0%
土壌ガス吸引	5	1	20.0%
溶媒抽出	4	1	25.0%
野焼き/野外爆発	2	1	50.0%
ガラス化	2	0	0.0%
物理的分離	1	1	100.0%
合計	425	277	65.2%
◆原位置（in-situ）における土壌汚染浄化			
土壌ガス吸引	196	41	20.9%
固化/不溶化	46	23	50.0%
バイオレメディエーション	35	3	8.6%
ソイルフラッシング	16	1	6.3%
熱的回収促進	6	1	16.7%
化学的処理	5	1	20.0%
ファイトレメディエーション	5	0	0.0%
2相抽出	3	0	0.0%
電気分解	1	0	0.0%
ガラス化	1	1	100.0%
合計	314	71	22.6%
◆原位置（in-situ）における地下水汚染浄化			
エアースパージング	48	3	6.3%
バイオレメディエーション	21	1	4.8%
2相抽出	10	1	10.0%
透過性反応浄化壁	8	0	0.0%
ファイトレメディエーション	4	0	0.0%
化学的処理	2	0	0.0%
井戸内曝気	2	0	0.0%
合計	95	5	5.3%

注）　EPA："Treatment Technologies for Site Cleanup", *Annual Status Report*, 2001. より一部を引用して作成．

より効率的で効果的な措置を生み出すものとして期待される．揚水曝気と土壌ガス吸引を中心としたわが国の浄化対策も，バイオレメディエーション，MNAといった革新的な技術や複合化技術を導入することによってさらに合理的なものに発展していくものと思われる．

【引用・参考文献】

[1] Presnted by Reinout Lageman and Hak Milieutechniek b.v.：" 3 rd Symposium and Status Report on Electrokinetic Remadiathon.", *EREM 2001*, Karlsruhe University, Environmental Reseach Center(FZU), Thirteen years of Electro-remedition in the Netherlands., 2001.

[2] EPA："Treatment Technologies for Site Cleanup", *Annual Status Report*, 2001.

11　新たな技術展開

11.1　現在開発途上の土壌・地下水浄化技術

　技術開発の大きな方向性として，浄化に伴う環境負荷の低減，コストの低減があげられる．環境省の調査事業として，「低コスト・低負荷型土壌地下水調査対策技術検討調査事業」が実施されていることからも，技術開発の方向性がうかがえる．

11.1.1　植物を用いた浄化技術（ファイトレメディエーション）
（1）　ファイトレメディエーションの概念と適用可能性

　今後，顕在化する汚染サイトの中には，汚染者が明確でないもの，汚染者が明確であっても土壌浄化の費用負担が十分にできないものも多数出現するものと考えられる．このようなサイトの場合，従来のような浄化コストを投入することが困難であることが想定され，浄化期間が従来技術に比べて長期になっても，低コスト・低負荷型の汚染土壌浄化技術が採用されるものと思われる．低コスト・低負荷型の土壌浄化技術の1つとして，ファイトレメディエーションは主要な役割を担うものと考えられる．

　ファイトレメディエーションの一般的な特徴は，下記のとおりである．
① 光合成により行われるため環境負荷が小さい
② 植物により表土が保護される
③ 植物が土壌水を吸い上げることにより汚染物質の拡散を抑制する
④ 社会認知が得やすいと考えられる
⑤ 他の浄化手法に比較して低コストである

　ファイトレメディエーションの機能による分類をGlassらの報告に基づいて整理したものを表11-1に示す．汚染物質の除去による土壌浄化，雨水浸透あるいは地下水流の制御による汚染物質の拡散防止等，さまざまな機能が期待でき

表11-1 植物に期待される機能

分類	機能	対象物質	備考
ファイトエキストラクション	土壌中の汚染物質を吸収，植物体に蓄積	重金属，無機塩類，有機化合物	
ファイトスタビリゼーション	土壌中の汚染物質を根表面に蓄積，酸化・還元による無害化，不溶化	重金属	
ファイトデグラデーション	植物による汚染物質の吸収・分解	有機化合物	ファイトトランスフォーメーションともいう
ファイトスティミュレーション	根圏微生物を賦活化することにより汚染物質を分解	PCP, PAHs, TNT 等	リゾデグラデーションともいう
ファイトフィルトレーション	地下水中の汚染物質を根表面に吸着することにより除去	重金属，放射性元素	リゾフィルトレーションともいう
ファイトボラティリゼーション	土壌中の汚染物質を吸収，地上部に移行，大気中に拡散	水銀，セレン，VOC	
ハイドローリックバリア	植物の揚水機能により，汚染地下水の拡散を制御	重金属，無機塩類，有機化合物	
ベジテイティブキャップ	雨水の浸透を抑制することにより，汚染物質の移行を抑制	重金属，無機塩類，有機化合物	

る．植物による土壌浄化のイメージを図11-1に示す．

（2） 重金属を対象としたファイトエキストラクションとその適用について

植物による浄化（すなわち汚染物質の除去または分解）が可能な技術として有機系汚染物質に対してはファイトデグラデーション（ファイトトランスフォーメーション），ファイトボラティリゼーション，ファイトエキストラクションが挙げられる．また，重金属汚染土壌に対しては，ファイトエキストラクション，ファイトボラティリゼーション（水銀，セレン）が挙げられる．本稿ではファイトエキストラクションを解説する．

1） ファイトエキストラクション適用の手順

ファイトエキストラクションの適用の可否は，汚染物質の種類，形態，土質，地層，地下水文等のサイト固有の条件により決定される．一般的な検討，適用

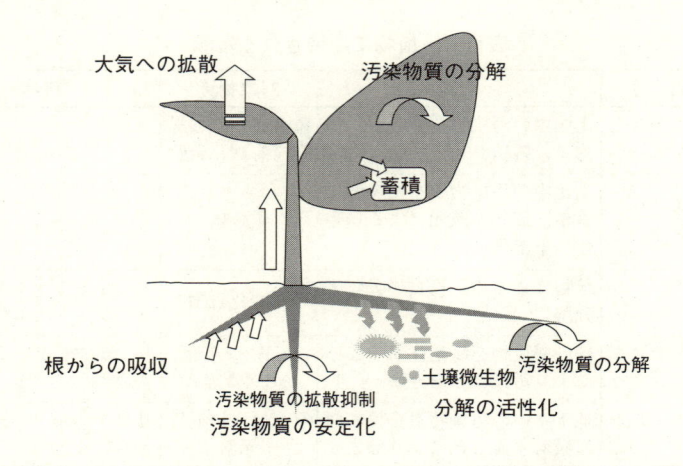

図11-1　ファイトレメディエーションによる土壌浄化のイメージ

の手順は以下のとおりである．
① 対象重金属の化合物形態の把握，浄化目標値の設定
② 栽培試験（ポットスケール）による効果確認
③ 現地でのパイロット試験による効果確認
④ 植物種，栽培条件の設計
⑤ 吸収植物の処分方法決定
⑥ 実スケールでの適用
⑦ モニタリング
⑧ 最終確認

2） 他手法との組合せ
　通常の汚染サイトでは，汚染物質が単独であることは少ない．また，汚染レベルもさまざまである．したがって，すべての汚染土壌をファイトエキストラクションにより浄化することは少ない．実際の適用例を見ると，ファイトエキストラクション技術と場外搬出，洗浄技術等の物理・化学的手法を組合せて実施している場合が多い．

（3） 鉛汚染土壌を対象とした適用例

米国において商業ベースで浄化対策として使用されているカラシナを用いたファイトエキストラクションを紹介する．

1） 鉛汚染土壌を対象としたファイトエキストラクションの概要

鉛を蓄積する植物として，アブラナ科の植物が知られているが，単独では実用レベルの吸収量にはいたらない．吸収能力を高めるため化学的補助手段を用いる方法が，Blaylockら，Huangらによって開発された．そのポイントは以下のとおりである．

　① 吸収速度を高めるために重金属種に適したキレート剤を使用する．
　② キレート剤使用に適した植物種，品種を選別して使用する．

上記2つの技術の組合せによって，単に植物を栽培した場合と比べて吸収速度が10〜100倍を超えるレベル（1000〜10000mg/kg－乾物）へ高めることが可能となった．

2） 米国における鉛汚染土壌を対象とした実施例

Blaylockらにより米国内で実施された鉛汚染サイトを対象としたフィールド試験の結果を紹介する．

① 浄化サイトの概要

a） Bayonneサイト（ニュージャージー州）

このサイトは工業用地で，電線製造工程由来の各種の重金属により汚染されていたが特に鉛による汚染が顕著であった．本サイトは地下水位が高く地下水汚染の危険性があることから，遮水シートでライニングされた1000平方フィート，深さ3.5フィートのライシメーター（実験用圃場）の中に汚染土壌を入れてフィールド試験を実施した．浸出水を回収するため，ライシメーター端部には調整池を設置した．

b） Dorchesterサイト（マサチューセッツ州）

このサイトはDorchesterの市街地の住宅用地である．このサイトは幼児の

遊び場として使用されて,幼児の鉛中毒事故が二度起きている.フィールド試験の面積は1081平方フィートである.本サイトの鉛汚染の起源は,住宅用ペイントと大気からの降下煤塵によるものと考えられている.

② トリータビリティ試験

a) 方法

フィールド試験の前に,予備調査を各サイトに対して実施した.現地土壌中の鉛の平面分布用試料と,実験室でのトリータビリティ試験用の土壌表面試料(深度0-15cm)を採取した.土壌試料は風乾後2mmの篩で篩分し,土壌肥沃度分析,全金属含有量試験(EPA Method 3050),逐次抽出分析に供した.逐次抽出分析はRamosらの方法に準じ,交換態,炭酸塩,酸化物,有機態,残さの5形態の比率を調べた.

植物栽培試験は直径9cmのポットに対象土壌を詰めて実施した.カラシナ(*Brassica juncea*)を播種し,3週間の栽培期間の後,エチレンジアミン四酢酸(以下,EDTA)を5mmol/kg−土壌となるように溶液として施した.EDTA処理から1週間後に植物体を収穫した.植物体は,70℃で乾燥した後,硝酸・過塩素酸により湿式灰化後,重金属濃度をICPにより分析した.

b) 結果

〔Bayonneサイト〕

トリータビリティ試験用の土壌試料の特性を表11-2に,逐次試験の結果を表11-3に示す.土壌中の全鉛量が1608mg/kgであるのに対し,炭酸塩画分が支配的で(全鉛量の66%),残さ画分が211mg/kgにすぎないことがわかった.

表11-2 土壌特性と表土(0-15cm)中の重金属含有量

サイト	pH	土 質	有機物含有量(%)	Cd	Cr	Cu	Ni	Pb	Zn
				(mg/kg)					
Bayonne	7.9	砂質ローム	2.5	8	33	139	19	1438	454
Dorchester	6.1	砂質ローム	9.0	5	21	32	13	735	101

第11章 新たな技術展開

表11-3 表土中（0-15cm）の鉛の化合物組成

画　分	Bayonne, NJ	Dorchester, MA
	mg/kg	
交　換　態	34	100
炭　酸　塩	1064	126
酸　化　物	130	75
有　機　態	170	137
残　　　渣	211	125
合　　　計	1608	563

　交換態，炭酸塩，酸化物および有機態の画分の多くが植物で浄化可能と考えられることから，植物によって400mg/kg（米国における居住地域の鉛含有量基準値）の目標レベル以下への浄化が十分可能と考えられた．

〔Dorchester サイト〕

　本サイトの土壌は，表層（0-15cm）に9％の有機物を含有している砂質ロームである．土壌試料の特性を表11-2に，逐次分析の結果を表11-3に示す．逐次抽出の結果より，それぞれの画分の比率がおおむね均等であったが，有機態画分が総鉛量の24％で最も高い割合で含んでいた．Bayonne サイトからの土壌と同様に残さ画分は125mg/kgで鉛濃度が目標レベルの400mg/kg よりもはるかに小さかったので，植物浄化の成功の可能性が高いものと考えられた．

　温室での植物栽培試験の結果より，カラシナは植物体中に土壌から鉛を顕著に蓄積できることがわかっている．植物体中の鉛濃度は，DorchesterとBayonne サイトの土壌で，それぞれ2080mg/kg，8240mg/kg もの蓄積がEDTAの使用によって達成された．以上の結果に基づいて，表層土壌の鉛含有量を目標値400mg/kg 未満へ減少させる手法としてファイトエキストラクションを採用することとした．

③　フィールド試験

a)　方法

土壌試料は植物栽培の前後で，同じ地点の表面 (0-15cm)，中層 (15-30cm)，下層 (30-45cm) の3層で採取した．

土壌の肥沃度を評価した後，その結果に応じて施肥した．耕耘機によって10-15cm の深さまで耕し，カラシナの種子を播いた．灌水はスプリンクラーにより行った．EDTA は，播種後5週間後にスプリンクラーによって土壌1kg 当り2mmolとなるよう施用した．EDTA 施用1週間後に植物体を収穫し，植物試料は重金属分析のため1m^2ブロック毎に任意に集められた．残っている植物体の地上部は処分のためにすべて刈り取りにより収穫し，試験区から取り除いた．試験区は収穫の後に，耕耘機で深度10cm を耕し，収穫の1週間以内に再度植物を播種した．合計3回の植物栽培を各サイトで実施し収穫した．

b)　結果

〔Bayonne サイト〕

初期の表層土壌 (0-15cm) 試料の鉛濃度は1000～6500mg/kg までの濃度範囲で平均2055mg/kg であった．下層の土壌中の平均鉛濃度は表層土壌のそれと同様であり (±800mg/kg)，深度15-30cm の土壌では，780～2100mg/kg，深度30-45cm の土壌では，280～8800mg/kg であった．3回の作物栽培の後に，表層土壌における鉛濃度は平均値960mg/kg (420～2300mg/kg) まで減少した．深度15-30cm の土壌の平均した鉛濃度はわずかに992mg/kg まで減少した (初期の平均濃度1280mg/kg)．30-45cm の鉛濃度はほとんど変化しなかった．

〔Dorchester サイト〕

表層土壌の初期の鉛濃度は Bayonne サイトよりも低く，平均984mg/kg (640～1900mg/kg) であった．深度15-30cm の土壌では平均538mg/kg，深度30-45cm では平均371mg/kg であり，表層土壌よりも低い鉛量を示した．3回の植物栽培によるファイトエキストラクション後の表層土壌の平均濃度は984mg/kg から644mg/kg まで減少したが，深度15-30cm の試料は671mg/kg，深度

30-45cmでは339mg/kg, とほとんど変化しなかった.

取得した土壌中鉛濃度のデータより作成した土壌中の鉛の等濃度線図を, 図11-2, 図11-3に示す. ファイトエキストラクションによって, Bayonneサイトでは, 鉛濃度が1000mg/kgを超えている領域は73%から32%まで減少した. 各濃度レベルの汚染領域の割合を表11-4に示す. Dorchesterサイトでも顕著に濃度低下が認められた. 表11-5に示したように初期全体の25%が1000mg/kg

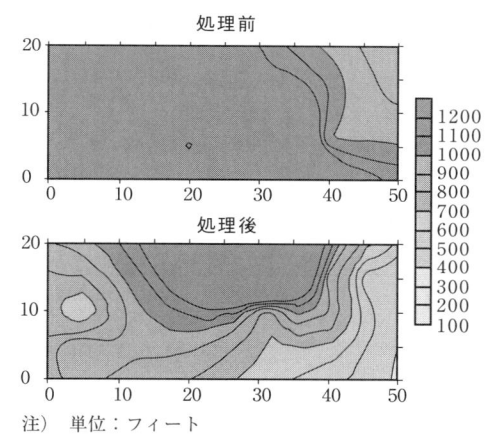

注) 単位：フィート

図11-2 Bayonneサイトにおける処理前ならびに処理後（1シーズン, 3回栽培）の表層土壌（0-15cm）中の総鉛濃度の平面分布

表11-4 Bayonneサイトにおける表層土壌（0-15cm）の鉛汚染レベルの変化

鉛含有量 (mg/kg)	処理前	処理後
	% of Plot Area	
＞600	100	87
＞800	80	66
＞1000	73	32
＞1200	67	20
＞1500	49	10
＞1700	24	6

注) 上記の数値は, 各数値を超過している面積であり, 処理前, 処理後（1シーズン, 3回植物栽培）の結果を比較したものである.

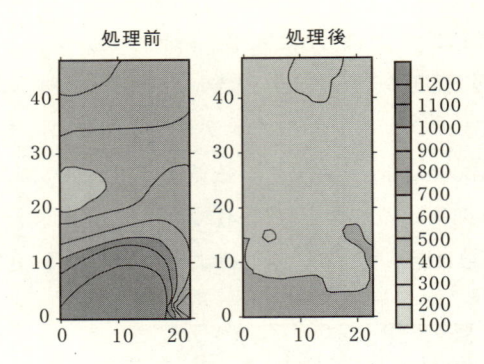

図11-3　Dorchester サイトにおける処理前ならびに処理後（1シーズン，3回栽培）の表層土壌（0-15cm）中の総鉛濃度の平面分布

表11-5　Dorchester サイトにおける表層土壌（0-15cm）の鉛汚染レベルの変化

鉛含有量 (mg/kg)	処理前	処理後
	(% of Plot Area)	
>500	100	100
>600	100	100
>800	68	0
>1000	25	0

を超え，68%が800mg/kgを超えていたが，3回の植物栽培後，すべて800mg/kg以下となった．

いずれのサイトも，1年間のファイトエキストラクション（3回の栽培・収穫）では400mg/kgの規制値以下に浄化されなかったが，ファイトエキストラクションによって鉛汚染土壌のリスクを低減することが可能であることがわかった．

（4）　ヒ素汚染土壌を対象とした浄化事例

最近，フロリダ大学のMa博士らによって，シダの一種であるモエジマシダ（*Pteris vittata*）がヒ素の高濃度蓄積植物であることが発見された（写真11-

1).このシダは植物体乾燥重量当り2％を超えるヒ素を蓄積し，また，バイオマス生産量が大きい（年2 kg/m²以上）ことから，ヒ素浄化の手段として期待されている．

ヒ素の吸収，蓄積のメカニズムの解明ならびに実汚染土壌・地下水を対象とした評価試験が，米国を中心とした世界各国で精力的に実施されている．国内で実施した実汚染土壌を用いた浄化事例を以下に紹介する．

① サイトの特徴

本サイトは工場跡地の土壌で，土地の用途変更に伴う調査により，ヒ素汚染が判明した．溶出量値は0.01～0.06ppm，含有量値は50～60mg/kgであった．

② 現地試験ならびに温室内試験

モエジマシダは，胞子播種から育成期間として概ね4カ月経過したものを使用した．

現地での栽培は，平成14年8月27日～12月2日の間実施した．栽培試験状況を写真11-1に示す．11月以降，気温の低下によってヒ素吸収量ならびに植物体重の増加が停止したので，現地で栽培していた植物体を同じ現地の汚染土壌でワグネルポット（a/5,000）に植え込み，ファイトトロン内で管理した．ファイトトロンの条件（照度：20000 lux，照明時間：6:00～19:00，温度：（昼）25℃（夜）20℃，湿度：50～80％）．

植物体のサンプリングは，平成14年8月27日，10月3日，10月24日，12月2日，平成15年4月4日に実施した．

土壌の溶出試験は環告46号，含有量は底質調査法に従って行った．植物体は定法により植物体を乾燥粉砕した後，所定量を濃硝酸にて湿式灰化を行った．分析は，原子吸光法により行った．

③ 試験結果

モエジマシダ中のヒ素含有量の経時的変化を図11-4に示す．現地に植栽後，植物体中のヒ素含有量は増加したが，気温の低下によって横ばいとなった．現地でのヒ素の最大吸収量は120mg/kgであった．ファイトトロンでの栽培に移行したところ，ヒ素含有量は増加し，最大315mg/kgに達した．

写真11-1 モエジマシダ（*Pteris vittata*）の現地試験状況

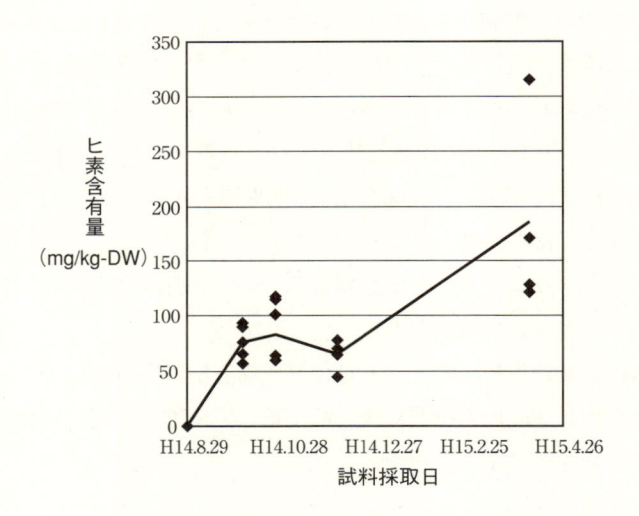

図11-4 モエジマシダによるヒ素の吸収

　これまでに報告されている高蓄積植物（hyperaccumulator）は一般にバイオマス生産量が小さいために汚染物質除去能力が低いが，モエジマシダはバイオマス生産量が大きく，1m^2当りの新鮮重量として3.6kg(乾燥重量として1kg

程度),十分な管理をして年数回刈り取りをした場合には乾燥重量で2～3 kg/m^2に及ぶ.年間バイオマス生産量を乾燥重量として2 kg/m^2とすると,1 m^2当り最大600 mgのヒ素の除去が可能となる.

(5) ファイトレメディエーションの開発の方向性

1) 重金属の吸収・蓄積効率の向上

重金属汚染土壌の浄化手法として,重金属を土壌中から除去することが,土壌汚染対策法における指定区域解除の条件となることから,ファイトエキストラクションの重要性は増すものと考えられる.

この技術の効率は,植物の吸収・蓄積能力により決定される.この効率を高めるための戦略として考えられる手法は以下のとおりである.

① 重金属吸収・蓄積能力の高い植物の使用

a) 高蓄積植物の探索

Baker らの広汎な研究により,多くの高蓄積植物が見出された.今後も,Maらの発見のように,自然界から高濃度蓄積植物が発見されるものと思われる.高蓄積植物の探索は地道な方法ではあるが,その波及効果の大きさから,今後も重要な手法と考えられる.

b) 遺伝子工学的手法による高蓄積植物の創製

遺伝子工学的手法により,有機酸分泌能力を高めた植物の重金属吸収能の向上をめざした研究が実施されている.また,耐重金属タンパク質であるメタロチオネインの遺伝子を組み込むことによる高蓄積植物の創製に関する取り組みも幅広く実施されている.遺伝子組み替え植物のフィールドでの適用に関しては,現時点では社会的認知が得られているとは言えないが,事例の積み重ねによって,徐々に一般化していくものと考えられる.

② 重金属吸収を高めるための補助的手段の開発

植物の重金属の吸収・蓄積能力を高めるための化学的なアプローチとして,キレート剤の利用に関する研究がなされてきた.土壌中重金属の吸収を促すためにはキレート剤の使用が有効であるが,その一方で土壌からの溶出リスクが

一時的に増大する．溶出リスクを制御するためには，使用する化合物の環境中での寿命をコントロールする必要がある．キレート能において，EDTAが飛び抜けて優れているが，その一方，自然界での分解速度が小さいという問題点がある．キレートメーカーにおいても，生分解性の高いキレートの開発にしのぎを削っている．植物に対する優れた吸収促進効果をもち，生分解性も高い化合物の開発が待たれる．

2）重金属蓄積植物の有効利用技術

重金属のファイトエキストラクション技術の確立には，重金属吸収能力の高い植物の開発とともに，重金属を蓄積した植物体の有効利用技術の開発も必須である．

例えば鉛を吸収，蓄積した植物は山元（鉱山の精錬施設）でリサイクルすることが可能である．この場合，山元までの輸送コストが制限要因となる．本技術が広く受け入れられるためには，重金属を含有した植物体の有効利用システムの構築も重要な課題である．

（6）ファイトレメディエーションの将来性

米国でのファイトレメディエーションの市場規模については，Glassの試算を，表11-6に示す．Glassは，米国の市場規模を土壌地下水浄化ビジネス全体で7000～8000億円，うちファイトレメディエーションの市場を2000年で60～96億円，2002年では120～204億円，2005年では282～480億円と推定している．

日本では，土地の利用形態等国情の違いもあるものの，アメリカと同様，場外搬出処理から原位置浄化への移行するものと考えられることから，2010年には土壌浄化ビジネスのマーケット5600億円に対し2～5％程度，すなわち112～280億円程度の市場になるものと筆者らは考えている．

表11-6 ファイトレメディエーションの推定市場規模

	1999年	2000年	2002年	2005年
米国	30 – 49	50 – 86	100 – 170	235 – 400
欧州	2.0 – 5.0	2.1 – 5.5	2.5 – 7.0	–
カナダ	1.0 – 2.0	1.3 – 2.5	1.5 – 4.0	–
その他	1.0 – 2.0	1.6 – 2.5	2.0 – 5.0	–
全世界合計	34.0 – 58.0	55.0 – 96.5	106 – 186	–

注) 単位：100万 US ドル．

11.1.2　生態系評価

(1)　生態系評価の意義

　生態系とは，ある環境に生息する動物（人も含めて），植物，昆虫そして微生物にわたる多種多様な生物が，物理的，化学的，生物的な関係を維持しながら安定したシステムを形成している状態を示す．このシステムの中では食物連鎖を含めた物質循環がなされ，空間的な住み分けも行われている．

　環境汚染は生態系を撹乱，破壊する重大な犯罪であり，直接的あるいは間接的に人の健康や生活環境に影響を与える．汚染浄化・修復対策は汚染された環境を元の状態に回復させる（近づける）行為である．しかしながら，これまでのところ表面的あるいは人が観察できる範囲（空間的，技術的な意味での範囲）での浄化・修復であり，生態系としての影響はほとんど省みられていない．

　この原因としては技術的な側面が大きい．山林や原野の生態系を調べる場合には動植物や鳥類などが観察対象となる．しかし，多くの土壌汚染サイトのように市街地や工業地域には，これらの動植物などがほとんど生息していない．近くに河川などがあれば水生昆虫や魚類を観察することができるが，多くの場合には生態系評価のための観察対象生物がいないのである．このような事情から汚染浄化・修復対策に伴う生態系評価はまったく試みられてこなかった．

　肉眼で観察可能な動植物に対して微生物は観察に顕微鏡などの機器が必要であり，また観察できても種類による形態的な差異がほとんどないため生態学的には利用価値がなかった．しかし，近年の遺伝子工学の進歩により，土壌や地

下水などから微生物由来の遺伝子を抽出し，分類する技術が確立されてきている．これらの遺伝子工学的な手法と従来の微生物学的な手法を組み合わせることで，これまでは不可能と考えられていた微生物を指標とした生態系評価が可能となってきたのである．

　土壌1g当りには1億から100億匹の微生物が生息しているといわれる．この生物体の密度と生息数は動植物のそれとは比べ物にならないほど大きく，はるかに多様性に富んでいることが容易に推測される．また，微生物は土壌中の分解者，植物への栄養供給者および微小昆虫などの餌であるとともに物質循環の原動力を務める生態系における主役である．さらに微生物は世代時間が「分」から「時間」のオーダーであり，世代時間が「年」のオーダーである．動植物などよりも迅速に環境変化の影響を受けると考えられる．微生物を指標とした生態系評価を行うことで，環境汚染が与える生態系への影響や汚染浄化・修復対策に伴う生態系の変化を捉えることが可能となり，より「環境リスク最小」な対応策へのヒントを与えるものと期待される．

　今日までの事例としては，メタン資化性細菌を利用したトリクロロエチレン(TCE)汚染地下水の処理において，メタン注入による処理開始時に微生物群集構造の多様性が一時的に減少するが，その後多様性が回復し安定した群集構造が形成されること．また各時点において優占化したメタン資化性細菌の種類が異なっていたこと等の報告がある．他には，石油汚染土壌の浄化過程における微生物群集構造解析やバイオスティミュレーションのプロセス管理に適用した事例報告もある．

（2）　微生物を指標とした生態系評価のための主要な方法

1）　変性剤濃度勾配ゲル電気泳動法(DGGE法)

　環境試料（地下水や土壌等）より抽出・調整した遺伝子(DNA)断片をDNA変性剤（主に尿素）を加えたポリアクリルアミドゲルを用いた電気泳動により分離する手法である．

　個々の微生物より抽出・調整された異なる塩基配列を有するDNA断片は泳

動距離によって分離・識別することができる．また，各DNA断片の量はエチジウムブロミド等のDNA染色剤の発色により定量することが可能である．したがって，DGGE法を用いることで，その環境試料中の微生物の種類（電気泳動上の種類）と量（相対値）を知ることができる．

　一般的には生体内でタンパク質の合成に関与するリボソームと呼ばれる器官の一部分である16SrRNAに対応する遺伝子断片(16SrDNA)をポリメラーゼ連鎖反応(PCR)により増幅して，これをDGGE法に供する(PCR−DGGE法)．PCRは目的遺伝子を増幅する手法である．詳細は遺伝子工学関連の専門書を参照されたい．16SrDNAは微生物の分類・同定の指標としても用いられており，インターネット上に膨大なデータベースが存在する．このデータベースを用いると電気泳動上の16SrDNAがどのような微生物に由来するのか（すなわち，その環境試料中にどのような微生物が存在するのか）を知ることも可能となる．ただし，その微生物の機能については，機能について詳細な情報がある既知の類縁微生物が存在する場合にのみ推測が可能である．

　しかし，DGGE法ですべての遺伝子が観察できるわけではなく，全遺伝子の1％程度が検出限界と考えられている．したがって，DGGE法で観察できるのは微生物群集の中の主要な微生物のみである．さらに，微生物菌体からのDNAの抽出効率の差やPCRの定量性の問題などにより定量的な解析がむずかしいなどの欠点をもっている．

2) 細胞内蛍光標識法(FISH法)

　核酸（ここではDNA）はお互いに相補的な（似ている）塩基対間で水素結合を作り，二本鎖の形態をとる．この性質を利用して蛍光色素にて標識化した特定の核酸断片（プローブ）を細胞内に与えることで特定の遺伝子を有する細胞のみを検出する手法がFISH法である（図11-5）．

　多くの場合，16SrDNAをプローブとして用いる．また，16SrDNAの中のある種の微生物に共通な部分をプローブとして用いることで，環境中の微生物をいくつかの分類群に分けて観察することが可能となる．分類群には「真性細

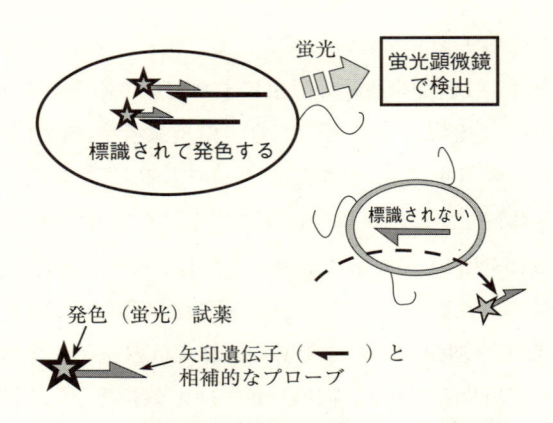

図11-5 細胞内蛍光標識法（FISH法）の原理

菌」，「アーキア（古細菌）」，「プロテオバクテリアのアルファーサブクラス」，「プロテオバクテリアのベーターサブクラス」，「プロテオバクテリアのガンマーサブクラス」，「プロテオバクテリアのデルタサブクラス」，「サイトファーガーグループ」，「グラム陽性LowG+Cグループ」および「グラム陽性HighG+Cグループ」などがある．微生物の分類群などの詳細については微生物分類学，微生物系統分類学あるいは分子進化学の専門書を参照されたい．

3) キノンプロファイル法

細胞内の呼吸に関与する分子としてイソプレノイドキノン類がある．イソプレノイドキノンキノン類は呼吸や光合成を行う微生物に広く分布しており，分類群に対応した分子構造が知られている．イソプレノイドキノン類は大きくメナキノン類(MK)とユビキノン類(Q)に分類され，各々イソプレノイド側鎖の炭素数(n)によってMK−nやQ−nと表わされる．

環境中の微生物から抽出されたイソプレノイドキノン類の分子種の割合はそれに対応した分類群の割合に相当し，これを用いて微生物の群集構造を解析することができる．

イソプレノイドキノン類はDNAのように増幅することができない．このた

め解析に比較的大量の微生物菌体を必要とするなどの問題点がある．

4） 直接活性計測法（DVC 法）

通常の微生物は細胞分裂によって増殖する（一部の酵母では出芽）が，細胞分裂阻害剤（正確には遺伝子複製阻害剤の一種）が存在すると細胞が分裂できずに肥大する．この肥大した細胞はその環境中に存在した生育・増殖可能な微生物に由来するものであり，この肥大細胞数を計測することによって生育・増殖可能な微生物数を求める方法が DVC 法である（図11-6）．

一般に環境中の微生物のほとんどは数回の細胞分裂しかしないため，平板培地上でコロニー（微生物の生育による集落）を形成しない．このため平板培地上のコロニー数を計測する微生物計測法では環境中の微生物の数％しか計測できないことが示されている．これに対して，DVC 法は数回の細胞分裂に相当する細胞の肥大を指標とするため，環境中の微生物の60 – 80％を計測することができる．

また，環境試料を洗浄して特定の炭素源のみを与えて DVC 法に供すること

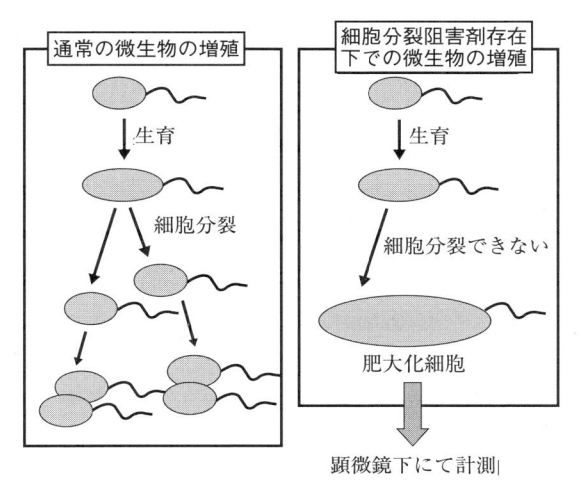

図11-6　直接活性計測法（DVC 法）の原理

で，与えた炭素源を消費して生育・増殖可能な微生物（資化性菌）のみを計測することが可能となる．

5） その他

顕微鏡観察においても染色法を工夫することで多くの情報を得ることができる．CFDA染色はエステラーゼ活性を有する微生物細胞を染色する方法であり，これにより生きている微生物（エステラーゼ活性は生体内でエネルギー消費が起きている証拠である）のみを計測することができる．CTC法は呼吸活性を有する微生物細胞を染色する方法である．また，メタン生成細菌のように自家蛍光を有する微生物も選択的に観察することができる．染色法などの詳細は微生物学の専門書を参照されたい．

種々の方法で得られたデータは多変量解析などの統計学的な手法を用いてさらに詳細な解析も可能である．

（3） 油汚染土壌の生物処理における微生物生態系評価

油汚染土壌の生物処理に微生物群集構造解析を適用した事例を以下に示す．表11-7は高濃度の潤滑油で汚染された粘性土壌の生物処理結果である．詳細は6.3節の図6-19を参照願いたい．Case 1は粘性土壌に洗浄した砂質土を約

表11-7 粘性土壌の生物処理結果

	時間(週)	飽和分	芳香族分	レジン分	アスファルテン分	TPH (mg/kg)	除去率 (%)
Case1	0	33,700	16,200	5,100	2,700	57,700	57
	35	10,007	4,778	8,477	1,501	24,763	
Case2	0	37,700	14,500	5,000	1,000	58,200	71
	35	6,544	2,995	6,464	971	16,974	
Case3	0	56,200	22,000	6,500	2,100	86,800	23
	30	34,993	17,732	10,773	3,107	66,605	
Case4	0	56,300	22,900	7,700	1,800	88,700	20
	30	36,620	16,641	13,965	3,318	70,544	

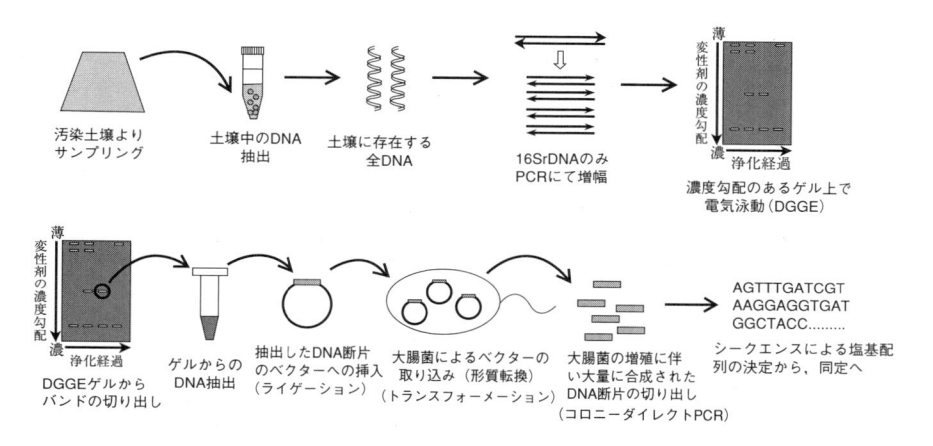

図11-7　PCR-DGGE法および菌株同定までのフロー

30%混合し通気性を高めたものであり，粘性土壌のみのCase 3と比較すると油分除去率は極めて高い．Case 2はCase 1にA重油を用いて馴養した土壌を約3％添加したものであり，Case 1以上に油分濃度の減少が促進されていた．一方，原土壌に馴養土のみを約3％添加したCase 4においては，通気性の向上がないため油分の減少もあまり進んでいない．

この生物処理期間中の菌相変化として，遺伝子解析手法を適用した微生物群集構造の解析を行った．用いた手法はPCR-DGGE法である．図11-7に解析のフローを示す．

解析結果を図11-8に示し，評価の一例を以下に示す．馴養土を除くすべてのケースに共通して見られるバンドAは，処理開始後2週目で優占種となり，その後も安定して出現している．このバンドを切り出して同定を試みた結果，類似菌として燃料油汚染サイトや油汚染ビーチから採取した菌と高い相同性を示し，油分解に主要な役割を果たしている菌と推察された．馴養土を添加したCase 2，4に特徴的に見られるバンドBは馴養土の優占種であり，処理期間中も安定して出現している．同定の結果，類似菌としてフェノール分解能をも

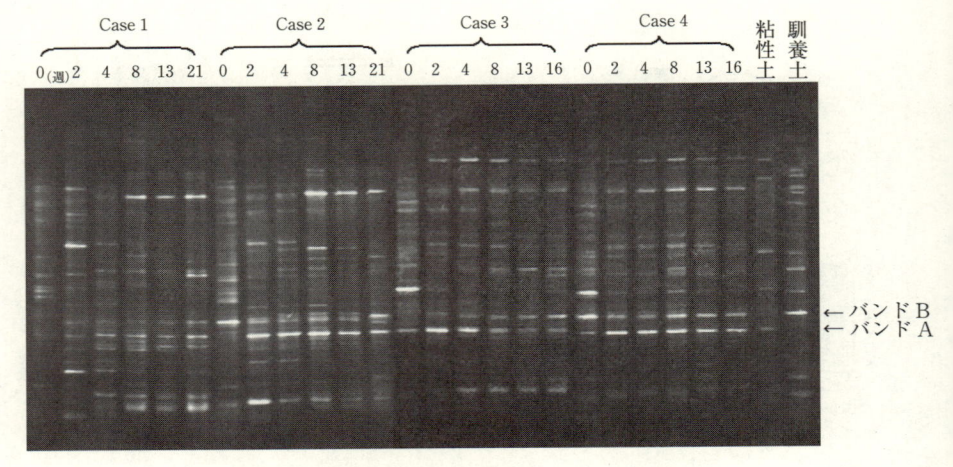

図11-8 粘性土生物処理のDGGE泳動パターン

つ菌や多環芳香族炭化水素分解菌，塩素化芳香族分解菌等に近く，主に高沸点成分等の難分解性物質の分解に寄与していたと推測される．これらの結果より，バイオスティミュレーションの効果の予測や工程管理に活用できることがわかる．

生物処理の微生物群集構造解析の目的は，生物処理を効率的かつ確実に実施するための評価であり，今後より多くの事例についてのデータ収集が必要である．また，ここで紹介したPCR－DGGE法は，菌相が可視化されるため構造の特徴を把握しやすく，評価手法として有力な1つと言えるが，増幅効率の違いに由来するバイアスや16SrRNAのコピー数の影響等，課題も残っている．他の解析手法も合わせて，今後さらなる技術の発展が期待される．

(4) テトラクロロエチレン汚染地下水の生物処理における微生物生態系評価

汚染サイトは稼動中の工場から地下水にテトラクロロエチレン（以下，PCE）が混入した現場である．緩やかな地下水の流れが確認されたので，汚染サイト

の上流部の井戸(No. 1 井戸)より水素放出剤(以下,HRC)を添加し,嫌気条件下での微生物的脱塩素反応による浄化を試みた(分解機構などは4.6.3項を参照).

No. 1 井戸より約4 m 下流の地点に No. 2 井戸(モニタリング用)を設置し,PCE やその分解物および地下水中の微生物のモニタリングを行った.浄化開始直後200-300ppb あった PCE は HRC 添加後速やかに減少し,その後約400日の時点で20-30ppb に減少した.微生物試料は HRC 添加421日後の地下水を用いた.また,No. 1 井戸の上流方向の離れた地点に No. 3 井戸を設置し,これをコントロール井戸とした.

No. 2 井戸(HRC 処理区下流)では,全菌数が約 5×10^6 cells/mL であり,生菌率は約12%,CTC 染色による呼吸活性を有する細胞数は約16%であった.自家蛍光に基づいたメタン生成菌数は,いずれの井戸においても全細胞の約0.3%であった.呼吸活性を有する細胞とメタン生成菌がともに観察され,地下水中が完全な嫌気状態や完全な好気条件ではなく,土壌粒子のある部分(微小空間)は嫌気状態であり,また,ある部分では好気条件が存在していると考えられた.

HRC を基質として DVC 法を行い,肥大化した細胞を FISH 法に供した(DVC-FISH 法).本実験では全菌数が少なかったため,土壌粒子などの妨害により直接 FISH 法に供することができなかった.このため,HRC 薬剤で培養後,肥大化した細胞を遠心分離で回収して FISH 法に供した.

結果は図11-9に示した.No. 1 井戸(HRC 処理区上流)と No. 3 井戸(コントロール)では No. 3 井戸(コントロール)において「サイトファーガー/フラボバクテリア群」の微生物の割合が多いものの同じような群集構造を示した.これに対して No. 2 井戸(HRC 処理区下流)では「βサブクラス」と「γサブクラス」の微生物の割合が増加していた.

DVC-FISH 法の結果から多様性指数を算出した.No. 1 井戸(HRC 処理区上流)と No. 3 井戸(コントロール)はいずれも0.657であったが,No. 2 井戸(HRC 処理区下流)では0.620に低下していた(多様性が減少していた).

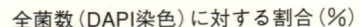

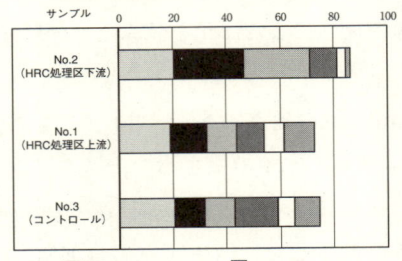

全菌数（DAPI染色）に対する割合（％）

■ αサブクラス　　■ βサブクラス　　■ γサブクラス
■ サイトファーガー/フラボバクテリア群　□ グラム陽性HighG+C　■ その他の真性細菌

注）HRCを基質としてDVC-FISH解析を行った．DAPI染色を行って計測した細胞数を100として各サブクラスの微生物数を相対値で示した．

図11-9　DVC-FISH法による微生物群集構造解析

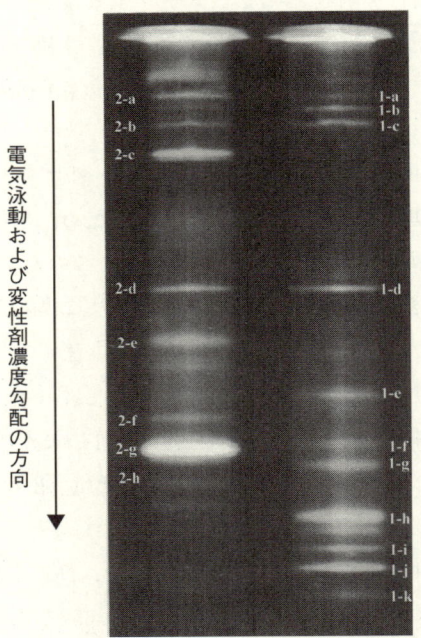

電気泳動および変性剤濃度勾配の方向

図11-10　PCR-DGGE法の結果

第11章 新たな技術展開

　PCR－DGGE法による微生物群集構造解析の結果を図11-10に示した．No. 1 井戸（HRC処理区上流）ではNo. 1 -aからNo. 1 -kの11本の主要DNAバンドと数本の微弱なDNAバンドが観察された．No. 2 井戸（HRC処理区下流）ではNo. 2 -aからNo. 2 -hの8本の主要DNAバンドと数本の微弱なDNAバンドが観察された．特にNo. 2 -fのDNAバンドは他のDNAバンドと比較して著しく強いシグナルを与え，特定の微生物が優占していると考えられた．

　DGGE法の結果から多様性指数を算出した．コントロールは1.26と高い値を示した．No. 1 井戸（HRC処理区上流）とNo. 2 井戸（HRC処理区下流）では各々1.14と0.98であり，特にNo. 2 井戸（HRC処理区下流）では低い値を示した（多様性が減少していた）．

　DVC－FISH法の結果よりNo. 2 井戸（HRC処理区下流）ではβサブクラスおよびγサブクラスの微生物が優占化していることが予測された．しかし，DGGE法で得られた環境クローン（遺伝子としてのみ存在が示されている微生物）の系統解析の結果では，グラム陽性LowG+Cグループ（特に*Bacillus*属）が主に見出され，両方法の結果が矛盾するものとなった．これはβサブクラスおよびγサブクラスに属する微生物が多種類であり（個々の菌株の存在率は低い），グラム陽性LowG+Cグループに属する特定の数種の菌株のみが優占化していたため，これらがDGGE法によりクローズアップされたものと考えられた．

　DGGE法における主要DNAバンドを切り出して，精製した後に塩基配列を解読（シークエンス）した．シークエンスデータは既存のデータベースからの情報とともに近隣結合法による系統樹作製に供した．

　結果は図11-11に示した．No. 1 井戸（HRC処理区上流）から得られた環境クローン（遺伝情報としてはその存在が示唆されるが，実際に分離されていない微生物）は黒字で，No. 2 井戸（HRC処理区下流）から得られた環境クローンは白抜き字で示した．各環境クローンの番号は図11-10のDNAバンドの番号に対応している．

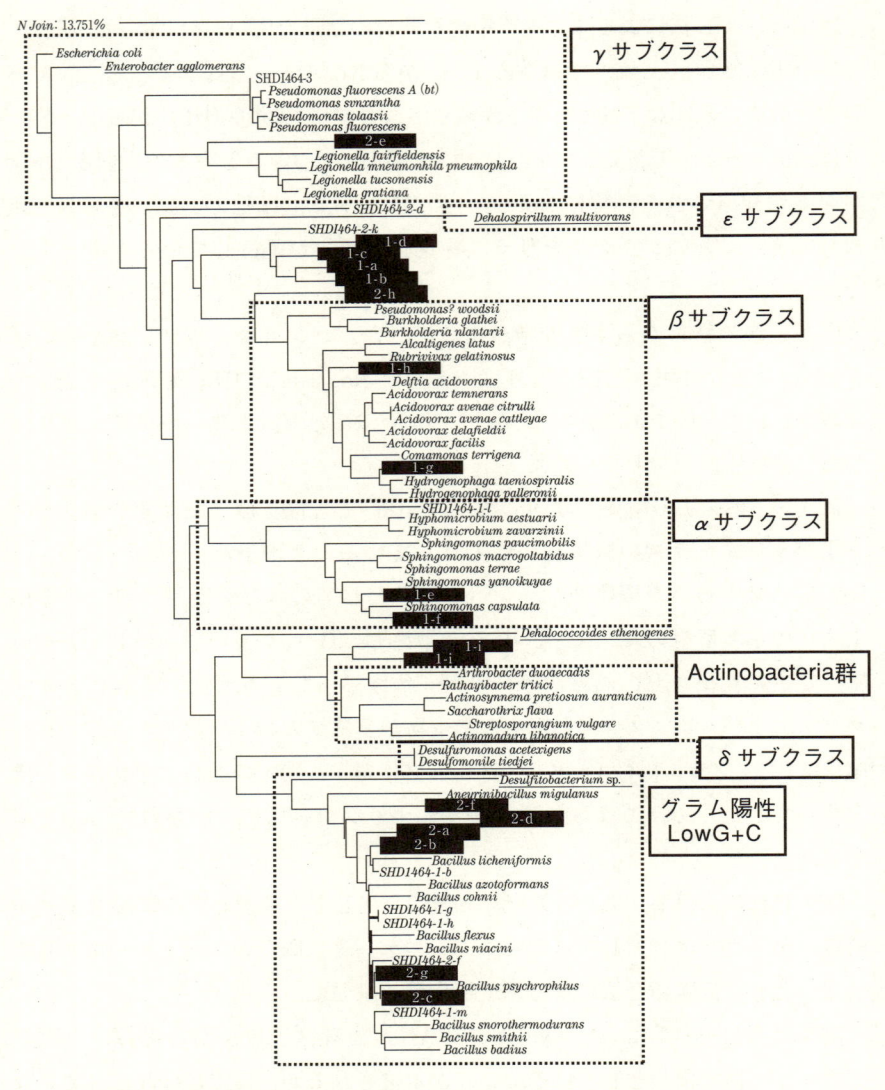

第Ⅲ部　欧米諸国にみる法規制と浄化・修復技術と今後の技術展開

N Join: 13.751%

γサブクラス
- *Escherichia coli*
- *Enterobacter agglomerans*
- SHDI464-3
- *Pseudomonas fluorescens A (bt)*
- *Pseudomonas synxantha*
- *Pseudomonas tolaasii*
- *Pseudomonas fluorescens*
- 2-e
- *Legionella fairfieldensis*
- *Legionella pneumophila pneumophila*
- *Legionella tucsonensis*
- *Legionella gratiana*

εサブクラス
- SHDI464-2-d
- *Dehalospirillum multivorans*

βサブクラス
- SHDI464-2-k
- 1-d
- 1-c
- 1-a
- 1-b
- 2-h
- *Pseudomonas? woodsii*
- *Burkholderia glathei*
- *Burkholderia plantarii*
- *Alcaligenes latus*
- *Rubrivivax gelatinosus*
- 1-h
- *Delftia acidovorans*
- *Acidovorax temnerans*
- *Acidovorax avenae citrulli*
- *Acidovorax avenae cattleyae*
- *Acidovorax delafieldii*
- *Acidovorax facilis*
- *Comamonas terrigena*
- 1-g
- *Hydrogenophaga taeniospiralis*
- *Hydrogenophaga palleronii*

αサブクラス
- SHD1464-1-l
- *Hyphomicrobium aestuarii*
- *Hyphomicrobium zavarzinii*
- *Sphingomonas paucimobilis*
- *Sphingomonas macrogoltabidus*
- *Sphingomonas terrae*
- *Sphingomonas yanoikuyae*
- 1-e
- *Sphingomonas capsulata*
- 1-f

Actinobacteria群
- *Dehalococcoides ethenogenes*
- 1-i
- 1-j
- *Arthrobacter duoaecadis*
- *Rathayibacter tritici*
- *Actinosynnema pretiosum auranticum*
- *Saccharothrix flava*
- *Streptosporangium vulgare*
- *Actinomadura libanotica*

δサブクラス
- *Desulfuromonas acetexigens*
- *Desulfomonile tiedjei*

グラム陽性 LowG+C
- *Desulfitobacterium sp.*
- *Ancyrinibacillus migulanus*
- 2-i
- 2-d
- 2-a
- 2-b
- *Bacillus licheniformis*
- SHDI464-1-b
- *Bacillus azotoformans*
- *Bacillus cohnii*
- SHDI464-1-g
- SHDI464-1-h
- *Bacillus flexus*
- *Bacillus niacini*
- SHDI464-2-f
- 2-g
- *Bacillus psychrophilus*
- 2-c
- SHDI464-1-m
- *Bacillus snorothermodurans*
- *Bacillus smithii*
- *Bacillus badius*

注）DGGE法で得られたDNAバンドは図11-10と同じ番号で示した．
　　嫌気条件における有機塩素化合物の分解活性の報告がある菌株を下線で示した．

図11-11　DGGE法で得られたDNAバンドと近縁種を用いた系統樹

第11章　新たな技術展開

　No.1井戸（HRC処理区上流）から得られた環境クローンはαサブクラス，βサブクラスおよび*Actinobacteria*群の細菌に属した（あるいは近くに位置づけられた）．

　No.2井戸（HRC処理区下流）から得られた環境クローンは，ほとんどがグラム陽性LowG+Cグループに属し，特に*Bacillus*属（枯草菌の仲間）に近縁であると考えられた．図11-10において最も顕著なDNAバンドであるNo.2-gも*Bacillus*属細菌であると考えられた．

　いずれの環境クローンも病原性を有する細菌とは近縁関係になかった．No.2-eは*Legionella*属に近い系統に位置づけられたが，比較的遠い位置でクラスターが分離しており*Legionella*属ではないと考えられた．

　嫌気条件下で有機塩素化合物を分解することが報告されている微生物（*Dehalococcoides ethenogenes, Desulfitobacterium* sp. strain PEC 1, *Dehalospirillum multivorans, Enterobacter agglomerans, Desulfuromonas acetexigens, Desulfomonile tiedjei*）も図11-11に記載した．No.1井戸（HRC処理区上流）およびNo.2井戸（HRC処理区下流）から得られた環境クローンには，これらの微生物と近縁なものは見出せなかった．

11.2　原位置土壌洗浄法

　前述のように，揮発性有機化合物（VOC）による汚染土壌の原位置での浄化に適用される揚水法や土壌ガス吸引法あるいはエアースパージング法などは，一定の効果は期待できるものの完全な浄化は困難である．一方，バイオレメディエーションは高濃度汚染には不向きであり長期間の浄化期間を必要とする．鉄粉を用いた工法においても確実性や費用の面にいまだ課題が残る．

　このような背景のもとに，これまで土木工事において使われてきた機械を改良して土壌を高圧水により原位置で洗浄する方法や負圧（バキューム）の効率的な作用により強力な揚水力を発揮させ浄化を図る工法が開発されている．

第Ⅲ部　欧米諸国にみる法規制と浄化・修復技術と今後の技術展開

11.2.1　高圧水による土壌洗浄法
（1）概要

この方法は，汚染土壌中に高圧水を噴射し，土壌を切削，洗浄してVOCを地下水中へ排出させ，この地下水を揚水して処理する方法である．

本工法の模式図を図11-12に示す．

方法は，回転可能な三重管ロットを注入孔より地中に挿入し，ロットの先端部に取りつけた噴射ノズルを回転させながら，土壌中に高圧水（ジェット水）を噴射する．高圧水には圧縮空気を混入させ浄化効果を高めている．高圧水の圧力は300kgf/cm²程度であり，土壌の強度等によって増減させる．また，土壌中への均等な噴射を行うため，自動運転により一定速度で底部から上部へと噴射させていくしくみである．

洗浄メカニズムは，圧縮空気を含む高圧水が地盤を切削，細粒化して間隙中

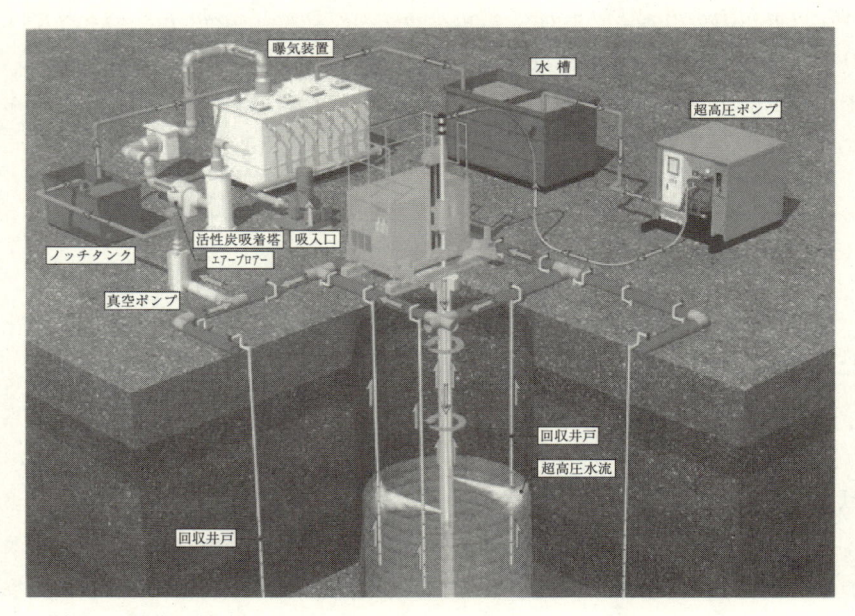

注）田中環境開発提供．

図11-12　高圧水による土壌洗浄法の模式図

第11章 新たな技術展開

に滞留あるいは土粒子に吸着している汚染物質を地下水中へ洗い出すことを基本として，詳細なメカニズムは不明であるが，土壌中に発生する負圧，圧縮空気によるエアーレーション，また，発生する摩擦熱など高圧水のもつ多様な浄化作用が発揮されているものと考えられる．

土壌洗浄により汚染された地下水は，回収井戸で特殊な真空ポンプにより揚水し，曝気槽で処理したのち，高圧水として再利用する．

作業の手順は以下のとおりである．

① 4m四方を1ブロックとして，中心に注入孔（1本），4辺に1m間隔に揚水孔（計14本）を設置し，地表部には揚水孔に負圧をかけ地下水を回収するためのダクトを配管する（図11-12参照）．

② 注入孔に高圧水噴射用ロッドを挿入し，高圧水を土壌中に噴射する．噴射口はロッドの2カ所（対面）にあり，ロッドを回転させながら上昇させる．

③ 噴射終了後，同じ注入孔に注入用ロッドを挿入し，清浄水を低圧力で注入する．同時に周辺の回収井戸から地下水を揚水する．

④ 揚水した地下水は曝気装置においてVOCを活性炭により処理し，固形分は凝集沈殿により分離する．処理水は，高圧水として再利用する．

⑤ 揚水孔で，常時，水質のモニタリングを行う．各揚水孔の地下水のVOC濃度が環境基準値を満足することをもってそのブロックの浄化完了とする．

本工法の特徴をまとめれば以下のようになる．

① 原位置浄化である

掘削除去して，現場で処理する工法や処分場で処分する方法など掘削工事の伴う対策工事と違い設備が小規模であり，浄化プロセスも簡単である．

② 経済的な工法である

浄化剤を使用せず，水を使った工法であるため費用が比較的安い．

③ 短期間に浄化できる

他の原位置浄化工法に比べ，短期間に浄化できる．
④　地下深部の浄化が可能
深度10mを超える地下深部の浄化も可能である．
⑤　粘性土の浄化が可能
浄化が困難とされる粘性土層においても浄化が可能である．
⑥　油汚染土壌，重金属汚染土壌への適用可能性
油汚染土壌，また重金属の汚染土壌への適用も可能である．

（2）　適応事例

トリクロロエチレン（以下，TCE）およびシス-1,2-ジクロロエチレン（以下，cis-1,2-DCE）で汚染された土壌を本工法により浄化した事例について，その結果の一部を図11-13に示す．

地下水中のTCEおよびcis-1,2-DCEの濃度は当初0.4〜0.5mg/Lであっ

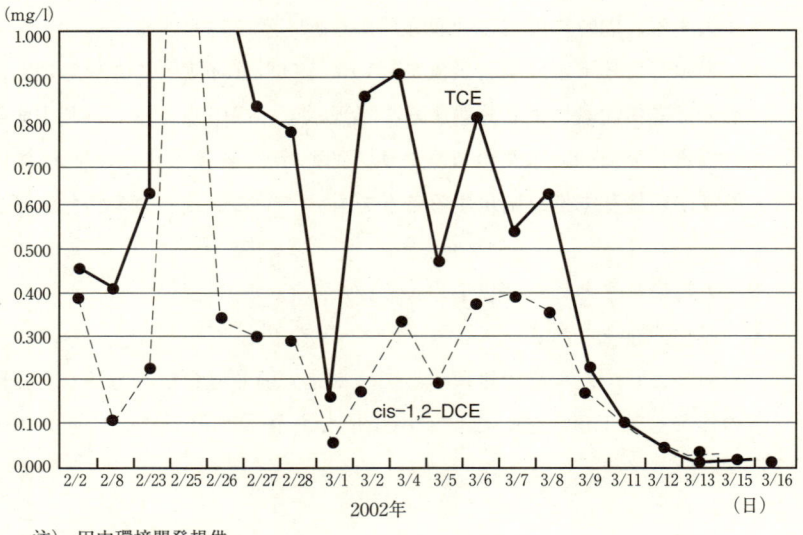

注）　田中環境開発提供．

図11-13　高圧水洗浄による地下水中のVOCの濃度変化

たが，1.5カ月後にはゼロに近い値を示し，その効果が確認される．

洗浄期間中には濃度が1.0mg/Lを超えるなど大きく変動している．この変動の様子は，本工法の特徴を示しており，これまでの揚水法などの工法では初期には高い濃度を示すが，その後は単調減少するのに比べ異なるところである．この原因として，揚水法などにおいては土壌中の水みちが固定されるためであり，本工法においては土壌が攪乱され，このような水みちが少なくなるためであると考えられる．

本工法により地盤沈下および有害物質の拡散が懸念されるが，施工実績より，ともに問題にならないことが確認されている．本工法では，土壌の構造が壊されシルト分などが一部除去されるが，地下水位が低下することはなく地盤沈下は生じないものと判断される．高圧水は前述のように同一地点への噴射時間が制御されているため，高圧水が及ぼす範囲は半径2m程度である．そのため，また，周辺では揚水孔により地下水が汲み上げられる．噴射により有害物質が地下水中に排出されてもその範囲を超えて拡散することは，ほとんどないものと考えられる．

11.2.2　新たな揚水法による浄化法
（1）　スーパーウェルポイント工法

地下水を揚水する工法には，揚水井戸にポンプを設置し重力排水する工法（ディープウェル工法）と揚水管を上部で吸引（バキューム）して地下水を揚水する強制排水工法（ウェルポイント工法）がある．また，揚水量を増加させるため重力排水と強制排水を組み合わせたバキュームディープウェル工法が考案されている．ここで紹介するスーパーウェルポイント工法は，このバキュームディープウェル工法を改良した工法である．

これらの工法を地下水の揚水量から比較すれば，ディープウェル工法は重力排水のため地下水位がポンプ近くまで低下すれば，このときの水位形状に見合った地下水量しか揚水できない．ウェルポイント工法は設置地点の地下水位を通常6m程度しか低下できず，さらに地下水位を下げて揚水量を増加させ

ようとすれば多段の設置が必要である．一方，バキュームディープウェル工法は，バキュームと水中ポンプの機能をうまく組み合わせた工法ではあるが，スクリーンの位置まで地下水位が低下し井戸内に空気が侵入するとバキュームの効果が著しく低下するという難点がある．

そこで，バキュームディープウェル工法のスクリーンを改良し，揚水管への空気の侵入を防止したものがスーパーウェルポイント工法である．これらの比較図を図11-14に示す．スーパーウェルポイント工法では，揚水井戸内への空気の侵入を防止するため特殊なスクリーンを使用しており，これにより吸引力（負圧）の損失を小さくし，集水能力を増大させるものである（図11-15）．

揚水管（ケーシング管）は低部の通水孔を除けば閉じた構造になっており，上部での空気の吸引により管内の水はほぼ真空に近い状態となる．そのため，地下水は通水孔から揚水管内に流入し，これをディープウェルポンプにより地上に汲み上げるしくみである．

揚水管の下端部は巻線ストレーナー管により揚水管を取り囲む二重構造となっている．したがって，巻線ストレーナー管より流入する地下水に空気が侵入したとしても，この両管の空隙において空気は浮上して分離する．そのため，揚水管には空気が侵入することなく，吸引の効果を維持できるのである．

この工法により，従来の揚水法に比べ2～3倍以上の揚水量となり，特にシルト層や粘性土層において効果が著しいことがわかっている．揚水量の増大は地下水流速の増大をもたらし，これらの改善は土壌中の汚染物質の浄化にも効果を発揮すると考えられる．

（2） スイング洗浄工法

通常の揚水工法においても，また本工法においても長期間の揚水が続くと水みちや目詰まりの形成により揚水量が低下することが知られている．このため，圧力水の注入および吸引（揚水）を繰り返すスイング洗浄工法による揚水の改善が図られている．

このスイング洗浄工法では，通常のディープウェル工法の場合，注入する圧

第11章　新たな技術展開

真空度　小　揚水量　小　　　　　　真空度　大　揚水量　大

空気侵入
地下水面
スクリーン
特殊スクリーン
地下水面

バキュームウェルポイント　　　　　　スーパーウェルポイント

注）アサヒテクノ提供．

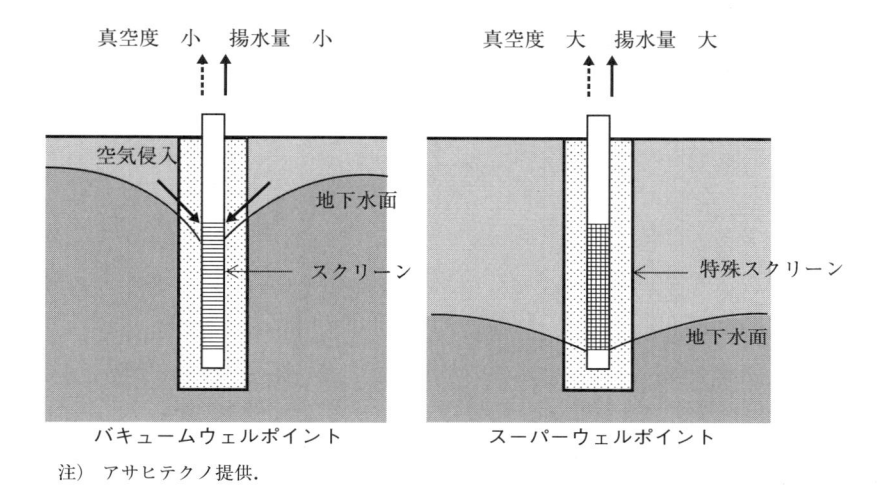

図11-14　スーパーウェルポイント工法とバキュームウェルポイント工法との比較

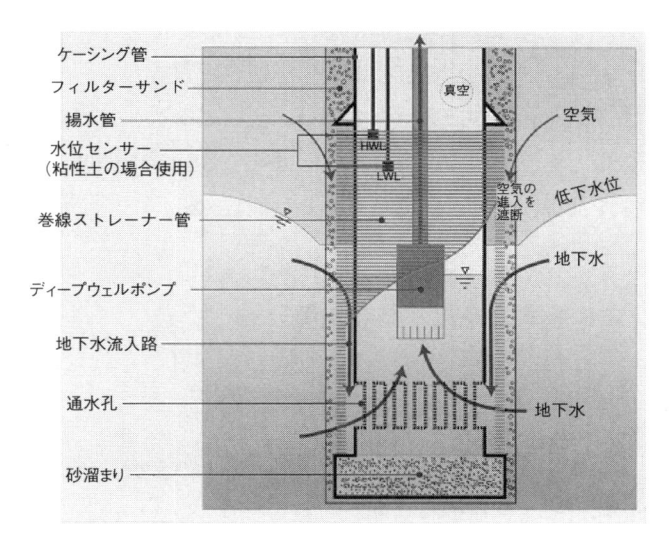

ケーシング管
フィルターサンド
揚水管
水位センサー
（粘性土の場合使用）
巻線ストレーナー管
ディープウェルポンプ
地下水流入路
通水孔
砂溜まり

真空
空気
低下水位
空気の進入を遮断
地下水
地下水
HWL
LWL

注）アサヒテクノ提供．

図11-15　スーパーウェルポイント工法の吸引部（ストレーナー部）

図中ラベル: 圧力水注入 / バキューム吸引 / 交互に繰り返す / 圧力水注入 / 地下水吸引（揚水）

注）アサヒテクノ提供.

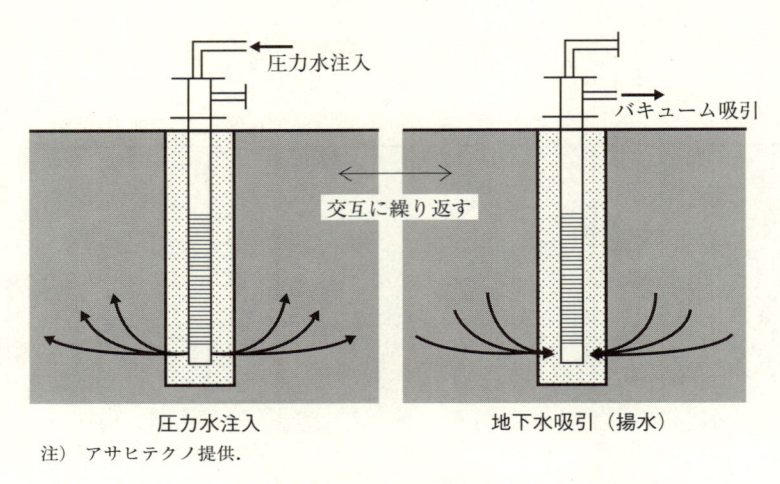

図11-16　スイング洗浄模式図

力水は土壌と揚水管の空隙を上昇しやすいため土壌中へ浸透しにくいが，スーパーウェルポイント工法においては，揚水管底部（50cm(H)）から圧力水が吐出され土壌中へ浸透するため広範囲にわたって改善できる．

この工法により透水係数が改善されるのは，土壌の構造を緩めると同時に土壌中のシルト分などを除去するためであると考えられる．この効果は汚染土壌の浄化にも効果を発揮することが期待される（図11-16）．

11.3　リスク基準の浄化・修復措置

11.3.1　RBCA

（1）RBCAとは

汚染物質に限らず，すべての物質には何らかの毒性がある．例えば，食塩でも一度に大量に摂取すると血液の粘度を高め，体内の浸透圧のバランスを崩して死に至ることがあるという．つまり，物質の危険性は「ある物質の有する危険性（ハザード）」と「その物質に触れる（暴露する）可能性（確率）」の積で表わされる．これが「リスク」である．あらゆる物質に「リスク＝ゼロ」はあ

り得ない．すべての物質には何らかの危険性があるので，人がその物質に暴露する可能性がある限りはリスクをもっていると考えられるからである．例えばトリクロロエチレンの入ったガラス瓶が耐震措置の施された薬品庫（鍵つき）に入っていれば，漏洩の可能性は限りなく小さいので，リスクも限りなく小さくなるのである．しかし，リスクの大きさに関しては，知識レベル，生活スタイル，年齢などの多くの要因によって異なっている．リスクを議論する場合には十分に配慮すべき点である（詳細は12.1節参照）．

ゼロリスクがあり得ない以上，汚染対策は「環境リスク（人的生態的なリスク）の最小化」を目標とせざるを得ない．この「環境リスクの最小化」に立脚した汚染対策手法を Risk-Based Corrective Action(RBCA)と呼ぶ．日本語に訳すと「リスクに基づいた的確な行動（対処）」とでもなるが，ここでは「リスクベース浄化法」と意訳することにする．

（2） 汚染の成立と浄化・修復措置

汚染がリスクであると考えると，汚染の成立には３つの段階が必要となってくる（図11-17）．第１は汚染物質の漏洩（環境への放出）であり，汚染の始ま

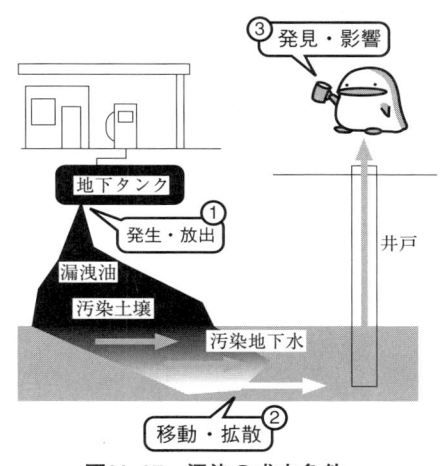

図11-17　汚染の成立条件

りとも言える段階である．第2は汚染物質の移動・拡散であり，地下水や粉塵などを媒介として汚染が広がる段階である．最終段階は人への影響を及ぼす段階である．地下水の異臭や河川での油膜の発生，そして最悪の場合，健康被害にまで及ぶ．また，生態系に影響が及び，それが人の生活に影響を及ぼす可能性も忘れてはならない．

汚染の成立段階がわかると汚染対策の選択肢を増やすことができる．つまり，3つの段階のいずれかについて対策がなされれば，汚染が成立しないのである．第一に考え得る対策は「汚染物質の除去」であるが，これは汚染の初期段階に対する対策と考えられる．確かに「汚染の始まり」をなくす方法であるので，最も根本的で効果的な恒久的対策ではあるが，施工条件や費用の面から実現性の低い場合も考えられる．

第2段階である「汚染物質の移動・拡散」に対する対応策としては封じ込め，不溶化，バリア井戸などがある．ともかく汚染が受容体（レセプター）である人や環境に届かないようにする対策である．この対策は比較的簡単であり，費用も掛からない魅力的な方法であるが，汚染物質が移動しない（レセプターに到達しない）ことを，常時監視する必要がある．

汚染がレセプターに到達しないようにする方法として，例えば汚染された地下水の代わりに上水道を設置することも考えられる．汚染物質が飲料水を経由して摂取されるのを遮断する方法である．日本ではあまりなじみのない対策であるが，海外では例があるようである．

いずれにせよ，汚染物質は存在し移動・拡散する可能性を否定できない．恒久的な対策ではなく，どちらかと言えば応急処置的な性格をもつ．

最終段階であるレセプターに対する対策も考え得る．ともかく汚染現場とレセプターを隔離することであり，汚染現場の封鎖などがこれにあたる．最も大胆なのが，汚染現場の住民を別の土地に転居させる方法である．旧ソビエト連邦でチェルノブイリ原子力発電所の事故の際に採られた対策がこの例である．

しかし，生態系を転居させることは不可能であるので，生態系を経由した人への影響は遮断できない．この対策は最悪の場合に採られる緊急措置と理解し

た方が無難である．

　各段階のみに対策を施すのではなく，組み合わせた対策も有効である．自然減衰法もその１つの技術である．土壌中には多くの微生物が生息しており（１gの土壌当り１億から100億匹といわれる），あらゆる物質の分解能力を潜在的に有している．したがって，時間さえかけることができれば，汚染は自然の分解力（浄化力）によって自然減衰するのである．問題は汚染の移動速度と分解速度の差であり，人為的に移動速度＜分解速度の関係を作ることができれば，汚染はゆっくりと小さくなっていくと考えられる．汚染プルームの除去（部分的除去），汚染拡散の防止および汚染現場の封鎖（レセプターとの隔離）を行うことで莫大な量の汚染土壌を掘削せずに浄化対策（しかも恒久的対策）が可能となるのである（詳細は11．3．2項を参照）．

（３）　アメリカのリスクベース浄化法

　リスクベース浄化法の思想はイギリスで生まれ，アメリカで制度化されたと言われている．アメリカは土壌汚染対策で公的なファンドを導入し，土壌浄化のビジネス化に成功した国である．しかし，ファンドは瞬く間に破綻する様相を見せた．この原因の１つが「過度な対策」にあったと考えられている．必要な浄化措置に対して無限大に近い費用が投入できる環境であったため，「リスク＝ゼロ」を目標とした浄化対策が横行したのである．ファンドが破綻してしまえば，後から発見された深刻な汚染に対しての対策がとれなくなる．この反省からアメリカはリスクベース浄化法の導入に踏み切ったのである．

　アメリカのリスクベース浄化法は３つの階層(tier)で汚染の深刻さと費用対効果（コストパフォーマンス）を検討しながら進められる（図11-18）．コスト的に有効であるならばすぐに浄化・修復措置が実行されるが，そうでない場合は次の階層での検討に移る．第１階層から第２，第３と階層が高次になるにつれて調査項目や検討手法が高度化，複雑化してくる．最終段階ではモンテカルロ法のような数学的シュミレーションを用いて汚染の移動やレセプターへの暴露の可能性をも検討する．したがって，階層が進むにつれて情報量は増大し，

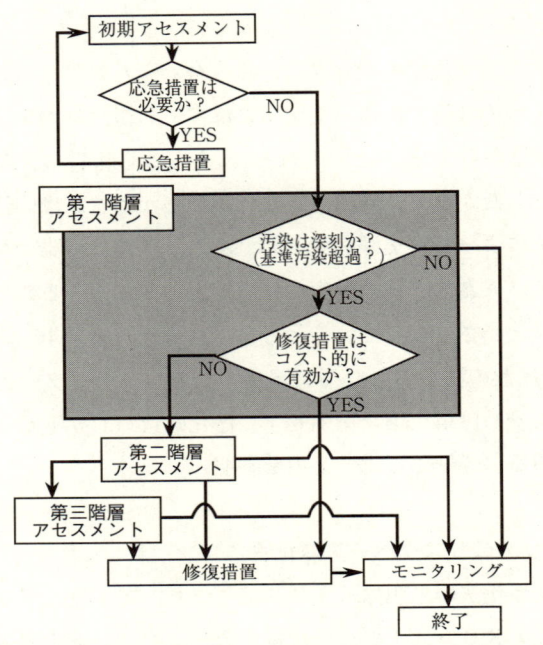

注) 第二，第三階層のアセスメントの内容は基本的に第一階層と同様なので省略してある．

図11-18　アメリカのリスクベース浄化法のフローチャート（概略）

対応の的確性は向上するが，調査費用もこれに比例して大きくなる．反対に浄化・修復措置にかかる費用は減少するが，調査費用を含めた総コストはある段階を極小として低次でも高次でもそれより大きくなる．

　汚染の深刻さと費用対効果を検討する段階では，当然ながら汚染原因者，地域住民，行政の関係者間で利害の不一致が生じる．費用を負担する立場では「可能な限り安く」と主張し，汚染の被害を受ける立場では「可能な限り安全に」と考えるためである．しかし，リスクベース浄化法は関係者間の合意がなければ進まない．この合意形成のプロセスはリスクコミュニケーションと呼ばれ，相互信頼に基づく相互理解と意思疎通の過程である（詳細は12.1節参照）．アメリカではリスクコミュニケーションが発達し，広く社会に受け入れられることにより，リスクベース浄化法もまた根づいているのである．

（4） なぜリスクベース浄化法が必要なのか

　アメリカのファンドの例にように汚染対策にかけられる費用は天井知らずである．費用をかけようと思えばいくらでも投入することができる．しかし，社会的に汚染対策に投入できる費用は有限であり，多くの場合潤沢とは言えない．しかも，汚染はかなりの件数が発見されることが推定できるので，特定の汚染のみに過度な対策を行うことはできないのである．

　日本においてはアメリカのようなファンドもなく，汚染対策費用は汚染原因者（多くは企業）が負担することになっている．しかし，汚染原因者が負担できる費用も無限大ではなく，企業規模や業績などによって制限されてくる．余りにも膨大な費用を強いられて企業そのものがなくなってしまえば，汚染対策は宙に浮いたままとなり，最悪の事態となりかねない．

　一方で地域住民などの被害者（将来において被害者となる可能性のある者）は安全を最優先事項として要求してくるが，「汚染物質の完全除去」が必ずしも総合的な環境リスクを最小化するとは限らない．例えば除去した汚染物質をどこに移動して保管あるいは処理するのか？　その場所での環境リスクどうなるのか？　作業中の安全性は？　といった問題も残される．また，「汚染物質の完全除去」が技術的，費用的に実現性のない場合もあり得る．

　この対立する「安全」と「費用」をバランスさせる手法がリスクベース浄化法である．バランスを成立させるためには，汚染原因者，行政，地域住民などの関係者がリスクコミュニケーションを通じてより良い方法を模索するプロセスが重要である．そして，そのためには，なるべく多くの選択肢を有することが必要である．リスクベース浄化法においては，リスクを多面的に検討するため選択肢を増やすことができる．例えば図11-19のように道路に開いた大きな穴がもたらすリスク（穴に落ちて怪我をする）についても，これを低減させるための方法が3つ想定される．単純に「穴を埋める」だけではなく，橋をかけたり，通行止めにしたりすることも対応策である．

　さらに，各々の対応策には費用面と残存するリスクや対策に付帯するリスクなどの面からの評価が可能となる．例えば，「穴を埋め戻すためには土砂を搬

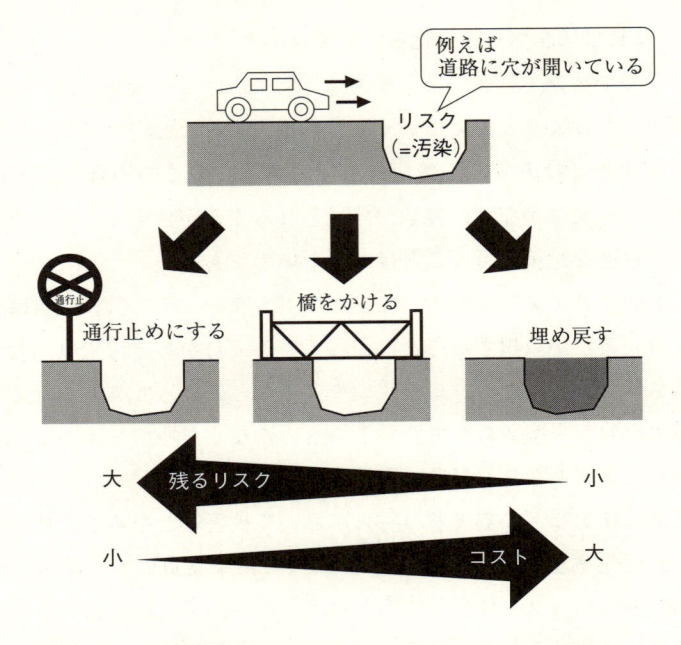

第Ⅲ部　欧米諸国にみる法規制と浄化・修復技術と今後の技術展開

図11-19　Risk-Based Corrective Action に従った対処方法

入するトラックが通り，騒音や振動あるいは交通渋滞が起きる」ことが新たなリスクとして認識される．また，「橋だけでは不安なので，穴の周りにガードレールも設置する」といったよりリスクを低減させる対応策も生まれてくるのである．このようにリスクベース浄化法を導入することで，より少ない費用で，他のリスクにも配慮しつつ，目前のリスクを低減し安全を確保できるのである．

11.3.2　MNA（科学的自然減衰）
（1）MNA とは

MNA(Monitored Natural Attenuation)は1990年代中頃から米国を中心に発展してきた浄化・修復措置に対する新しい概念である．直訳すると"監視された自然減衰（以下，NA）"となるが，わが国では"科学的な検証と監視の下での自然減衰"という意味で「科学的自然減衰」と訳されている[1]．MNA とは，

第11章 新たな技術展開

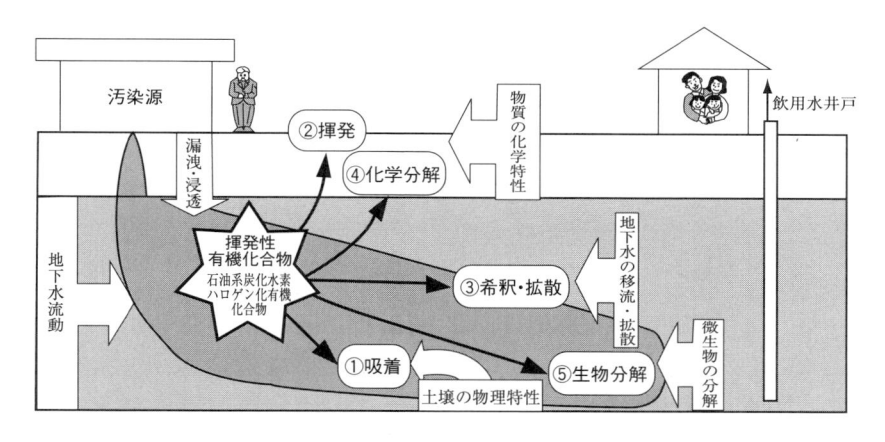

図11-20　帯水層中における有害物質の自然減衰(NA)

　石油類を中心とした易分解性化合物や揮発性有機化合物が自然地盤のもつ自浄作用によって徐々に減少する点に着目した非アクティブな浄化手法[2]であって，図11-20に示すような自然地盤のもつ作用が有害物質の濃度減少に役立つとされている．

　ちなみに，微生物による分解作用(Biodegradation)をアクティブに利用したものがバイオレメディエーションであり，MNAによる浄化・修復において最も重要な要素の1つである．

(2) MNAの発展経緯

　米国におけるMNAの普及と発展は，同国のスーパーファンド法による浄化対策の行き詰まりに起因している．揚水法など工学的な手法による浄化対策では多額の費用が必要な割になかなか浄化が進まない汚染サイトが多く，EPA

---

1) MNAの日本語名称は，㈳土壌環境センター：『MNAに関する調査研究部会報告』，2000年にもあるように，その銘々にはさまざまな意見がある．同報告では暫定的に「科学的自然減衰」と呼称するとしている．
2) 汚染土壌の掘削除去や汚染地下水の揚水曝気処理のように工学的な手法によって積極的に有害物質を除去する措置（対策）に対して，自然のもつ自浄作用（治癒力）を利用した措置を指す．

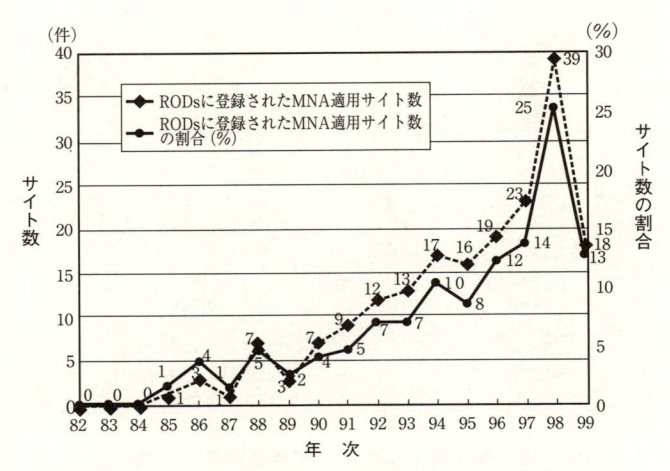

第Ⅲ部 欧米諸国にみる法規制と浄化・修復技術と今後の技術展開

図11-21 RODs登録サイトにおける地下水を対象としたMNA適用状況

注) スーパーファンド・サイトにおける適用状況：1982年～1999年.

もその取り扱いに苦慮する事態となり，事態を解決すべくEPAを中心に1990年代はじめよりバイオレメディエーションによる浄化・修復に関する研究が開始される．また，Battele社が主催する隔年開催のシンポジウムでもNAに関する調査・研究が盛んに発表されるようになった．こうした情勢を受けて，EPAは1996年にMNAに関する市民向けのガイドを作成し，1999年にはMNAによる浄化・修復に関する評価指針書を公布している．こうした行政，業界の動きを反映してMNAを適用するサイトは年々増加し，図11-21に示すように1998年にはRODs年次登録サイトの25%（39件）でMNAを適用する状況となった．

(3) MNAの適用評価

EPAによるMNAの定義は「自然のもつ自浄作用に委ねることによって，汚染物質濃度を人の健康や生態系に対して影響のないレベルまで低減させる．ただし，十分な管理と監視の下，他の浄化手法に比べて妥当な期間内に対象となるサイトに固有の修復目標を達成することが可能であること」とされてい

表11-8　MNAの適用評価のための指標

項　　目	内容と指標としての条件
対象汚染物質	石油類，ハロゲン化有機化合物の種類と濃度
溶存酸素	帯水層の好気的，嫌気的雰囲気の確認指標
硝酸塩(NO_3^-)，亜硝酸塩(NO_2^-)	電子受容体，あるいは微生物の栄養源
全鉄，第二鉄(Fe^{3+})	電子受容体，あるいは微生物の栄養源
硫酸イオン	電子受容体
二酸化炭素	電子受容体および好気/嫌気分解による生成物
アルカリ度	溶存する炭酸塩，重炭酸塩の指標
酸化還元電位	地下水中の酸化・還元反応を把握する指標
全有機化合物	阻害要因および分解生成物の確認
その他	総体的な指標としてpH，水温，電気伝導度等がある

る．したがって，高濃度の土壌汚染や比較的規模の大きいNAPLが存在したり汚染プルームが拡大傾向にある場合，あるいは浄化・修復期間が数十年以上と予想されるサイトに対しては通常適用されない．

実際の汚染サイトにMNAを適用するには，以下に表11-8に示すような対象地の汚染物質や地化学的な条件のほか，水理地質構造および特性値についても確認・評価しておく必要がある．

このほか，微生物による生分解反応を評価するために土壌，帯水層中の微生物の生息数や生息種について生態系評価を行う場合がある（詳細は11．1．2節）．

実際にMNAを適用する場合，汚染物質の到達距離（人の健康被害等を生じないレベルまで汚染物質濃度が低減される距離）と影響期間について検証を行う必要がある．こうした場合，地下水汚染の到達範囲に多数の観測井戸を設置して汚染物質濃度等をモニタリングする方法に加えて，各種のモデルを用いた予測評価を行っている．

EPAはMNAに対する意志決定においてBIOCHLOR[3]等の意志決定支援システムの利用を推奨している．

第Ⅲ部　欧米諸国にみる法規制と浄化・修復技術と今後の技術展開

　BIOCHLOR は MNA サイトの評価以外にも RBCA の階層1における評価等に用いられており，対象地の汚染実態から環境基準等への適合可否を判定し詳細調査の必要の是非，あるいは浄化・修復措置の適用可否を評価するうえでも有用なモデルである．このほか，複数帯水層にまたがる地下水汚染サイトなど複雑な汚染機構をもつサイトに対しては MODFLOW などによる高度な数値解析が適用されることが多い．

（4）　適用事例

　米国の場合，MNA による浄化・修復サイトは1995年以降，石油系物質による汚染サイトを中心に急増している．ただし，MNA を"単なる自然浄化"と誤認して十分な検証と監視を行っていないサイトも多く，改めて MNA の検討・評価方法の是非が問われる事態となっている．こうした中，米国エネルギー省（以下，DOE）では MNA 導入のための診断システム－MNAtoolbox[4]を公開し，MNA 評価とその普及に努めている．

　図11-22は，DOE がまとめた MNA に関する技術的解説書において定義される MNA 適用サイトの概念モデルを示している．MNAtoolbox は，この概念モデルに従って潜在的受容体（例えば，飲用井戸）に対する NA プロセスの評価を行うもので，表11-9に示すパラメータと下記の計算式によって評価を行うことができる．

　MNAtoolbox による MNA 評価（得点）の計算は式11-1による自然減衰値（NAF：Natural Attenuation Fraction）の算定と式11-2による得点計算によって行う．なお，MNAtoolbox では NA を次のように定義している．

---

3)　BIOCHLOR は米国空軍環境先端センター（AFCEE）の依頼により米国 Groundwater Service 社が開発した解析学的モデルである．このモデルは，媒体となる土壌・地下水の特性（主に物理的，水理学的特性）を経験的に求めたドメニコらの研究成果に基づき作成されている．なお，石油類による地下水汚染には BIOSCREEN が開発されており，両モデルとも EPA のホームページ（URL：http://www.epa.gov/）から無料でダウンロードできる．
4)　MNAtoolbox は Sandia 国立研究所によって開発された解析学的なモデルを中心とする MNA 診断システムであり，Sandia 国立研究所のホームページ（URL：http://www.sandia.gov/）にて利用できる．

第11章 新たな技術展開

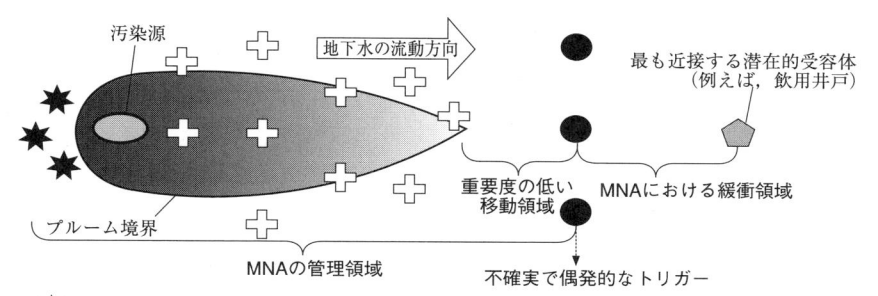

```
汚染源        地下水の流動方向
                        最も近接する潜在的受容体
                        （例えば，飲用井戸）
                重要度の低い   MNAにおける緩衝領域
                移動領域
プルーム境界                   不確実で偶発的なトリガー
        MNAの管理領域
```

★ 周辺井戸：既往汚染源と汚染プルームの水理地質的上流側に配置された井戸
✛ 効果井戸：減衰メカニズムが汚染サイトの概念モデルの予測目的である場合，プルームの範囲と間接的なパラメータの決定のために汚染濃度を追跡するための井戸
● 監視（検出用）井戸：自然減衰プロセスによって予測されない，あるいは偶発的に測定されるMNAを管理する警戒領域の井戸

出典） DOE：*Technical Guidance for the Long-Term Monitoring of Natural Attenuation Remedies at Department of Energy Sites*，1999．（一部加筆）

図11-22　MNA適用サイトの概念モデル

自然減衰(NA) ＝ 希釈 ＋ 吸着 ＋ 不回避な摂取 ＋ 化学変異

（生物分解，放射性崩壊等）

$$NAF = K_h id \frac{K_h id}{IL} + \frac{r_b K_d}{n_e} + \frac{X_{irr} \rho_b}{n_e} + e^{k_2 x/\nu - 1} \qquad 式11\text{-}1$$

$$Score = \frac{NAF}{\left(1 + \dfrac{NAF}{100}\right)} \qquad 式11\text{-}2$$

ここで，K_h：透水係数　　K_d：吸着係数
　　　　i：水位勾配　　　n_e：空隙率
　　　　d：混合領域の深さ　X_{irr}：不回避な吸着
　　　　I：浸透率　　　　K_2：低減定数
　　　　L：汚染源の幅　　x：受容体までの距離
　　　　ρ_b：土壌密度　　ν：地下水流速($=K_h i$)

　マサチューセッツ州におけるベンゼン汚染サイトの場合，PAH，PCBを対象とした汚染土壌の掘削除去に70万ドルの費用がかかっており，MNAによる

表11-9 MNAtoolboxによるMNA評価に必要なパラメータ

パラメータ	単位	備考
透水係数	(m/yr)	帯水層中の流れやすさを表す係数
水位勾配	(m/m)	地下水面の勾配
浸透率	(m/yr)	土壌中に水,汚染物質が浸透する割合
汚染源と平行な流れの距離	(m)	汚染源部とこれを通過する地下水の流れとの接触距離
帯水層の深度	(m)	地下水を賦存する地層の厚さ
帯水層の有効空隙率	(無次元)	土粒子空隙のうち,地下水等が自由に移動できる空隙の割合
分配係数	(L/kg)	係数不明の場合は0と設定
土壌の体積密度	(g/cm^3)	
土壌中の有機炭素の割合	(無次元)	土壌・地層中に含まれる有機物の割合
水-オクタノール分配係数	(L/kg)	例えば,PCE:468,TCE:512,DCE:72-135,ベンゼン:134である
最も近い受容体からの距離	(m)	受容体とは,飲用井戸,親水公園(池)等の人もしくは生態系が暴露する可能性のある場所
半減期 ※公表されている半減期の多くは実験や経験的に求められたものでばらつきがある.	(yr)	主として化学的な分解によるが,経験的な数値にはこれ以外の要素も含まれる
汚染源における汚染物質の最大濃度	(ppm)	汚染源部で検出される汚染物質の最大濃度(含有量値)

出典) Sandia国立研究所:*Site Screening for Monitored Natural Attenuation with MNAtoolbox*, 1998. (一部加筆)

地下水修復・管理費用を合わせると今後に必要となる浄化・修復費用は340万ドルに及ぶと試算されている.このように,MNAの修復・管理における定期モニタリング費用は必ずしも安価でない.したがって,MNAを適切かつ効果的に適用するには,これまで述べた各種予測・評価モデルを利用してサイト修復モデルを立案し,これを合理的に推進するための浄化プロジェクトマネジャー(RPMs)を策定しておくべきである.

わが国におけるMNAは,㈱土壌環境センターMNA調査研究部会と地方

自治体との協力でMNA適用に対する評価手法の検討と一部サイトにおける実証試験が行われている段階である．現時点では，MNAによる浄化・修復は環境省が公式に認めた浄化・修復方法とはなっていないが，揚水法など物理的手法による地下水汚染サイトの多くが環境基準を達成できない状況にあることを考えると，わが国においても近い将来こうしたサイトを中心にMNAによる浄化・修復措置が適用されるものと思われる．

【参考文献】

[1] 環境省報道発表資料：『平成14年度低コスト・低負荷型土壌汚染調査対策技術検討調査の対象技術の採択について』，2002年10月21日．

[2] Glass, D. J.：*U.S.and International Markets for Phytoremediation*，1999−2000，D. Glass Associates，1999．

[3] Baker, A. J. M., Brooks, R. R.："Terrestrial higher plants which hyperaccumulate metalic elements−a review of their distribution, ecology and phytochemistry"，*Biorecovery*，1989，1，pp.81−126．

[4] Blaylock, M. J. *et al.*："Enhanced accumulation of Pb in Indian Mustard by soil applied chelating agents."，*Environ. Sci. Technol.*，1997, 31, pp.860−865．

[5] Hwang, J. W. *et al.*："Phytoremediation of lead−contaminated soil：Role of synthetic chelates in phytoextraction."，*Environ. Sci. Technol.*，1997, 31, pp.800−805．

[6] Blaylock, M. J.：*Field demonstrations of phytoremediation of lead contaminated soils, In：Phytoremediation of trace elements, G.S. Banuelos and N.E. Terry eds.*，Ann Arbor Press, Ann Arbor MI，1999．

[7] Ramos, L. *et al.*："Sequential fractionation of copper, lead, cadomium and zinc in soil from or near Doana National Park"，*J. Environ. Qual.*，1994, 23, pp.50−57．

[8] Blaylock, M. J.："Enhanced Accumulation of Pb in Indian Mustard by Soil−Applied Chelating Agents."，*Environ. Sci. Technol.*，1997, 31, pp.860−865．

[9] Ma, L. Q. et al. : "A ferm that hyperaccumulates arsenic", *Nature*, 2001, 409, p. 579.

[10] CHEN, T. et al. : "Arsenic hyperaccumulator Pteris vittata L. and its arsenic accumulation", *Chinese Science Bulletin*, 2002, Vol. 47, No. 11, pp. 902-905.

[11] 近藤敏仁ら:「モエジマシダ(Pteris vittata)によるヒ素汚染土壌のファイトレメディエーション」,『第9回地下水・土壌汚染とその防止対策に関する研究集会講演集』, 2003年.

[12] Elless, M. P. : *Transgenic Citrate-Producing Plants for Lead Phytoremediation*, EAP National center for Environmental Research, 2002.

[13] Hasegawa, I. et al. : "Genetic improvement of heavy metal tolerance in plant by transfer of the yeast metallotionein gene(CUP 1)", *Plant Soil*, 1997, 196, pp. 277-281.

[14] 伊藤博, 古川正法:「生分解性キレート剤の最新情報」,『ECO INDUSTRY』, 2003年, Vol. 8, No. 1.

[15] 環境庁:『わが国のエコビジネスの市場規模の推計結果について』, 2000年5月26日.

[16] 宮晶子ら:「分子生物学的手法による汚染土壌浄化に係る微生物の解析」,『用水と廃水』, Vol. 45, No. 1, 2003年, 34-38ページ.

[17] 石塚美子ら:「DGGE法による微生物群集構造の解析」,『第16回日本微生物生態学会講演集』, 2000年, 160ページ.

[18] 石井浩介ら:「微生物生態学への変性剤濃度勾配ゲル電気泳動法の応用」,『Microbes and Environments』, Vol. 15, No. 1, 2000年, 59-73ページ.

[19] 杉山純多ら:『新版 微生物実験法』, 講談社サイエンティフィック, 1999年, 72-73ページ.

[20] 木村資生:『分子進化学入門』, 培風館, 1984年.

[21] A. N. Glazer, H. Nikaido 著 (斎藤日向ら共訳):『微生物バイオテクノロジー』, 培風館, 1996年.

[22] 平石明:「微生物の多様性と系統分類」,『水環境学会誌』, 第19巻, 第4号, 1996年, 250-256ページ.

[23]　杉山純多ら:『新版　微生物実験法』,講談社サイエンティフィク,1999年,280－282ページ.

[24]　Kogure K. *et.al.*:"An improved direct viable count method for aquatic bacteria", *Arch. Hydrobiol.*, Vol.102, 1984, pp.117－122.

[25]　染谷孝ら:「生きているが培養できない土壌細菌のDVC法による検出と定量」,『土と微生物』,第48巻,1996年,41ページ.

[26]　杉山純多ら:『新版 微生物実験法』,講談社サイエンティフィック,1999年,260－262ページ

[27]　竹田三恵ら:「高濃度油含有粘性土壌の生物処理（その2）」,『第32回石油・石油化学討論会講演要旨』,2002年,251ページ.

[28]　門倉伸行ら:「遺伝子解析技術利用による油汚染土壌の生物処理評価」,『エコインダストリー』,Vol.7, No.12, 2002年, 32－43ページ.

[29]　中島誠ら:「ポリ乳酸エステルを用いた嫌気性微生物分解の促進による地下水中塩素化脂肪族炭化水素の浄化」,『地下水学会誌』,第44巻,第4号,2002年,295－314ページ.

[30]　茂野俊也ら:「日本に根付くか？　リスクベース浄化法」,『バイオサイエンスとインダストリー』,第58巻,2000年,735－738ページ.

[31]　住友海上リスク総合研究所:『石油漏出サイトに適用されるリスクに基づく修復措置のための標準ガイド』,住友海上リスク総合研究所,2001年.

[32]　中島誠:『土壌・地下水汚染にどう対処するか』,化学工業日報社,2001年,221－228ページ.

[33]　㈳土壌環境センター:『MNAに関する調査研究部会報告書』,2002年.

[34]　EPA:*Use of Monitored Natural Attenuation at Superfund, RCRA Corrective Action, and underground storage tank sites*, 1999.

[35]　DOE:*Technical Guidance for the Long-Term Monitoring of Natural Attenuation Remedies at Department of Energy Sites*, 1999.

12 土壌汚染とリスクコミュニケーション，リスクマネジメント

12.1 リスクコミュニケーション

　多くの場合，「汚染原因者は企業であり，被害者は地域住民である」という関係があり，これより「企業は悪であり，地域住民は善である」というような図式ができ上がってくる．そして目を閉じれば，情報開示を拒む企業とむやみに反対する地域住民の姿が浮かび上がってくる．このような事態になると汚染対策は進められないことになり，汚染拡大が懸念される．環境リスクは増大する一方である．企業にとっても地域住民にとっても最悪のシナリオのみが残される．

　このような最悪の事態を避けるための有効な手法がリスクコミュニケーションである．

12.1.1 リスクとは

　リスクとは，「ある事柄の有する危険性（ハザード）」と「その事柄の起こる可能性（確率）」の積である．すべての事象に何らかの危険性があり，その事象がともかく起こり得るのであれば，リスクはゼロではない．土壌汚染に関しても，すべての物質には何らかの危険性があるので，人がその物質に暴露する可能性がある限りはリスクをもっていると考えられる．例えば一般に安全とされているブドウ糖や塩であっても短時間に大量に摂取すれば死に至ることもある．

　土壌汚染も汚染物質の毒性のみ問題なのではなく，あくまでも汚染に暴露する可能性（確率）を考慮する必要がある．そして汚染対策は環境リスク（人的生態的環境に対するリスク）を最小限にすることを最終目標とすべきであり，汚染物質を除去することのみが最善の方法ではない．

　しかし，一方でリスクの大きさはその現れ方などで，過大に受け止められる

第12章　土壌汚染とリスクコミュニケーション，リスクマネジメント

場合がある．例えば「予期せぬリスク」である．自動車の運転中に見通しの悪い交差点で対向車などに会ったとき，必要以上に驚くにはこの種の心理状態である．土壌汚染はこれに相当し，仮にわずかな汚染であっても地域住民は，甚大な汚染と受け取ることがある．また自らの意思や努力で避けられないリスクも過大に受け止められるリスクである．例えば，自動車事故による死亡リスクは1万分の1程度であり，有害物質の許容摂取量の根拠とされる10万分の1よりも10倍も高い値である．しかし，「自分が気をつけていれば自動車を避けることができる」と多くの人が思っているので，リスクとしてはそれほど甚大なものと考えられていない．これと反対の心理で自らの意思や努力で避けられないリスクは甚大に感じてしまう．

この他にも生活スタイル，年齢，知識レベル，性別，宗教観などによってリスクに対する考え方や価値観は異なる．

このように，リスクに関する明確な定義があるにもかかわらず，リスクの大小はその現れ方や個人の考え方に大きく影響される．スムーズな汚染対策には関係者（行政，企業，地域住民など）の足並みが揃うことが重要であるが，リスクに対する考え方が異なっていれば，「環境リスク最小」を統一目標としても，関係者間で意見の一致が見られない可能性が大きい．したがって，円滑な汚染対策のためには第一にリスクに関する意見統一が重要である．ここに関係者間での協議と合意，そして，それに至るリスクコミュニケーションの重要性がある．

12.1.2　リスクコミュニケーションとは

リスクコミュニケーションとは「リスク」を主題とした「コミュニケーション」である．コミュニケーションである限り報告会や公聴会のような一方的な情報や意見の伝達ではなく，関係者の相互信頼と相互理解に基づく意思疎通の形成の場（あるいはそれに至るプロセス）である．相手の行為に関して理解がなければ，不要な心配や不安は増大し，信頼関係が崩れる．信頼関係がない状態ではお互いに排除する方向に力が働き，余計な混乱の引き金となるのであ

る．汚染は地域住民にとっては，予期せぬリスクであり，また，自らの意思や努力で避けられないリスクでもある．汚染対策の現場で地域住民とのトラブルが起きて，重機の搬入が阻止されたり，工事に関する苦情がもち込まれたりするのはこのためである．

　同じリスクに対する関係者がリスクコミュニケーションにおいて，そのリスクに関する知識と情報を蓄えることで理解が深まる．そして共通の理解のうえで意思疎通が図られることで，リスク低減のためのより良い方向性を模索する行動が起こるのである．いかなる理由であれ汚染が対策されずに残されるのは行政，地域住民そして企業にとって望ましくないことである．このことに気づいて関係者が何をすべきなのかが明確にされるのもリスクコミュニケーションの結果である．つまり，関係者の「対立関係」を「共同・協調関係」に変換させるのがリスクコミュニケーションである．

　リスクコミュニケーションはこのような意思疎通を形成する過程のことであり，必ずしも関係者の合意を得ることを目的とはしていない．しかし，関係者の合意が得られることは歓迎すべき結果であり，何よりも「リスク低減策（この場合は汚染対策）」が関係者全員のかかわるプロジェクトとなることで協力と円滑な遂行が期待できる．

12.1.3　リスクコミュニケーションに必要な事柄

　日本企業の多くがリスクコミュニケーションを苦手としていると考えられている．その理由をリスクコミュニケーションに必要な事柄を列挙しながら考察してみよう．

　例えば，日常私達が隣人や会社の同僚などとコミュニケーションをとる場合を想像してみよう．まず，お互いにどういう素性の人間かについての情報を提供する．自己紹介である．ここで嘘をついたり隠しごとをする人は信頼されずコミュニケーションの輪から外されることとなる．隣人や会社の同僚の場合は，「同じ地域の住民」とか「同じ会社の社員」という仲間意識から自然と信頼感が生まれ，比較的短い期間でコミュニケーションが形成される．逆に偶然

に出くわした見ず知らず人とコミュニケーションを形成することのむずかしさは，信頼関係の希薄さにある．このようにコミュニケーションにおいて情報開示と信頼は極めて重要な事柄である．日本企業においては不都合な情報を隠蔽する傾向にあるが，これはリスクコミュニケーションを根底から否定する行動である．

　相手が外国人の場合はどうであろうか？　まずどの言語（英語，フランス語など）で話をするかが問題となる．日本語なら問題は少ないが，英語ではやや不安が残る．アラビア語を話しかけられたら…．このように外国人と上手にコミュニケーションがとれないのは共通に理解できる言葉がないからと言える．日本人同士でも同様なことが専門用語を多用するような場合や同じ略称，略号を別の意味で理解している場合などは起こる．つまり，コミュニケーションには共通の（お互いに理解できる）言葉と知識レベルが不可欠なのである．しかし，企業と地域住民では日常的に使う言葉にかなりの差があり，この差はすぐには埋まらない．お互いに「その言葉使いが当たり前」と思っているためである．日本企業においてもこの傾向は認められ，平易な言葉で説明する能力に欠けている場合が多い．例えば「環境基準値」と言ってもその意味するところは企業の環境担当者と地域住民ではまったく異なる．「守るべき基準値」と考えている人と「超えたら危ない値」と思っている人とでは共通の認識がもてないのは当然である．このギャップを埋めるために専門知識を有した第三者的な立場の解説者（あるいは翻訳者）が必要とされている．リスクコミュニケーターと呼ばれる人材であり，ちょうど外国語の通訳のような働きをする．環境省などで人材育成を進めているが，日本ではまだまだ不足している．

12.1.4　リスクコミュニケーションのプロセス

　リスクコミュニケーションは決められたプロセスではない．関係者がお互いの価値観や知識レベルの違いを乗り越えて相互理解する過程であり，その進め方は個々のケースで異なることが予想される．以下のプロセス（図12-1）は標準的，理想的なものと理解してもらいたい．

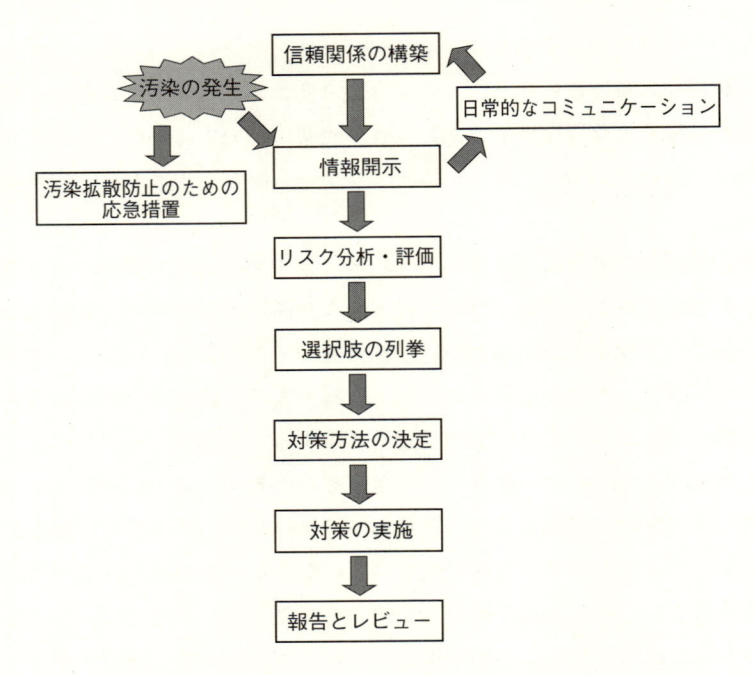

第Ⅲ部　欧米諸国にみる法規制と浄化・修復技術と今後の技術展開

図12-1　リスクコミュニケーションのプロセスの例

　リスクコミュニケーションの基本は信頼関係である．汚染原因者は汚染が発見された場合，速やかに情報を開示し，説明をして理解を得るようにしなくてはならない．ここで信頼関係を築けないとリスクコミュニケーションは失敗である．わかっている事柄とわかっていない事柄を明確にして，地域住民からの要求にはなるべく答えるように努力することが必要である．汚染物質に関する毒性データーや物理化学的性状などの基本的な情報収集と汚染状況（汚染濃度と汚染分布など）の把握および汚染原因の推定などは不可欠である．また，同時に汚染拡大防止のための応急処置も忘れてはならない．
　信頼関係は一朝一夕には築けないものであり，企業として日頃から地域住民とのコミュニケーションの場（見学会や広報活動など）を作っておくことが望ましい．

次の段階は汚染に関するリスク分析と評価である．当面考えられる危険性を洗い出し，それらの事象の起こりやすさを考慮してリスク分析を行い，対策の優先順位をつける．この段階でも地域住民や行政の代表者を参加させることが重要である．また専門的な知識を有する学識経験者やなどの参加も有効である．

対策の優先順位が決定したら，それを実現する方法の選択肢を列挙する．方法の実現性，期待される効果，コスト，問題点なども合わせて検討する．方法の評価や選抜は行わずに，なるべく多くの選択肢を挙げることが重要である．

次に列挙された選択肢から実現可能なものを選び，最終的に実施する方法を決定する．「環境リスク最小」を目標に，費用対効果なども考慮して実際的な方法を選択する．

対策方法が決定したら，計画を立てて実行に移る．対策実行にあたっては定期的な報告とレビューを行うことが望ましい．予期せぬ不都合が生じた場合は関係者で協議して，計画の修正など必要な措置を採るようにする．

汚染対策が完了したら，最終的な報告とレビューを行う．対策方法によっては継続的な監視が必要な場合もあり，今後の行動計画を確認する．再発防止策などに関しても話し合う機会にすることが望ましい．

リスクコミュニケーションにおいては初期段階から最終段階まで地域住民や行政などの関係者を関与させることが重要である．日本の企業では「素人を関与させると間違った方向に進んでしまう」などの考え方が根強いが，知識と情報の共有化や相互理解の過程に十分な時間を費やすことで，必ず適切な方向へ意見集約がなされるはずである．また無駄な誤解や不理解を生じさせないためにもリスクコミュニケーターの活用は有効な手段である．

12.2　リスクマネジメントと企業経営

これまでわが国の企業には，明確な根拠もなく「土地は安全である」という思い込みがあった．しかし，土壌汚染という"新たな土地問題"が，企業経営

にとって大きなリスクとして出現したのである．

12.2.1　2つの土地神話の消滅
(1)　地価神話と安全神話
　わが国には2つの土地神話があった．1つは「地価は決して下がらない」という思い込みである．この地価神話はバブル崩壊とともにすでに消滅したが，地価下落により多くの金融機関や企業が不良債権や不良資産を抱え，財務体質改善に今なお苦慮している．もう1つの土地神話は，本書のテーマとも関係の深い「土地は安全である」という思い込みである．わが国では高度成長期の産業公害は克服しつつあるものの，これまで土壌汚染や地下水汚染にはあまり関心が向けられなかった．
　最近では，わが国でも外資系の金融機関や企業による土地売買やM&Aが増えてきたが，事前に必ず土壌汚染の調査を行う．汚染が判明した場合には，浄化費用などが取引価格に反映され，最悪，取引や契約そのものが成立しない．このような状況を見聞し，また環境意識の高まりを背景に，本邦企業でも必ずしも土地売買のためではないが，自社所有地の土壌汚染調査を行う企業が増えている（図12-2参照）．これは明らかに土地の安全神話の崩壊を意味する．

(2)　企業の土地観の変化
　本来，土地の価値はその利用価値や"品質"に応じて個別に評価されるべきものである．これまでわが国の土地の価値を大きく左右してきたのは，「将来どれくらい値上がりするのか」，あるいは「どれだけの担保価値があるのか」ということであった．このような土地観が最も強くなったのは，1990年前後のバブル期である．しかし，もはや全国一律の地価上昇は期待できなくなったため，企業は単なる資産価値の上昇やキャピタルゲインを意識した土地の所有志向から，利用価値に着目した土地観へと変化している．
　他方，わが国でも2003年2月に土壌汚染対策法が施行され，やっと市街地の土壌汚染を直接規制する法律が成立した．かつては土地が汚染されていても，

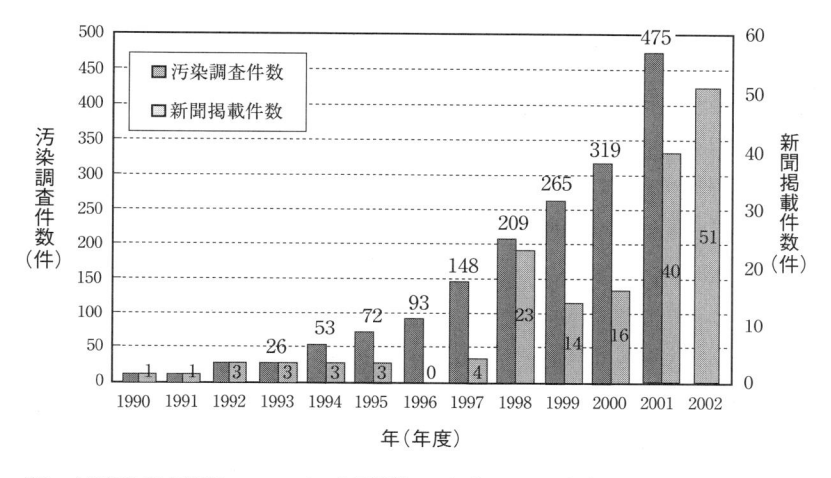

第12章　土壌汚染とリスクコミュニケーション，リスクマネジメント

注）土壌汚染調査件数については，全国総数ではなくSCSC研究会実施の件数であるが，事情があって報告されていない事例もあり実際はさらに多くなる．新聞掲載件数には土壌汚染と地下水汚染を含む．
出典）汚染調査件数（年度）：SCSC研究会による技術使用報告．
　　　新聞掲載件数（年）：日経4紙からニッセイ基礎研究所にて作成．

図12-2　土壌汚染の調査件数と新聞掲載件数の推移

その影響が自分の土地に留まっている限り法的責任は発生しなかったため，土壌汚染は土地利用や土地売買において重要視されなかった．しかし，環境問題が企業経営に大きな影響を与えかねないという認識とともに，土壌汚染は企業の重要な経営リスクの1つであることがわかってきたのである．

12.2.2　土壌汚染の及ぼす影響
（1）　急増する"市街地の土壌汚染"の表面化

かつて，わが国において土壌汚染が問題となったのは，大半が農用地であった．これに対して，近年急増しているのが市街地における土壌汚染の表面化である．いちいち事件と呼ぶには事例が多すぎるが，工場跡地の再開発や地下水の監視などによって顕在化した．この背景には，産業構造の変化に伴う都市部における工業用地の住宅用地や商業・業務用地への用途転換がある．特に，1960～70年代に稼動していた工場や産業廃棄物処分場などの跡地では，当時，土壌

汚染の明確な概念が存在しなかったために，汚染の可能性を否定できない．

1990年以降の新聞報道された市街地の土壌汚染件数の推移（図12-2参照）を見ると，1998年頃から掲載件数が急増していることがわかる．アメリカでは汚染された（あるいは疑いのある）土地はブラウンフィールドと呼ばれ，連邦政府や州政府の登録件数だけでも約38万件あるが，全体では約50万件と言われる．ドイツでは約26万件，オランダでは約11万件である．

一方，環境省によればわが国では調査事例が約1100件となっている．欧米と桁が違うが，わが国の土壌汚染が少ないわけではなく，調査や情報開示が進んでいないために全体像がつかめないというのが実態である．土壌環境センターの試算によれば，わが国において調査が必要な場所は44万カ所といわれている．

（2） 土壌汚染と土地の有効利用・流動化

企業に土壌汚染対策を迫るのは，環境規制の強化だけではない．減損会計の導入も予定される中で，長引く不況やデフレが企業に遊休化した土地をもち続けることを困難にしている．それゆえ，工場閉鎖などに伴う跡地売却の動きが加速されるのは確実である．しかし，新たな用途を見つけても土壌汚染が判明した場合には，利用制限や用途変更を余儀なくされるだけでなく汚染浄化費用も必要となる．

さらに，最近注目されている不動産の証券化は，保有不動産を小口化して投資家から資金を調達する新たな不動産投資手法であるが，実は土壌汚染との関係を無視できない．なぜなら，投資家から広く資金を募るには，当該不動産事業の収益性を明示することになるが，その不動産自体の精査・評価（デュー・デリジェンス）において土壌汚染の有無は重要な評価要素となるからである．

以上のことから，土壌汚染が土地の有効利用や流動化において重要課題となり，土地の評価を決定する重大な要素となってきたことは明らかである．図12-3は土壌汚染の表面化の要因と影響を示したものである．

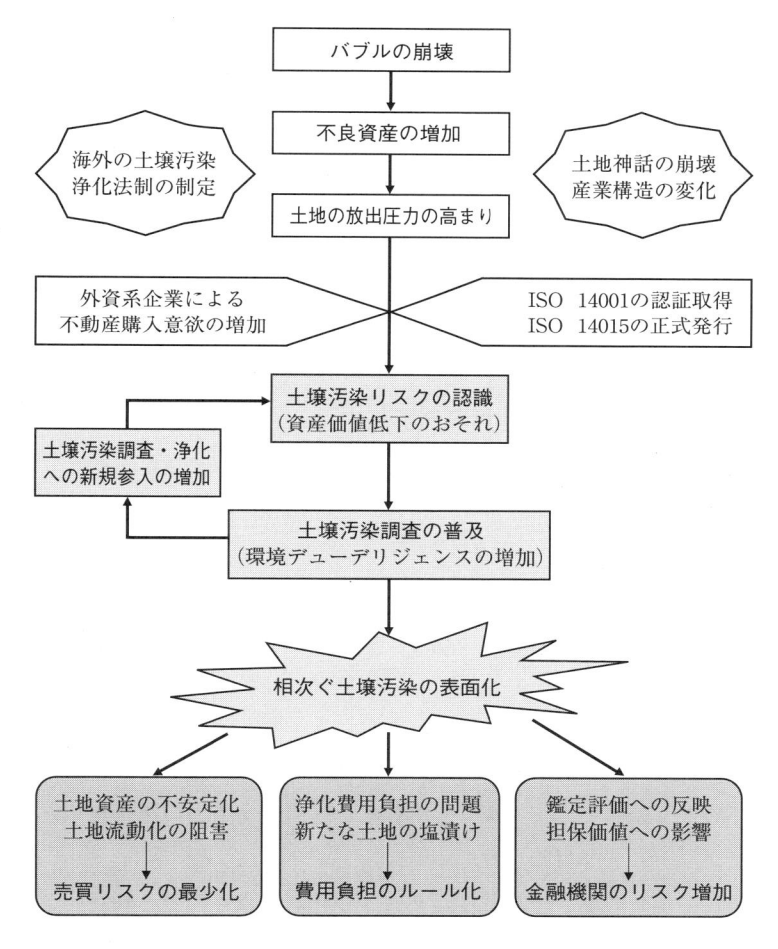

第12章 土壌汚染とリスクコミュニケーション，リスクマネジメント

```
                    ┌──────────────┐
                    │ バブルの崩壊 │
                    └──────┬───────┘
                           ↓
                    ┌──────────────┐
┌──────────────┐   │ 不良資産の増加 │   ┌──────────────┐
│ 海外の土壌汚染│   └──────┬───────┘   │ 土地神話の崩壊│
│ 浄化法制の制定│          ↓            │ 産業構造の変化│
└──────────────┘   ┌──────────────┐   └──────────────┘
                    │土地の放出圧力の高まり│
                    └──────┬───────┘
                           ↓
    ┌──────────────┐       ┌──────────────┐
    │ 外資系企業による│      │ ISO 14001の認証取得│
    │ 不動産購入意欲の増加│  │ ISO 14015の正式発行│
    └──────┬───────┘       └──────┬───────┘
           ↓                       ↓
                ┌──────────────────┐
                │ 土壌汚染リスクの認識 │
          ┌────→│ （資産価値低下のおそれ）│
          │     └──────┬───────────┘
    ┌─────┴────┐       ↓
    │土壌汚染調査・浄化│
    │への新規参入の増加│
    └─────┬────┘       
          │     ┌──────────────────┐
          └─────│ 土壌汚染調査の普及   │
                │ （環境デューデリジェンスの増加）│
                └──────┬───────────┘
                       ↓
              ┌────────────────┐
              │ 相次ぐ土壌汚染の表面化 │
              └────────────────┘
       ↙              ↓              ↘
┌──────────┐   ┌──────────┐   ┌──────────┐
│土地資産の不安定化│ │浄化費用負担の問題│ │鑑定評価への反映│
│土地流動化の阻害 │ │新たな土地の塩漬け│ │担保価値への影響│
│          │   │          │   │          │
│売買リスクの最少化│ │費用負担のルール化│ │金融機関のリスク増加│
└──────────┘   └──────────┘   └──────────┘
```

注）ニッセイ基礎研究所にて作成．

図12-3 わが国における「土壌汚染」の表面化の要因と影響

（3）　土壌汚染と不動産鑑定

　わが国の不動産鑑定においては，これまでも土壌汚染をどう反映させるかについて議論があった．公的な地価公示などでは実績がないといわれるが，民間取引においては実際に土壌汚染に遭遇し，その評価方法の確立が必要であると

349

する不動産鑑定士も少なかったという.

　汚染地の鑑定評価では,浄化費用だけでなくイメージ低下によるマイナス査定も行われ,企業の保有する土地の資産価値は下落する.それは金融機関にとっても担保価値の低下を意味し,「貸し手リスク」が増大するため一部の金融機関では明確な評価基準を模索している.このような状況をふまえて,2003年1月からは土壌汚染を反映した新不動産鑑定基準が適用されるようになった.また,宅地建物取引業法の施行規則の改正により,土壌汚染を「重要事項」としての説明が義務化された.

(4) 土壌汚染リスクの具体事例

　わが国で最も象徴的な土壌汚染事例の1つは,2000年2月に大阪府豊中市のマンション建設現場（3400m^2）で表面化した有害化学物質群によるものであろう.環境基準を超えていたのはPCB,ヒ素,全シアン,水銀,トリクロロエチレンなどの9物質であるが,検出された有害物質は24種類であった.

　この現場は1960年代後半には産業廃棄物処分場であったことが判明したが,1970年の廃棄物処理法の制定前（届出制度は1977年から）であったため,規制の対象外であった.このマンション分譲を計画していた不動産会社は将来の居住者への被害発生を回避するため,汚染原因者が特定されないまま,ほぼ完成していた9階建てマンションを解体した.現在,この現場は更地となり,表面はアスファルトで封印されている.

　汚染物質の種類の多さと高濃度ゆえに,浄化対策は不可能と判断せざるを得なかったようである.汚染判明当時,すでに分譲開始されていたが,周辺住民にも説明したうえで,分譲の受付を取りやめた.そして同社は,「土地購入の時点で,産業廃棄物処分場跡地とは知らされていなかった」として,前の土地所有者に対して土地売買契約の無効を求める決断をしたのである.

12.2.3 土壌汚染とリスクマネジメント
（1） 事業会社の土壌汚染リスク

一般の事業会社における土壌汚染リスクは，すでに述べてきたように，まず自社所有地の有効利用や流動化における利用制限や資産価値下落である．別の視点からは，工場や作業所などの事業所の近隣住民による安全確認や調査・浄化の要求も考えられる．さらに今後問題となるのは，自社内で土壌汚染を把握していたにもかかわらず，利害関係者に対して適時・適切に情報開示しなかったことによる信頼性失墜や社会的制裁である．

土壌汚染対策法が成立したとはいえ，法令遵守だけでは不十分となる可能性もある．同法では土地の所有者や改変者に汚染調査を義務づけているが，人の健康被害防止を主眼とし，またコスト負担抑制を視野に入れているため，汚染が判明した場合には必ずしも抜本的な浄化を求めず覆土や封じ込めも可としている．しかし，実際の土地取引では将来の汚染リスク回避のために，完全浄化（環境基準以内の処理）を前提として行われている．例えば，不動産協会のガイドライン「マンション事業における土壌汚染対策について」では，売り主の責任で調査と浄化を契約に定めることを推奨している．

これは土壌汚染対策法の規制内容と土地取引の実態との乖離性を示すもので，一種のダブルスタンダードが存在することになり，今後の土地活用や流動化の新たな阻害要因となる可能性も否定できない．それゆえ，単純なコンプライアンスだけでは済まない状況を十分に理解しておく必要がある．

（2） 金融機関の土壌汚染リスク

一般に金融業は土壌汚染に最も遠い業種と考えられているが，実は金融機関が最も多くの土壌汚染リスクを抱えているのである．確かに，金融業は直接的な有害化学物質の排出とは無縁である．しかし，投資・融資を通じて製造業，エネルギー供給業，建設業などの事業会社の抱える土壌汚染リスクと密接につながっており，「投融資の数だけ土壌汚染リスクがある」といっても過言ではない．

1980年代の米国ではスーパーファンド法に基づき銀行が貸し手責任を問われ，相次ぐ訴訟で負けて甚大な損害を被った．同法では融資先企業の経営に関与した金融機関も汚染浄化・修復義務があるとされ，米国の銀行の土壌汚染認識は大きく変化し，投融資の際の土壌汚染調査は常識となった．「借り手」の土壌汚染リスクが大きくなれば，"環境不良債権"ともいうべき「貸し手」のリスクも増大する．それゆえ金融機関にとっては，投融資先の土壌汚染リスクにより自らが損害を被るリスクの発見・評価・回避が不可欠である．

UNEP（国連環境計画）では「貸し手」の土壌汚染リスクとして次のような項目を挙げている．①有害廃棄物による人的被害や物的被害による損害賠償責任，②不動産など担保物件の汚染判明時の担保価値低下，③汚染浄化費用や課徴金の発生による「借り手」の返済能力低下と財務不健全化，④汚染浄化費用の支払いが他の借入れ返済に優先する法的要請，⑤担保権行使により土地所有者となった場合の経営関与に伴う浄化費用負担や損害賠償責任．

（3） 環境リスクマネジメント

企業活動の国際化・情報化・多様化が進み，企業の経営リスクは質的に変化している．特に，経営判断の誤りによる負担増・損害，あるいは企業活動の結果による賠償責任や社会的制裁などの新たなリスクが高まっており，経営者の洞察力が問われている．中でも「企業の環境リスク」の高まりは著しく，それは企業が環境問題やその可能性への対応や配慮を誤ることにより，機会喪失や損害を被ったり経営を危うくするリスクと定義できる．その代表格が土壌汚染である．

企業の環境リスクには，相互に関連する「現行法令リスク」「規制強化リスク」「市場的・社会的リスク」の3種が考えられる．このような環境リスクが顕在化したとき，事業機会喪失，売上高減少，コスト増加，追加費用負担という形で企業に経済的・社会的損害を与える（表12-1参照）．

いうまでもなく，企業の環境リスクへの対処は経営全体のリスクマネジメントの一環として実施すべきではあるが，ここでは環境リスクマネジメントの基

第12章 土壌汚染とリスクコミュニケーション，リスクマネジメント

表12-1 経済的損害形態別に見た「企業の環境リスク」

	現行法令リスク	規制強化リスク	市場的・社会的リスク
経済的損害	遵守すべき環境法令に対する法的制裁やそれに起因する経済的損害	現行法令リスクの延長線上にある環境規制強化に伴うリスク	法令によらない市場における排除・淘汰や財務的損害，社会的制裁や信用力喪失
事業機会喪失	●罰金，禁固 ●事業の中断 ●事業の撤退	●同左の増大 ●新規分野参入の遅れ ●技術開発の遅れ ●規制強化の対応不能	●顧客の環境意識変化 ●資金調達の困難化 ●不動産の資産価値低下 ●環境格付の信用低下
売上高減少	●商品構成の変更 ●操業停止，営業停止	●同左の増大 ●操業悪化	●不買運動，商品ボイコット ●グリーン調達による排除
コスト増加	●商品の再設計 ●事業プロセスの変更 ●原材料，部品の変更 ●廃棄物処理の強化 ●有害物質の適性処理 ●再資源化，再商品化	●同左の増大 ●拡大生産者責任の強化 ●温暖化ガス規制の強化 ●土壌汚染対策の強化 ●有害物質規制の強化 ●環境税，炭素税の導入	●排出量取引の拡大 ●リサイクル性向上の要求 ●長寿命化の要求 ●環境情報開示の要求
追加費用負担	●汚染調査費用 ●原状復帰，浄化費用 ●賠償責任負担	●同左の増大 ●商品の環境責任の増大	●汚染土地売買の不成立 ●企業合併，買収の不成立 ●投融資の不良債権化 ●融資者の貸手責任

注) ニッセイ基礎研究所にて作成．

本的な考え方を提示する．環境リスクマネジメントとは，「事業活動に伴う環境リスクの特定・推定・評価を行い，リスクの適切な回避・低減策を講じ，経済的・社会的損害を最小化すること」である．

そのためには，まず Plan-Do-Check-Action のマネジメント・サイクルを組み込んだ全社的な環境リスクマネジメント体制を構築する必要がある（表12-2）．そのうえで，すでに社内で認識されている環境リスクや課題に対応して，直接的なコスト増や費用負担を回避・低減すべく対策を講じなければならない．これを「リアクティブなリスク対応」と呼ぶ．他方，やや長期的な視点から環境リスクや課題に対応して，規制や市場の動きを先取りして戦略的に事業機会を創出しなければならない．これを「プロアクティブなリスク対応」と呼ぶ．

表12-2 企業の環境リスクへの対応策

環境リスクマネジメント体制	リアクティブなリスク対応	プロアクティブなリスク対応
①環境リスク専任部署の設置 ②環境法務・監査の整備 ③環境経営指標の導入 ④リスクコミュニケーション	①環境配慮設計の実施 ②環境税，炭素税への対応 ③有害物質の使用抑制 ④サプライチェーンマネジメント	①商品戦略の見直し ②新規環境事業への参入 ③新規環境技術の研究開発 ④国際組織への加盟・署名

注) ニッセイ基礎研究所にて作成．

【参考文献】

[1] 浦野紘平:『化学物質のリスクコミュニケーション手法ガイド』，ぎょうせい，2001年．

索　　引

【ア行】

アスファルテン画分　177
アノード反応　112
アパタイト工法　132
一部対象区画　27
移動式低温加熱処理プラント　98
イムノアッセイ法　248, 252
イメージ低下（Stigma）　12
飲用リスク　6, 45
ウェルポイント工法　68
ウェルポイント方式　226
エアースパージング法　69, 87
影響期間　333
エチレンジアミン四酢酸　296
エネルギー分散型蛍光 X 線分析装置　249
汚染原因者　18
　——の特定　19
汚染地下水の挙動　67
汚染土壌浄化施設　237
汚染物質の到達距離　333
オゾン酸化反応　213
オゾン発生器　213

【カ行】

科学的自然減衰　185, 280, 330
化学的不溶化処理技術　127
ガスクロマトグラフ二重質量分析計　250
カソード反応　112
活性炭　55, 67
加熱処理法　192
釜揚方式　225
可溶性メタンモノオキシナーゼ　101
カラシナ　295
簡易分析　244
環境賠償責任法　279
環境リスク　340
　——最小　63, 341
還元加熱脱塩素法　216
含有量参考値　11
完了報告書　42
企業の環境リスク　352
キノンプロファイル法　308
揮発　56, 148
気泡連行法　190
吸引影響半径　80
吸着単体　55
共役酸化分解　101
共酸化によるTCEの分解　102
凝集剤　229
強制通気法　178
共代謝反応　107
切り返し法　178
キレート剤　295, 303
金属分散体法（SP 法）　216
菌体の安全性評価　105
掘削除去　149
クリンカー　241
蛍光　262
　——X 線分析法　249

355

索　　引

形質変更の制限　　13
系統解析　　315
原位置
　　──ガラス固化法　　199
　　──浄化　　115
　　──処理　　109
　　──土壌浄化法　　79
　　──封じ込め　　150
　　──分解　　115
嫌気的脱塩素化反応　　107
現地外処分　　220
検知管法　　248
高圧水　　318
鉱山保安法第26条の命令　　15
鋼製矢板壁　　151
酵素免疫測定法　　252
高蓄積植物　　302, 303
公定法　　244
固化/不溶化　　289
固化法　　55
混気ジェットポンプ　　191
コンポスト　　183

【サ行】

最低限の注入圧　　90
細胞内蛍光標識法　　307
酸化・還元反応　　55
産業廃棄物焼却施設　　204
残灰　　208
シアンの不溶化　　117
シーリングソイル工法　　129
ジェット水　　318
紫外吸収　　261
紫外線ランプ　　213

市街地の土壌汚染　　347
試験紙法　　245
自主調査　　5
自然減衰の加速　　107
自然的原因　　17
指定基準　　10
指定支援法人　　14
指定調査機関　　13, 41
遮水工封じ込め　　153
遮水性土留め壁　　151
遮断工封じ込め　　154
重金属の不溶化処理　　126
重金属の硫化物　　127
受容体　　326
焼却　　57, 289
詳細調査　　9, 16, 47
蒸留性状　　262
試料均等混合法　　36
試料採取等区画　　16
試料採取等地点　　27
資料等調査　　20
試料パック法　　32
深層混合攪拌法　　120
水素炎検出器（FID）　　263
水素供給剤　　107
水平井戸設置技術　　74
スイング洗浄工法　　321
スーパーウェルポイント工法　　321
スーパーファンド法　　278, 285, 352
スキミング（Skimmer）　　167
スラリー法　　185
生態系　　305
生物分解　　57
赤外吸収法　　263

索　引

セメント　128
　——工場　239
ゼロ価の鉄（Fe^0）　111
全国浄化優先順位表　285
浅層混合攪拌法　118
全部対象区画　27
ソイルセメント壁　152
促進自然減衰　185
措置命令　41

【タ行】

第一種特定有害物質　28
第二種特定有害物質　29
第三種特定有害物質　29
第3条調査　4
第4条調査　4
第二溶出量基準　46
脱塩素呼吸反応　107
脱着　147
脱ハロゲン化工法　206
多様性指数　313
炭酸水　69, 71
単数井戸法　83
地下連続壁　152
抽出　56
中小企業者に配慮した猶予処置　15
調査結果報告　38
調査対象物質の選定　23
調査命令　5
直接活性計測法　309
直接摂取リスク　6, 42
直接分解　147
ディープウェル方式　225
低温加熱処理技術　149

泥水固化壁　152
鉄粉浄化杭工法　112
電気泳動法　55
電気的修復法　281
電子供与体　161
電子受容体　161
透過性反応浄化壁　112
透過反応浄化壁　114
透気係数の算出方法　83, 84
透気試験　81
等濃度線図（コンター図）　34
特定区域　10
特定施設　4
特定有害物質　9
土壌汚染状況調査　9
土壌汚染対策施行通知　19
土壌汚染対策法による指定基準　7
土壌ガス
　——吸引法（SVE）　79, 89, 159, 289
　——調査　29, 31
　——濃度区分　33
　——モニタリング井戸　85
土壌環境基準超過状況　23
土壌含有量基準　11
土壌含有量試験　37
土壌掘削　220
土壌浄化プラント　145
土壌洗浄法　141, 143, 187
土壌の直接摂取　62
土壌フラッシング　141
土壌保護法　279
土壌溶出量基準　11
土壌溶出量試験　37

索　引

【ナ行】

難溶性錯化合物　128
難溶性の塩　127
二次汚染の防止　221
2相ポンプ（Dual-Pump）　167
熱処理　147

【ハ行】

バイオアッセイ法　252
バイオオーギュメンテーション　105,182
バイオスティミュレーション　182
バイオスティミュレーション方式　103
バイオスラーピング　166
バイオパイリング　178
バイオファーミング　178
バイオベンティング　158
バイオミキシング法　184
バイオレメディエーション　100, 174
暴露管理　44
暴露経路遮断　44
ハザード　323, 340
パックテスト法　245
発動値　277
パワーブレンダー工法　137
搬出汚染土壌確認報告書　49
光イオン化検出器（PID）　258
光反応　213
比色管法　248
微生物
　──群集構造解析　106, 306, 310
　──製剤　180
　──的脱塩素反応　313

費用対効果　64
ファイトエキストラクション　292
ファイトレメディエーション　280, 292
封じ込め　54, 150
複数井戸法　82
複数地点均等混合法　29
不純物　8
2つの土地神話　346
不動産評価　12
浮遊粒子（SS）　210
不溶化　55
ブラウンフィールド　348
　──問題　278
フリープロダクト　167
分解生成物　8
分級　145
　──機　143
分光光度計　248
ペトロフラッグ　265
変性剤濃度勾配ゲル電気泳動法　306
芳香族画分　177
芳香族化合物　260
飽和画分　177
飽和帯　66, 67
ポータブルGC　254
ホットスポット　31, 33
ホットソイル工法　94
ボトムアッシュ　208

【マ行】

膜結合性メタンモノオキシゲナーゼ　102
磨砕処理　179, 188
メタンモノオキシゲナーゼ　101

索　引

毛管帯　167
モエジマシダ　300
目標値　277
モノー（Monod）の式　163
盛土　45
モル吸光係数　261

【ヤ行】

有害物質使用特定施設　6
溶剤抽出システム　214
揚水曝気法　66
溶存酸素濃度　113
用地環境　60
溶融固化法　199
予期せぬリスク　341

【ラ行】

ラウールの法則　162
リスク　323
　──管理　12
リスクコミュニケーション　61, 328, 340
リスクコミュニケーター　343
リスクベース浄化法　280, 286, 325
レジン画分　177
レセプター　326
レポーター遺伝子アッセイ法　252
連邦土壌保護法　279
ロータリーキルン　192, 238, 241
六価クロムの還元　117
六価クロムの還元処理　114

【A】

AS　89

【B】

Bioslurping　166
Bioventing　158

【C】

CAT工法　69
CFDA染色　310
CTC法　310

【D】

DCR工法　206
DGGE法　306
DNAPL　92
DO　89
DOG工法　115
DVC-FISH法　313
DVC法　309

【E】

EDTA　296
Electron Donor　161
Electron Receptor　161
Electro-remediation法　281
Enhanced Natural Attenuation　185

【F】

FISH法　307

【G】

GC/MS/MS　250

359

索　引

【H】

HRC　107, 313
hyperaccumulator　302

【I】

In-situ Vitrification　199
Intervention value　277

【M】

MNA (Monitored Natural Attenuation)
　185, 280, 330

【N】

NAPL　81, 89

【O】

ORC　186

【P】

PCB 分解装置　214
PCR-DGGE 法　307, 311
Phytoremediation　280
pMMO　102

【R】

Raouit's law　162
RBCA (Risk-Based Corrective Action)
　280, 286

【S】

sMMO　101
Soil Flushing　141
Soil Washing　141
SVE　81, 89, 289

【T】

Target value　277
TCE の好気的分解微生物　101

地盤環境技術研究会・執筆者紹介

小池　豊（こいけ　ゆたか）

1941年　茨城県生まれ

　　［学　　　歴］東京電機大学電気工学科卒業
　　［職　　　歴］オルガノ株式会社事業開発部門部長
　　［現　　　職］地盤環境技術研究会会長
　　　　　　　　　㈱事業創造研究所代表取締役
　　　　　　　　　㈱富士エンバイロン取締役
　　　　　　　　　CDI Japan Insite Managing partner
　　　　　　　　　URL：http://www.japaninsite.com
　　　　　　　　　　　　http://www.cdiglobal.com
　　［主　　　著］『水処理管理便覧』（共著，丸善），『エコビレッジの提案』（共著，ぎょうせい）

在原　芳人（ありはら　よしひと）

1960年　神奈川県生まれ

　　［学　　　歴］立正大学大学院文学研究科（地理学専攻）修了
　　［現　　　職］アジア航測㈱環境エンジニアリング部
　　　　　　　　　URL：http://www.ajiko.co.jp/
　　［主　　　著］『土壌と地下水のリスクマネジメント』（共著，工業調査会）など
　　［取 得 資 格］技術士（応用理学）
　　［所 属 学 会］日本地下水学会，日本水環境学会など
　　［E‐mail］yo.arihara@ajiko.co.jp

尾崎　哲二（おざき　てつじ）

1951年　長崎県生まれ

[学　　　歴]	九州大学大学院工学研究科修士課程修了
[現　　　職]	国際航業㈱地盤環境エンジニアリング事業部 保水性建材の開発を行っている． URL：http://www.jiban-kankyo.com/
[主　　　著]	『廃棄物処理・再資源化の新技術』（共著，㈱技術情報センター）
[取得資格]	博士（工学）
[所属学会]	土木学会
[E-mail]	tetsuji_ozaki@kkc.co.jp

笠水上　光博（かさみずかみ　みつひろ）

1963年　岩手県生まれ

[学　　　歴]	山形大学理学部地球科学科卒業
[現　　　職]	国際航業㈱地盤環境エンジニアリング事業部 URL：http://www.eartheon.co.jp
[取得資格]	環境計量士（濃度関係）
[E-mail]	mitsuhiro_kasamizukami@kkc.co.jp

門倉　伸行（かどくら　のぶゆき）

1953年　東京都生まれ

[学　　　歴]	慶應義塾大学大学院応用化学科修士課程修了
[現　　　職]	㈱熊谷組技術研究所環境技術研究部部長 URL：http://www.kumagaigumi.co.jp/index2.html
[主　　　著]	『環境修復と有用物質生産－環境問題へのバイオテクノロジーの利用－』（共著，シーエムシー出版），『空気調和・衛生設備の環境負荷削減対策マニュアル』（共著，（社）空気調和・衛生工学会）
[所属学会]	日本水環境学会，石油学会，土木学会
[E-mail]	nkadokur@ku.kumagaigumi.co.jp